조리원리

Cookery Principles

정은자 • 조경련 • 김동희 공저

도서출판 진로
JinRo Publeshing co.

머리말

먹는다는 것은 인간이 살아있다는 것과 같은 의미를 갖습니다. 사람은 생명을 유지하고 건강한 삶을 영위하기 위하여 매일 음식을 섭취하여야 합니다. 음식은 식품을 조리하여 만들며, 식품에는 다양한 영양소가 함유되어 있기 때문입니다.

경제성장과 함께 식품산업 및 외식산업의 발달로 다양한 음식들이 증가하면서 음식의 맛과 질에 대한 관심이 점점 높아지고 있습니다. 따라서 맛이 좋을 뿐만 아니라 영양소의 손실도 적은 음식을 만들기 위해서는 식품의 구성성분과 물리적, 화학적 조리조작에 의한 변화를 이해하여 합리적인 음식을 만들 수 있어야 합니다.

식품을 조리한다는 것은 식품 중의 여러 가지 화학성분의 반응뿐 아니라 식품 자체의 복잡한 구조, 조리 시 첨가하는 여러 가지 부재료 등도 동시에 관여되어 있습니다. 그러므로 식품의 구조를 이해하고 화학적 성분의 종류와 성질을 알고, 조리조건이 이들 성분에 미치는 영향을 이해해야 합니다.

따라서 본서는 조리의 과학적인 원리를 쉽게 이해하고 적용할 수 있도록 각 식품별로, 식품의 성분, 구조와 조직, 각 식품의 특성, 조리과정 중에 일어나는 변화, 실제 조리에의 적용 등을 서술하였습니다.

이 책은, 저자들이 그동안 대학에서 강의한 내용을 토대로, 식품학이나 영양학, 조리학, 외식산업학 등을 전공하는 학생들과 이와 관련된 분야에서 활동하는 분들에게 도움이 되었으면 하는 바램에서, 그 동안 출간된 여러 가지 문헌들을 참고하여 공동 집필하였습니다.

끝으로 이 책의 부족하고 미비한 점들에 대해 선후배님들과 독자 여러분의 기탄없는 충고와 조언을 부탁드리며, 이 책을 쓰는데 많은 도움을 주신 동료교수님과 선후배님들, 출판에 정성과 격려를 아끼지 않으셨던 도서출판 진로 임종철 사장님과 편집팀에게 깊은 감사를 드립니다.

2013. 8.　　저자일동

차 례

제4장 | 당 류

제5장 | 곡류 및 서류

제6장 | 전 분

제7장 | 밀가루

제8장 | 두 류

제9장 | 수조육류

제10장 | 우유 및 유제품

제11장 | 어패류

제12장 | 난류

제15장 | 해조류 및 버섯류

제16장 | 젤라틴과 한천

제17장 | 음료

제18장 | 조미료와 향신료

1

서 론

1. 조리원리의 개요

제1장 서 론

1. 조리원리의 개요

1) 조리의 목적

식품은 단백질, 탄수화물, 지방, 비타민, 무기질 등의 여러 가지 영양성분과 색, 향, 맛 등의 비영양 성분으로 구성되어 있다. 우리는 이러한 식품을 조리하여 음식을 만들어 먹는다. 조리란 식품을 먹을 수 있는 상태로 만드는 과정이다. 식품은 날 것으로 먹을 수 없는 것도 있어서 대부분 조리하여 섭취하는 것이 맛이 좋아지고 질감이 부드러워져 소화되기 쉬어진다. 조리란 이렇게 식품에 물리적·화학적 조리조작을 통하여 합리적인 음식물로 만드는 과정으로, 음식을 먹을 수 있게 하는 전단계의 조작을 말하며, 맛있고 위생적이며 식욕이 날 수 있고 소화되기 쉬운 상태로 만드는 과정을 말한다. 음식은 안전하고, 영양가가 있을 뿐 아니라 기호성도 높여 즐겁게 먹을 수 있도록 만들어야 한다. 또한 먹는 사람의 상태에 맞도록 조리하여야 한다.

식품에는 여러 가지 성분이 함유되어 있지만 그 식품의 주요 성분이나 성질은 그 식품의 조리방법에 영향을 미친다. 쌀이나 밀은 주성분이 전분이기 때문에 조리의 중점은 전분의 호화이다. 그러나 쌀과 밀에 함유된 단백질의 성질이 다르므로 그 조리성은 전혀 다르다. 쌀을 도정하는 것은 쌀이 입식(粒食)에 적합하기 때문이며 가수·가열만의 단순한 조리법으로 모든 사람의 기호성에 적합한 맛있는 음식이 된다. 쌀이 제분되거나 밥을 조미하는 것은 예외로서 전통적 조리나 기호성의 변화에 대응하는 것이다. 그러나 밀은 제분하지 않으면 단백질의 특성을 살릴 수 없기 때문에 제분하여 조리에 사용한다.

조리에 있어서 식품의 불필요한 부분의 제거, 절단, 분쇄, 반죽, 조미,

가열 등의 조작은 식품의 조리성에 따라 먹는 사람의 요구를 만족시키는 수단으로 식품의 기본적인 특성을 향상시키고 먹기 좋은 음식물을 만드는 수단이다.

조리의 목적은 다음과 같다.

(1) 안전성 향상 : 가열이나 씻기 등을 통해 병원성 세균, 농약, 유독성분, 해충류 등 유해물을 제거하여 위생상 안전하게 한다.
(2) 소화·흡수율 향상 : 기계적 조작과 가열처리로 식품의 소화를 용이하게 하여 영양효율을 높여준다.
(3) 기호성 증진 : 식품의 외관을 좋게 하고 맛있게 하며, 식품성분을 조화시켜 풍미를 돋구어 준다.
(4) 저장성 향상 : 가열이나 냉각 등을 통해 효소의 불활성화나 세균증식 억제 등으로 식품의 저장성을 높인다.

2) 조리원리의 중요성

식품은 여러 가지 구조와 성분으로 구성되어 있다. 또한 다양한 조리조작으로 조리 시 여러 가지 변화가 일어난다. 식품을 조리한다는 것은 식품중의 한 두가지의 화학성분의 반응일 뿐만 아니라 식품 자체의 복잡한 구조와 조리 시 첨가하는 여러 가지 부재료 등도 동시에 관여되어 있다. 그러므로 식품의 구조를 이해하고 화학적 성분의 종류와 성질을 알아서 열, 산, 알카리 등 조리조건이 이들 성분에 미치는 영향을 알아야 한다.

식품의 조리과정에서 일어나는 변화를 올바르게 이해하고 설명하기 위해서는 물리화학적·생물학적인 지식이 필요하다.

조리를 과학적으로 연구하기 위해서는 조리과정 중 일어나는 이들 변화의 원인과 결과를 이론적으로 규명하여 장점을 적극 이용하고 결점을 보완하는 방법을 강구하여야 한다. 따라서 조리과학은 음식의 조리과정에서 일어나는 이러한 현상과 실패의 원인, 맛과의 관련성 들을 알아내어 조리의 합리성을 과학적으로 연구하는 응용과학이다. 즉, 조리과학은 각 영양소가 조리할 때 일어나는 생물학, 화학, 물리학, 영양학적 변화를 검토하여 그 최적의 조리법을 연구하는 분야로 그 목적은 다음과 같다.

(1) 현재 조리방법을 과학적으로 설명한다.
(2) 현재 조리방법의 비법을 과학적으로 규명한다.
(3) 현재 조리방법의 문제점을 찾아내어 연구하므로 합리적인 조리방법으로 개선한다.

2

조리방법

1. 계량법
2. 조리조작법
3. 가열조리방법
4. 열의 전달방법

제2장 조리방법

1. 계량법

1) 계량기구와 계량컵

식품이나 조미료의 정확한 계량은 조리법의 표준화와 조리작업의 과학화를 위한 중요한 과정이다. 계량의 목적은 과학적이고 재현성 있는 조리를 하기 위한 것이다. 조리를 능률적으로 행하고 재현성을 갖기 위해서는 각 재료의 정확한 중량, 부피의 측정이 필수적이다. 정확한 계량을 하기위해서는 계량기기의 표준화 및 계량기술의 정확성이 필요하다. 경험이 풍부하고 기술이 숙달되면 눈대중으로도 훌륭하게 조리를 할 수 있지만, 계량기구를 사용하는 것을 습관화하는 것이 조리하기에 편리하다.

[표 2-1] 계량단위 및 생략기호

	단 위	생략기호	용량, 중량	환산치
한 국	1 cup	1C	200㎖	13 1/3Ts
	1 table spoon	1Ts	15㎖	3t
	1 tea spoon	1ts	5㎖	1/3Ts
서 양	1 cup	1C	240㎖	16Ts
	1 pint	pt	470㎖	2C
	1 quart	qt	940㎖	4C
	1 gallon	gal	3.8 l	4qt, 16C
	1 ounce	oz	28.35g	1/16 pound
	1 pound	lb	453.6g	16 oz

액체와 가루의 식품은 중량보다 부피를 재는 것이 편리하기 때문에 계량컵과 계량스푼이 사용된다. 계량컵은 한 컵과 3/4, 2/3, 1/2, 1/3, 1/4컵으로 분할되어 있고, 일반적으로 1컵과 1/2, 1/3, 1/4컵이 한 벌로 구성되어 있다. 한 컵의 국제표준용량은 1/4쿼트(quart)로 약 240㎖이나 우리나라에서는 200㎖를 1컵으로 정하고 있다. 1 table spoon(Ts)의 용량은 1/16컵에 해당하며, 계량스푼은 1 Ts, 1 ts(ts, 1/3 Ts), 1/2 ts, 1/4 ts이 한 벌로 구성되어 있다. 계량스푼은 컵보다 적은 양을 계량할때 사용된다.

[그림 2-1] 계량기구 그림

식품은 부피로 계량하는것보다 무게를 측정하는 것이 더 정확하며 많이 사용하고 있다. 식품의 무게를 측정할때는 저울을 사용하며, 사용시 반드시 평평한 곳에서 0점(zero point)를 맞춘 후 사용하여야 한다.

2) 액체의 계량

액체는 유리 같이 투명한 재질로 만들어진 계량컵을 사용하는 것이 좋으며, 용량을 측정할 때는 컵을 수평상태로 놓고 계량컵의 눈금과 액체 표

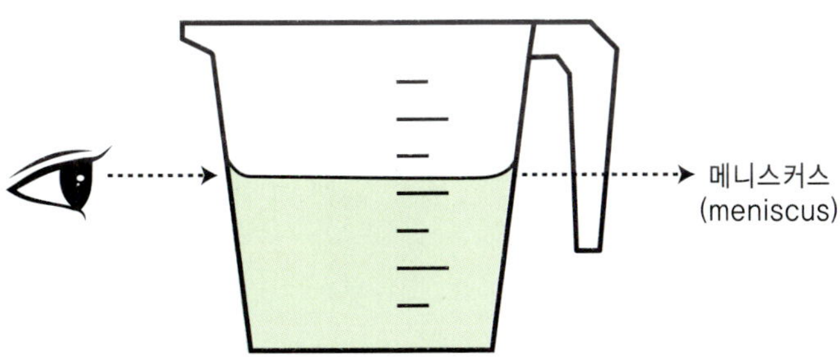

[그림 2-2] 액체의 계량

면(meniscus)의 아랫부분을 눈과 같은 높이로 읽어야 한다. 조청, 기름, 꿀과 같이 점성이 높은 것은 분할된 할편컵으로 계량하는 것이 편리하다.

3) 고체지방의 계량

고체지방은 단단하면 계량하기 어려우므로 실온에서 반고체 상태로 부드러워졌을 때 계량컵에 빈 곳이 없도록 눌러 담고 수평으로 깎아서 계량한다. 1 파운드(450g)의 버터나 마가린은 2컵이 되기 때문에 1/4로 절단하면 1/2컵이 되므로 계량할 필요없이 사용할 수 있다.

4) 설탕의 계량

백설탕은 덩어리진 것을 부순 후 계량컵에 수북하게 담아서 위를 칼이나 스파튤라로 밀어내어 계량한다. 그러나 흑설탕은 당밀이 남아있어 서로 달라붙으므로 서로 자유로이 미끄러지는 것을 방지하기 때문에 뒤집었을 때 계량컵의 모양을 유지할 수 있도록 꼭꼭 눌러서 채워 담아 계량한다. 정제가루 설탕은 덩어리지거나 단단해지는 경향이 있는데, 완전히 가루로 부순 후에 체에 친 다음 계량한다.

5) 밀가루의 계량

밀가루는 입자의 모양과 크기가 서로 다르므로 그릇에 오래 담아두면 눌려진다. 밀가루는 중량을 재는 것이 더 과학적이나 편의상 계량컵을 많이 사용 한다. 측량 직전에 밀가루를 체에 친후 누르지 말고 계량컵에 수북이 담아서 칼이나 스파튤라로 깎아 낸 후 계량한다.

[그림 2-3] 밀가루의 계량

6) 기타

베이킹파우더나 식소다, 소금, 향신료등은 덩어리지지 않게 잘 저은 후 계량컵이나 계량스푼에 담은 후 수평으로 깍아낸 후 계량한다.

2. 조리조작법

식품으로 음식물을 만드는 조리방법에는 기본 조리조작법인 씻기, 담그기, 썰기, 섞기, 냉동 및 해동 등이 있으며, 가열조리 방법에는 습열조리법과 건열조리법, 초단파조리법 등이 있다.

1) 다듬기

식품재료를 조리할 수 있도록 전처리하는 과정으로 폐기부분을 제거한다. 곡류는 폐기부분이 적고 생선류는 많으며 폐기율은 다음과 같이 계산한다.

$$\text{폐기율} = \frac{\text{폐기부분(g)}}{\text{전체무게(g)}} \text{X100}$$

2) 씻기

씻기의 목적은 식품에 붙어있는 불순물과 유해물을 제거하고, 나쁜 맛을 내는 성분을 제거하기 위함이다. 특히 표면이 매끈하지 않고 울퉁불퉁한 곳이 있는 부분은 중성세제(0.2%)를 이용하면 효과적이다.

3) 담그기

담그는 조작은 건조식품인 곡류, 미역 등을 팽윤시키는 조작으로 식품을 담그는 목적은 다음과 같다.

① 수분 흡수 : 쌀이나 미역 등을 물에 담금으로 용적이 증가한다. 물의 온도가 높을수록, 표면적이 넓을수록 수분흡수가 빠르다. 수분이 흡수되면 조직이 연화되고 열이 고르게 전달된다.

② 식품성분의 용출 : 쓴맛, 아린 맛이나, 떫은 맛 등 불미성분이 제거되며, 염장식품의 경우 염분이 용출된다.
③ 변색방지 : 식품의 산화에 의한 갈변을 방지한다.
④ 조미성분 침투 : 조미액에 담글 경우나 양념에 담가 둘 경우 조미성분의 침투로 맛이 배어들게 된다. 또한 피클이나 장아찌의 경우 보존성이 향상된다.
⑤ 팽압회복 : 수분이 많은 채소류는 공기중에 방치했을때 팽압이 감소하여 시든다. 물에 담그면 팽압을 회복하여 아삭아삭 해진다.

4) 썰기

식품을 썰거나 자르는 조작은 조리의 중요한 과정으로 그 목적은 다음과 같다.

① 비식용 부분의 제거 : 폐기부분(껍질, 비늘, 아가미 등)과 유해하거나 변질된 부분을 제거한다.
② 식품의 표면적 증가 : 식품의 표면적을 증가시켜 조리 시 열전도율을 높여 조리시간을 단축시키며, 조미료의 침투를 용이하게 한다. 그러나 표면적의 증가로 영양소의 손실 및 산화가 잘 일어난다.
③ 먹기 좋은 크기나 모양으로 만듬 : 식품의 크기와 모양을 조절하여 먹기쉽게 하고 외관을 아름답게 한다.

5) 혼합과 교반

식품재료를 젓거나 섞는 과정으로 식품재료의 균일화와 열전도와 맛이 균질화되며, 유화성, 기포성, 점탄성 등의 물성의 변화가 일어난다.

6) 냉각 및 냉장

식품재료나 조리한 음식을 온도를 낮게 식히는 과정으로 냉장고에 넣거나 냉수나 얼음물 등을 사용한다. 열전도가 큰 용기나 재질은 대류가 쉽게 일어나 냉각속도를 빠르게 한다. 식품의 크기는 작고 얇으며, 표면적이 클수록 냉각속도가 더 빠르며 그 목적은 다음과 같다.

① 음식 맛의 향상 : 샐러드, 생선회, 과일 등은 차게 했을 때 맛이 더 좋아 진다.

② 효소반응 억제 : 미생물의 번식억제 및 효소와 식품 성분과의 반응을 억제한다.

③ 물성변화 : 묵의 겔화, 젤리, 버터, 족편 등

7) 냉동 및 해동

식품을 동결온도 이하로 냉각시켜 식품 중의 수분을 동결시키는 방법으로 식품 내의 미생물 번식 및 여러 가지 효소의 작용을 억제하여 식품의 품질을 보존시키는 방법이다. 냉동은 급속냉동이 좋으며, 이는 식품 중 작은 얼음 결정의 형성으로 조직의 파괴가 적기 때문이다. 전분의 경우에는 노화 방지의 효과가 있어 해동 후에도 냉동 전과 유사한 품질을 유지할 수 있으며, 어육제품은 단백질의 변성으로 해동 후 식품의 질감이 달라진다.

해동은 냉동식품을 냉동 전의 상태로 만드는 과정으로 단백질 식품의 경우 단백질의 변성에 의한 조직 파괴로 액즙이 유출되어 정미성분과 그 외 여러가지 성분이 손실될 수 있으므로 드립(drip)을 최소한 줄일 수 있도록 유의하여야 한다. 따라서 해동을 할 때는 사용할 만큼만 해동하여야 하며, 해동 후 바로 조리에 이용하고 재 냉동은 하지 말아야 한다. 해동방법은 다음과 같다.

① 급속해동법 : 동결된 것을 그대로 가열조리하거나 전자레인지를 이용하여 해동하는 벙법으로 반 조리된 냉동식품이나 조리된 냉동식품 해동 시에 적당한 방법으로 해동과 조리가 동시에 일어난다

② 완만해동법 : 냉장고 내에서 서서히 해동하거나, 실온의 서늘한 곳에서 천천히 해동하거나, 흐르는 물에서 해동하는 방법으로 어·육류 해동에 적합한 방법이다. 이때 사용하는 해동매체는 10℃이하여야 한다.

3. 가열조리방법

비가열 조리는 식품의 맛, 향, 질감을 그대로 살려 신선한 상태로 조리

하는 방법으로 위생적 처리가 중요하다. 고유의 맛을 살릴 수 있고 조리방법이 간단하며 비가열 조리에는 회, 냉채, 생채, 샐러드 등이 있다.

식품은 대부분 가열 과정을 통하여 조리하는데 물을 열전달매체로 이용하는 습열조리법과 공기나 기름을 열전달매체로 사용하는 건열조리법과 식품 자체에서 마찰에 의한 발열에 의해 조리하는 초단파조리법이 있다.

1) 습열조리

(1) 끓이기

끓는 물 속에서 식품을 가열하는 방법으로 식품을 적당히 끓이면서 동시에 조미할 수 있는 것이 특징이다. 즉, 끓이는 과정에서 조미성분이 식품에 충분히 침투될 수 있다. 국물에 맛을 우려내기 위한 조리법으로 국물까지 이용하여 영양소의 손실이 비교적 적고 전분의 호화, 조직의 연화, 콜라겐(collagen)의 젤라틴(gelatin)화, 단백질의 응고 등이 일어난다. 단단한 식품의 가열에 좋은 방법이며, 끓는 온도가 100℃로 유지되므로 고루 익힐 수 있다. 끓인 후에는 식품의 모양 유지가 어렵다.

(2) 삶기(데치기)

데치기(blanching)는 식품의 색을 유지시키거나 좋은 질감을 유지하기 위해 끓는물에 살짝 익혀내는 조리법을 말한다. 채소를 냉동 저장하거나 건조시킬 때 전 처리과정으로 이용하며, 효소의 불활성화로 변색을 억제하고 특유의 냄새나 불순물을 제거 할 수 있다.

삶기는 끓는 물 속에서 식품이 익을 때까지 가열하는 방법으로 조직의 연화, 불미성분의 제거, 단백질의 응고 및 불필요한 지방의 제거 등이 목적이다. 끓이기와 달리 국물을 이용하지 않으므로 수용성 영양성분의 손실을 가져온다.

(3) 찌기

찜은 수증기가 물로 변할 때 발열되는 수증기의 기화열(539kcal/g)을 이용하여 식품재료를 가열하는 방법이다. 찜의 특징은 식품의 모양을 유지할 수 있고, 유동성인 경우에도 용기를 사용하여 찔 수 있으며, 삶는 방법보다 식품의 맛 성분이나 수용성 성분의 손실이 적다. 그러나 간접적인 가열이므로 가열시간이 비교적 길고, 연료도 많이 소비되므로 시간을 단축하려면 압력솥을 이용하여야 한다. 조리 도중에 조미할 수 없어 미리 간을 하여야 한다.

(4) 조리기(조림)

조림은 음식재료에 양념을 넣은 다음 처음에는 강한 불로 가열하다가 끓기 시작하면 약한 불에서 국물이 줄어들도록 오랫동안 은근하게 가열하는 조리방법이다. 생선이나 육류, 콩 등을 조릴 때 이용하는 조리법이다.

(5) 브레이징

브레이징(braising)은 건열과 습열을 사용하는 복합가열조리법이다. 식품을 구운 후 흘러나온 액즙이 모자랄 경우 물을 첨가하여 뚜껑을 닫고 익히는 방법이다.

2) 건열조리

(1) 구이

인류가 사용한 가장 오래된 조리법으로 가장 높은 온도에서 가열하는 방법 이다. 열원으로부터 직접 또는 간접으로 높은 열로 빠른 시간 내에 가열하는 방법으로 전도, 대류, 복사 및 이들의 혼합 된 방법으로 열을 이동시키는 가열법이다. 기름이나 물을 사용하지 않아 수용성 영양소의 손실이 적다. 표면 단백질의 응고로 식품 자체의 성분이 용출되지 않으므로 식품 고유의 맛을 유지할 수 있으며, 직접구이와 간접구이가 있다.

굽는 동안 당질의 캐러멜화, 지방의 분해 등으로 풍미가 좋아진다. 그러나 식품표면과 중심부의 온도차이가 커서 식품표면은 타고 내부는 익지 않을 수 있으므로 온도를 잘 조절해야 한다.

① 직접구이

석쇠나 꼬치를 이용하여 직접 열원에 식품을 접촉시켜 가열(복사)하는 방법이다. 복사열로 직접 가열하므로 직화구이 라고도 하며, 육류, 어패류, 채소류 등에 이용할 수 있다. 서양조리의 broiling, barbecue, grilling 등이 직접구이이다.

② 간접구이

간접구이는 열원에 철판, 냄비 등의 조리 기구나 돌을 올려놓고 간접적으로 가열(전도, 대류)하는 방법으로 철판구이, 냄비구이, 돌구이 등이 있다. 냄비나 철판은 바닥이 두꺼운 것이 열용량이 커서 온도 변화가 적어 잘 구워지며, 재질은 열전도가 좋은 것이 온도가 균일해지기 때문에 고르게 구워진다. 서양조리에서는 pan broiling이 여기에 속한다.

③ 오븐구이

직접구이와 간접구이의 혼합으로, 전도, 대류, 복사의 열전달원리가 적용된 조리법이다. 오븐구이는 열원에 의해서 데워진 공기의 대류 및 복사, 식품표면과 팬에서 전달된 복사열의 전도에 의해 오븐 내의 식품을 가열하는 방법으로 육류(쇠고기, 돼지고기, 닭고기 등)를 오븐에서 굽는 것을 roasting이라 하며, 쿠키나 식빵, 케이크 등을 오븐에서 굽는 것을 baking이라 한다. 직접구이보다 시간이 더 걸리나 골고루 가열된다. 오븐에서 roasting할 때 채소를 함께 넣어주면 채소 성분이 수증기화 하여 고기가 타지 않도록 도와준다.

(2) 볶기

팬이나 냄비에 소량의 기름을 넣고 뜨거워지면 식품을 넣고 조리하는 방법으로, 고온 단시간 가열로 비타민의 손실이 적고, 식품의 색과 향의 보유가 가능하다. 기름을 사용하므로 수용성 성분의 용출이 적으며, 지용성 영양성분의 흡수율을 높여주며, 볶는 과정에서 수분이 빠져 나오고 기름이 흡수되므로 풍미가 증진된다. 가열 중 조미가 가능하나 식품이 기름에 감싸여져 있어 끓이기보다 조미료의 침투가 느리다. 볶음용 팬이나 냄비는 식재료를 혼합하기 편리한 두껍고 열용량이 큰 재질이 좋으며, 볶을때 자주 섞어주어 전체적으로 일정한 온도를 유지해야 맛이 있다.

(3) 튀기기

다량의 기름을 열의 전달매체로 사용하여 고온(120~200℃)의 기름에 단시간 조리하는 방법이다. 비타민 등 영양소의 손실이 최소인 조리법으로 특히 물을 사용하지 않아 수용성 비타민의 손실을 최소화 할 수 있다. 튀기는 동안 식품 중의 수분과 기름의 교환이 이루어져 풍미가 좋아진다. 가열 중 조미할 수 없으므로 가열 전후에 조미하여야 한다. 튀기는 방법은 튀김옷을 입혀서 튀기는 방법과 식품을 그대로 튀기는 방법이 있으며, 식품의 종류와 성분에 따라 시간과 온도가 달라진다. 전분식품은 좀 낮은 온도로 오래 튀기고, 단백질 식품은 고온에서 단시간에 튀긴다. 튀김용 기름은 발연점(smoke point)이 높은 기름이 적당하다.

(4) 지지기

팬에 소량의 기름을 두르고 식품을 익혀 내는 방법으로 어패류, 육류, 채소 등에 이용된다. 식품의 윗부분은 열전달이 늦으므로 식품을 얇게 썰어주는 것이 좋으며, 지지는 과정에서 어취가 증발되고 가열시간이 짧아 단백질이 부드럽게 응고된다. 식재료에 따라 식품을 그대로 지지는 경우도 있고, 밀가루와 달걀을 입혀 지져내는 방법도 있으며 생선전, 풋고추전, 깻잎전, 버섯전, 호박전 등이 있다.

3) 초단파조리

마이크로파 가열기기인 전자레인지에 의한 조리법으로 외부에서 열이 전달되는 방법이 아니다. 식품에 극초단파를 보내면 식품 내 물분자의 급속한 진동·회전에 의해 식품 자체 내에서 열이 생성되는 원리를 이용한 조리법으로 유전 가열조리법이라고도 한다.

초단파 조리에 사용되는 주파수는 915MHz, 또는 2,450MHz로 1MHz는 광선이 1초에 1백만 사이클의 주파를 내는 것을 뜻한다. 따라서 초단파 조리는 표면부터 가열되는 것이 아니고, 내부와 외부가 동시에 여러 방향에서 익혀지므로 열의 이동이 없어 열효율이 높다. 극초단파는 식품표면에서 2.5~5cm 정도 침투하여 흡수되므로 식품을 빨리 가열하려면 액체식품은 깊이가 얕은 그릇을 사용하는 것이 좋다. 가열용기의 재질은 초단파를 투과시키고 내열성이 있는 유리와 도자기가 가장 적합하며 플라스틱, 종이 등도 초단파를 투과시키나 금속재질의 용기는 초단파를 반사하므로 사용할 수 없다, 극초단파의 양을 고르게 분산시키기 위하여 전자레인지 안에 회전 접시를 이용하며 초단파 조리의 특징은 다음과 같다.

① 열의 이동이 없으므로 열효율이 높아 단시간에 조리가 가능하다.
② 수분 증발이 일어나므로 뚜껑을 사용하거나 랩을 씌워 조리 한다.
③ 가열에 따른 표면의 갈색반응이 일어나지 않는다.
④ 영양소 손실이 적고 형태, 색, 맛 등이 유지 된다.
⑤ 냉동식품의 해동이 짧은 시간에 가능하다.
⑥ 화력조절이 어렵고 1회 조리양이 제한된다.
⑦ 타거나 눌지 않는다.

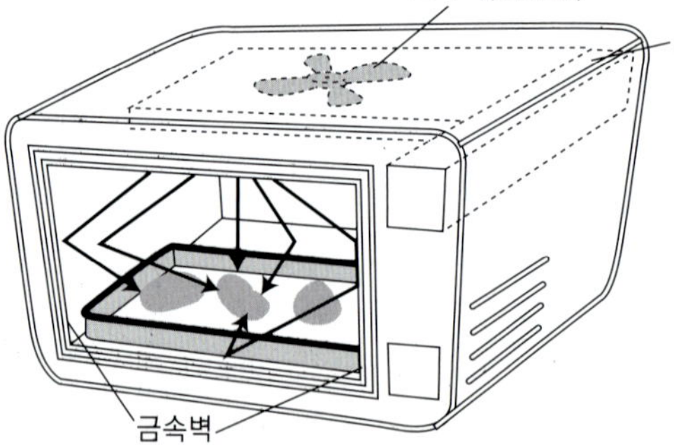

[그림 2-4] 전자레인지의 구조

4. 열의 전달방법

1) 전도(conduction)

전도란 물체가 열원에 직접 접촉했을때 열이 물체를 따라 이동하는 현상을 말한다. 고체나 액체의 한부분에 열을 가하면 그 부분의 분자 운동이 활발해지고, 그 진동이 인접하고 있는 분자에 전달되어 열에너지가 온도가 높은 쪽에서 낮은 쪽으로 이동해가는 현상을 말하며, 열이 전해지는 속도를 열전도율이라고 한다.

열의 전달이 비교적 서서히 일어나므로 열의 전달 방법 중 가장 속도가 느리며, 용기의 열전도율에 따라 전달 속도가 달라진다. 금속은 좋은 열전도체로 열이 전달되기 쉬우며, 유리나 도자기류는 열전도율이 낮다.

열전도율이 큰 물질은 열을 빨리 전달하나 보온성은 낮고 열전도율이 작은 물질은 온도 상승은 더디나 보온성은 높다.

2) 대류(convection)

대류는 열에 의해 액체나 기체가 상하로 움직이며 열을 전달하는 현상을 말한다. 따라서 액체나 기체를 통해서 열이 전달된다. 열을 받은 액체나 공기는 부피가 커지고 밀도가 낮아져서 가벼워지므로 위로 올라가고, 윗부분의 공기나 물은 온도가 낮아 부피는 작아지고 밀도가 높아 무거우므로 아래로 내려오며 전체가 더워지게 된다. 열이 전달되는 속도는 전도와 복사의 중간이다. 점도가 높은 액체는 대류가 원활하지 못해 저어주어야 하며, 점도가 낮은 액체는 대류가 잘 일어나 빨리 데워진다.

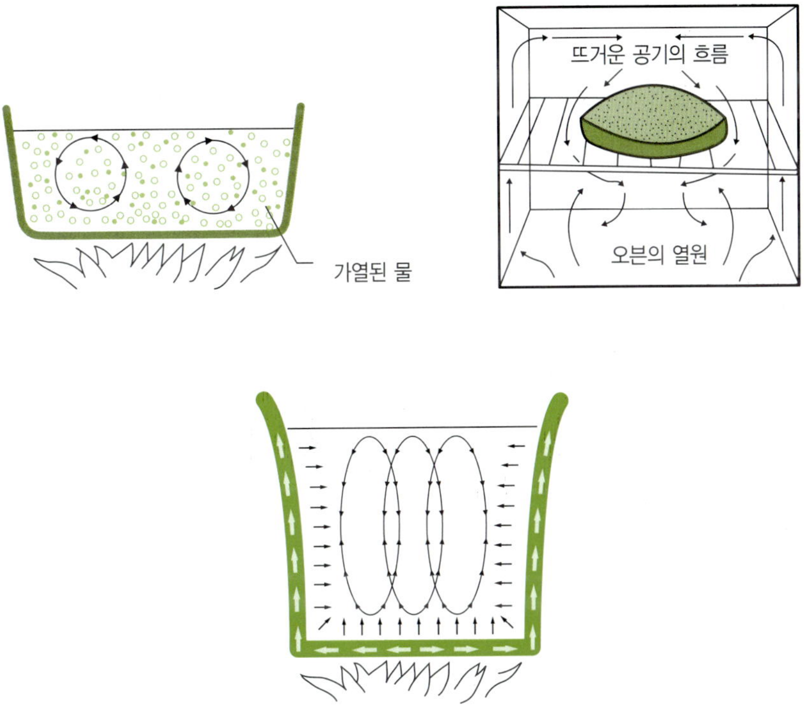

[그림 2-5] 전도와 대류

3) 복사(radiation)

열원이 되는 물체에서 식품으로 중간 매체 없이 열이 직접 전달되는 현상으로 열의 전달 속도가 가장 빠르다. 오븐 조리에서 일부 복사열은 조리용기에 흡수된 다음 전도에 의해 식품으로 이동되는데 조리기구의 표면이 검고 거친 것 일수록 복사 에너지를 잘 흡수하여 조리온도를 신속하게 높여주기 때문에 조리시간이 단축 된다. 반면에 표면이 매끈하고 반짝거리며 밝은색의 조리기구는 복사열을 흡수하지 못하고 반사한다.

파이렉스 유리 용기는 복사열을 잘 투과시켜 식품 표면에 흡수되도록 하므로 복사 에너지의 좋은 전도체 이다. 조리에 사용되는 복사열은 숯불구이나 석쇠구이, 또는 토스터에 의한 직접적인 건열 등이 있다.

3

식품의 구성성분

1. 수분
2. 당질
3. 단백질
4. 지질
5. 무기질
6. 비타민
7. 색소
8. 효소
9. 풍미성분

제3장 식품의 구성성분

천연의 식품은 대부분 수분, 단백질, 지질, 당질과 미량의 무기질과 비타민류를 함유하고 있으며, 이들 각각의 성분은 성질이 다 다르고 식품의 조리과정에서 일어나는 현상에 대해 각각 크고 작은 영향을 미친다.

1. 수분

수분은 식품중에서 다른 성분과 결합하거나 수용성 성분의 용매로 조직 내에 보유하거나 존재하고 있으며, 조리에 있어서 외부로부터 가해지는 물과 더불어 성분의 이동, 팽윤, 전분의 호화, 열의 전달매체로써 작용한다. 수분은 식품의 구성 성분 중 가장 많은 비율을 차지하는 요소로 수분함량은 식품의 외관, 성질, 풍미 등에 영향을 미친다. 또한 화학적, 미생물학적 부패의 원인이 되기도 한다.

모든 식품에는 수분이 함유되어 있으며 각 식품종류별 수분함량은 곡류 15% 내외, 서류 70~80%, 과일 85~90%, 육류 70% 내외, 채소는 90% 이상이며 보존을 목적으로 하는 건조식품의 수분은 약 5~30%이다.

1) 식품중의 수분의 상태

식품중에 존재하는 물의 상태는 결합수와 자유수로 분류할 수 있다. 수분이 식품 내에서 단순히 물로 존재하는 것이 아니라 식품을 구성하는 물질과 결합하여 그 일부를 형성할 때 이런 상태의 물을 결합수(bound water)라 한다. 결합수는 0℃는 물론 더 낮은 온도에서도 얼지 않으며, 식물이나 동물조직에 압력을 가해도(압착) 제거되지 않는다. 또한 결합수는 효소의 활성화나 곰팡이의 생육에 이용되지 못한다.

자유수는 유리수(free water)라고도 하며 식품 내에서 용매로 작용하여 식품중의 여러 가지 성분 즉, 당류, 수용성 단백질, 수용성 비타민, 염류 등의 용매로 또는 전분이나 지질과 같은 불용성물질을 물속에 분산시켜 교질상태를 형성한다. 자유수는 식품내의 총수분량에서 결합수를 제거한 나머지의 수분으로 운동이 자유스러워 조직 내의 유기물로부터 간단히 분리될 수 있다. 또한 식품을 얼리면 동결하여 얼음의 결정을 형성하고, 식품을 건조시키면 증발하며, 미생물이 이용할 수 있는 상태의 물이다.

2) 산포매개체

전술한바와 같이 물은 식품 내에 함유되어 있는 여러 가지 가용성 성분의 용매역할을 한다. 용매(solvent)에 용질(solute)이 용해되어 있을 때 용액(solution)이라고 한다. 식품에 함유된 산포물질의 크기에 따라 용액을 분류하면 다음과 같다.

(1) 진용액(true solution)

설탕, 소금, 수용성 비타민, 수용성 무기질 같이 분자량이 작은 물질은 물에 쉽게 용해되어 진용액을 형성한다.

진용액은 산포물질이 이온이나 분자일 때로 산포물질의 크기가 작아 완전히 용해된다. 산포물질의 크기는 1㎚ 이하이며, 용액의 온도가 높아지면 더 많은 용질이 녹을 수 있다.

(2) 교질(colloid)용액

교질용액은 산포물질의 크기가 진용액보다 커서 1~100㎚로, 용액 중에 완전히 용해되지 않고 분산은 되나 침전되지 않고 흩어져 있는 상태의 용액을 말한다. 일반적으로 단백질은 교질용액을 형성하며, 그 대표적인 예로 우유를 들 수 있다. 교질용액은 산포물질의 크기가 비교적 크므로 불안정해서 외계의 조건에 의해 쉽게 안정성을 잃고 침전한다.

우유나 두유는 산이나 무기염에 의해 침전하며 이 원리를 이용해 치즈(cheese)나 두부를 제조한다. 교질용액을 형성하는 분산물질의 입자는 브라운(Brown) 운동에 의해 모든 방향으로 움직이기 때문에 분자들끼리 충돌함으로 교질입자가 침전되지 않고 물속에 분산되어 있게하여 가라앉지 않게 한다.

(3) 유화액(emulsion)

식품에서 물이 관여하는 또 다른 형태의 산포로 유화액이 있다. 식품에서 볼 수 있는 유화의 형태에는 수중유적형(oil in water, O/W형)과 유중수적형(water in oil, W/O형)이 있다. 식품에서는 수중유적형이 더 많은 편이며 우유, 마요네즈, 난황 등이 그 예이다. 유화액은 한 액체가 서로 섞이지 않는 또 다른 액체 안에서 작은 방울로 분산되어진 콜로이드계(colloid)이다.

(4) 현탁액(suspension)

현탁액은 산포물질의 크기가 커서 물에 용해되지도 않을 뿐만 아니라 산포되어 있지도 않고 뿌옇게 부유하고 있는 상태의 용액이다. 현탁액은 일반적으로 매우 불안정하며 입자들은 보통의 현미경으로 관찰할 수 있을 만큼 크다. 가장 대표적인 예로서 생 전분을 물에 풀어놓은 것을 들 수 있다. 부유 상태는 산포물질이 계속 산포되어 있을 수 있게 하기 위해서는 젓거나 흔들어 주어야 한다. 젓기를 멈추면 산포물질이 산포매개체보다 무거울 경우 중력에 의해 밑으로 가라앉는다.

부유 상태 용액의 산포물질은 100㎚ 이상으로 여과지를 통과하지 못하며, 중력에 의한 운동을 한다. 현탁액을 가열하면 교질용액의 상태로 된다.

3) 열의 전달매체

물은 식품 조리 시 열을 전달하는 역할을 한다. 즉, 가열 기구로부터 식품으로 열을 전달하여 고르게 익도록 한다. 물은 공기에 비해 열전도율과 비열이 높아 열의 좋은 전도체이다. 물을 매체로 하여 조리하는 방법을 습열조리법이라 한다.

4) 조리에 있어서 물의 역할

(1) 식품의 수세로 식품 표면의 오염물질과 비위생적인 물질, 미생물 제거
(2) 건조식품의 팽화
(3) 식품에 함유된 수용성 색소와 수용성 물질 용해
(4) 식품에 열전달 매체로 작용 : 물은 공기에 비해 열전도율과 비열이 높아 열의 좋은 전달매체

(5) 조미료의 침투속도를 높이고, 균일한 농도로 확산시킨다.

(6) 식품 성분의 물성변화를 일으킨다 : 전분의 호화, 섬유소의 연화, collagen의 gelatin화, 글루텐(gluten)의 형성 등

(7) 식품의 변색, 산화 등을 막아 품질 변화의 최소화

2. 당질

당질(carbohydrates)은 자연계에 널리 분포되어 있으며 구성요소는 탄소, 수소, 산소이다. 일반적인 분자식은 $Cn(H_2O)m$으로 수소와 산소의 비율이 물과 같은 비율(H_2O)로 존재한다. 식품에서 얻는 당질의 대부분은 식물계에서 제공되고 있으며 식물체내의 60~90%의 고형물은 당질로 구성되어 있다. 당질은 단당류, 이당류, 다당류로 분류되며 요약하면 다음과 같다.

1) 단당류(monosaccharide)

단당류는 탄소수로 분류(3탄당, 4탄당, 5탄당, 6탄당)하며, 육탄당(hexose)에서 중요한 당은 포도당(glucose), 과당(fructose), 갈락토오스(galactose)이다. 단당류는 두 개 이상의 수산기(OH)와 한개의 알데히드(aldehyde)기나 케톤(ketone)기를 가지고 있다. 이들의 분자식은 $C_6H_{12}O_6$이나 화학기의 위치에 따라 단맛, 용해도 등의 차이가 있다.

대표적인 단당류의 구조는 다음과 같다.

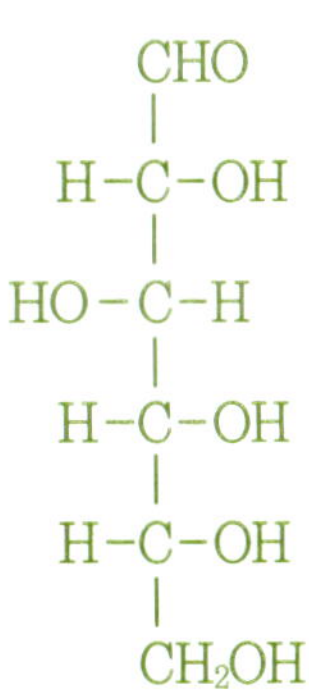
glucose

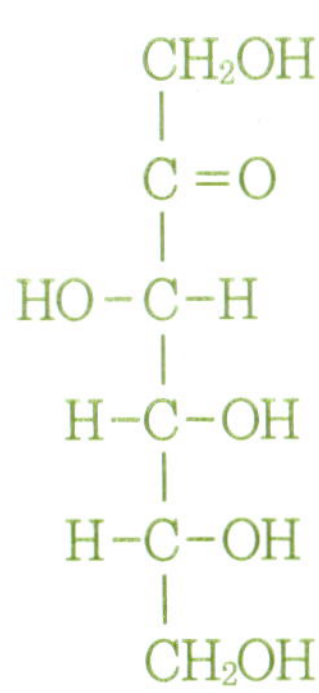
fructose

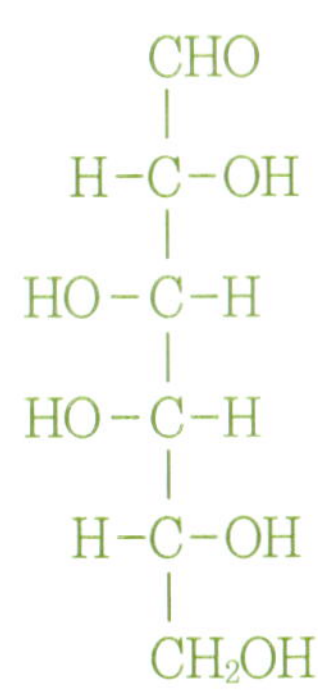
galactose

이당류는 단당류 두 분자가 결합한 당으로 일반식은 $C_{12}H_{22}O_{11}$이다. 산과 함께 가열하거나 효소를 작용시키면 가수분해 되어 두 분자의 단당류로 된다.

식품 속에 많이 들어있는 이당류에는 서당(sucrose), 맥아당(maltose), 유당(lactose) 등이 있다. 서당은 포도당 1분자와 과당 1분자가 결합한 것이며, 맥아당은 포도당 2분자가 결합한 것이고, 유당은 포도당과 갈락토오스가 결합한 이당류이다.

3) 다당류(polysaccharide)

같은 종류나 다른 몇 종류의 단당류가 결합하여 거대한 분자를 이룬 것을 다당류라고 한다. 같은 종류의 단당류가 다수 결합한 다당류를 단순다당류, 서로 다른 단당류가 결합한 것을 복합다당류라 하며, 전분(starch), 이눌린(inulin), 호정(dextrin), 식이섬유(dietary fiber), 펙틴질(pectic substance), 글리코겐(glycogen), 한천(agar-agar) 등이 있다.

3. 단백질

단백질(protein)은 식물이나 동물체의 조직에 널리 분포되어 있으며 당질이나 지질과는 달리 탄소, 수소, 산소 외에 질소를 함유하고 있다. 또한 황, 철, 인 등을 함유하고 있는 것도 있다.

단백질의 종류와 질은 아미노산의 종류에 의해서 결정되며 자연계에는 약 20여종의 아미노산이 존재한다. 이 아미노산들은 결합상태에 따라 여러 가지 복합 단백질을 구성한다. 자연계에는 수많은 단백질의 종류가 있으며 이를 분류하면 다음과 같다.

1) 단순단백질(simple protein) : albumin, globulin, glutelin, prolamin, albuminoid, protamin, histone
2) 복합단백질(conjugated protein) : hemoglobin, phosphoprotein, glycoprotein, lipoprotein, nucleoprotein, chromoprotein, metalloprotein

3) 유도단백질(derived protein) : polypeptide, pepton, proteose, peptide, gelatin

단백질은 생물학적으로 그 기능이 다르므로 영양학적인 측면에서 분류하면 다음과 같으며 이는 단백질에 함유되어 있는 필수아미노산의 종류와 양에 따라 결정된다.

1) 완전단백질(complete protein)

동물의 성장과 생명현상 유지에 필요한 모든 필수아미노산을 필요한 비율로 함유하고 있는 단백질을 완전단백질이라고 한다. 대부분 동물성 단백질과 대두단백질이 여기에 속한다. 완전단백질에 속하는 단백질은 대부분 생물가가 높다.

2) 부분완전단백질(partially complete protein)

이 단백질은 필수아미노산은 전부 함유하고 있으나, 그 중 일부 아미노산이 양적으로 불충분하게 들어있는 단백질을 말한다. 부분완전단백질만 섭취하면 생명현상은 유지되나 성장에 지장이 있으며 곡류에 함유되어 있는 단백질들이 여기에 속한다.

3) 불완전단백질(incomplete protein)

필수아미노산이 하나라도 결핍되어 있는 단백질로 동물이 이 단백질만 계속 섭취할 때는 체중감소와 더불어 생명현상 유지에도 지장을 초래할 수 있다. 불완전단백질은 생물가가 낮으며 옥수수의 제인(zein), 결체조직의 젤라틴(gelatin) 등이 여기에 속한다.

4. 지질

동물의 지방조직이나 종실에는 지질이 함유되어 있다. 지질을 구성하고 있는 구성요소는 당질과 같이 탄소, 수소, 산소이지만 탄소와 수소에 비해 산소의 양은 제한되어 있다.

지질이 가수 분해 되면 글리세롤(glycerol)과 지방산(fatty acid)으로 분해 된다. 지질의 성질은 일반적으로 지질을 구성하고 있는 지방산의 종류와 양에 의해 달라진다. 포화지방산이 많은 지질은 상온에서 고체 상태(脂)이고 불포화지방산을 많이 함유한 지질은 상온에서 액체(油)이며 산패되기 쉽다. 지질을 분류하면 다음과 같다

1) 단순지질(simple lipid)

지방산과 알코올의 에스테르(ester)로 중성지질(triglyceride)과 왁스(wax)가 여기에 속한다.

중성지질은 글리세롤(glycerol)과 지방산의 에스테르로 동·식물지방에 많이 함유되어 있으며, 왁스류는 고급 알코올과 고급지방산의 에스테르로 동·식물 표면의 보호물질로 존재한다.

2) 복합지질(compound lipid)

지방산과 알코올 이외에 인산, 당, 질소화합물, 단백질, 황 등을 함유하고 있는 지질로 당지질, 인지질, 단백지질 등을 말한다.

3) 유도지질(derived lipid)

유도지질은 단순지질이나 복합지질이 가수분해 되어 형성된 성분들을 말하며, 지방산, 글리세롤, 스테롤, 탄화수소, 지용성 비타민 등이 여기에 속한다.

5. 무기질

무기질은 식품의 유기물질이 연소하고 남은 회분이다. 영양학적으로 중요한 무기질은 칼슘, 인, 철, 구리, 요오드, 나트륨, 칼륨, 마그네슘, 황 등이 있고 그 외에도 불소, 코발트, 아연 등이 있다. 무기질의 종류별 급원식품은 표 3-1과 같다.

[표 3-1] 무기질의 급원 식품

무 기 질	급 원
Ca	우유, 치즈, 녹색채소, 대합, 굴, 아몬드, 콩
P	간, 육류, 우유, 달걀, 치즈, 견과류
Fe	간, 육류, 굴, 녹색채소, 난황, 견과류
Cu	간, 갑각류, 견과류, 콩, 굴
I	해산물
Na	식염, 효모, MSG, 우유, 치즈, 달걀, 육류, 생선
K	육류, 우유, 녹색채소, 바나나, 복숭아, 살구, 감귤류
Mg	현미, 콩, 견과류, 녹색채소, 육류
S	육류, 달걀, 우유, 치즈
F	바다생선
Zn	굴, 간, 이스트, 맥아, 해산물

6. 비타민

비타민은 동식물에 미량 함유되어 있다. 비타민은 유기촉매로서 생명현상을 유지하기 위하여 일어나는 대사 작용에 필요한 물질이며, 신체 내에서 합성되지 않으므로 식품을 통하여 얻어야 하는 건강유지와 성장발육에 필수적인 물질이다.

비타민은 식품의 조리과정에서 손실되기 쉬우므로 최대한 손실을 방지하여 그 함량을 유지하여야 하며, 그러기 위해서는 이들의 성질을 잘 이해하여 조리에 응용하여야 한다. 비타민의 분류와 조리에 의한 안정성 및 급원식품은 표 3-2와 같다.

[표 3-2] 비타민의 분류와 조리에 의한 안정성

비타민		조리시의 안정성	급원식품
지용성비타민	비타민 A	산, 열, 알카리에 안정, 쉽게 산화	간, 난황, 버터
	비타민 D	안정	어간유, 강화우유, 버터
	비타민 E	자외선에 분해	배아유, 간, 난황, 우유, 녹색채소
	비타민 K	산화, 광선에 파괴	녹색채소, 간
수용성비타민	비타민 C	물에 잘 녹고 쉽게 산화	녹색채소, 과일
	비타민 B_1	알카리에 파괴	돼지고기, 달걀, 우유
	비타민 B_2	알카리 및 광선에 분해	우유, 간, 녹색채소
	나이아신(niacin)	안정	간, 생선, 커피
	엽산(folic acid)	산성용액에서 열에 약함	간, 녹색채소, 이스트
	판토텐산 (panthothenic acid)	산·알카리용액에서 가열에 약함	간, 난황, 땅콩
	비타민 B_6	자외선에 분해	육류, 간, 생선류
	비타민 B_{12}	광선에 약함	간, 내장, 어패류

7. 색소

식품에는 여러가지 색소가 함유되어 있어서 조리, 식단 작성, 신선도 판정, 익은 정도 등의 기준이 되기도 한다. 각종 식품 내에 함유되어 있는 색소는 조리과정에서 산, 열, 알카리, 금속 등에 의해 영향을 받으므로 색소의 성질을 알아야 한다. 식품의 색을 그 분포에 따라 분류하면 다음과 같다

1) 식물성 색소

식물성 식품의 색소에는 클로로필(chlorophyll), 카로티노이드(carotenoid), 안토시아닌(anthocyanin), 안토크산틴(anthoxanthin)의 네가지 색소가 있다. 푸른색 채소의 클로로필과 당근에 들어있는 카로티노이드는 지용성 색소이고, 딸기나 포도의 anthocyanin과 밀가루나 쌀의 anthoxanthin은 수용성 색소이다.

2) 동물성 색소

동물성 식품의 색소로는 동물 혈액에 존재하는 hemoglobin, 근육조직 내의 myoglobin 등의 heme계 색소와 일부 동물조직이나 난황, 우유 등에 존재하는 carotenoid가 있다.

8. 효소

효소는 동식물의 생 세포 내에 존재하며 여러 가지 화학반응을 촉매하여 식품의 가공, 보존, 조리, 발효과정 등에 관여하는 생체 촉매이다. 그러므로 조리된 식품의 질적 향상이나 식품자체의 질적 향상을 위하여 효소의 특성을 알아야 한다. 식품에 관련된 효소는 그 작용에 따라 다음과 같이 분류할 수 있다.

1) 가수분해효소

가수분해효소는 가수분해 반응을 촉진시키는 효소로서 amylase, sucrase, maltase, protease, lipase, phosphatase 등이 여기에 속한다.

2) 산화환원효소

산화환원효소는 동식물 조직 내에 존재하며 산화·환원반응을 촉진시키는 효소이다. polyphenol oxidase, tyrosinase, phenolase 등이 있다.

3) 기타효소

전이효소, 이성화효소, 제거효소, 합성효소 등이 있다

9. 풍미성분 : 냄새, 맛, 촉감

식품의 풍미는 음식의 냄새, 맛, 촉감을 종합한 복합감각으로 음식평가에 중요한 요소로 작용한다.

1) 식품의 냄새

냄새는 휘발성 물질이 후각신경을 자극하여 일어나는 현상으로 방향물질의 수는 1,600만종에 달한다. 냄새는 미각보다 10,000배 예민하여 ppm 단위로 감지가 가능하다. 냄새물질의 종류로는 에스테르(ester)류, 락톤(lactone)류, 알데히드(aldehyde)류와 케톤(ketone)류, 지방산, 알코올(alcohol)류, 테르펜(terpene)류, 함황화합물, 푸란(furan)류 및 피라진(pyrazin)류, 질소화합물 등이다. Henning에 의한 냄새의 분류는 다음과 같다.

① 과일 냄새 : 사과, 바나나, 레몬 등의 향기
② 꽃 냄새 : 장미, 백합 등의 향기
③ 탄 냄새 : coffee, tar, caramel 냄새
④ 수지냄새 : terpene류의 향기
⑤ 매운냄새 : 마늘, 후추의 냄새
⑥ 썩은 냄새 : 고기나 달걀의 부패한 냄새

2) 식품의 맛

식품의 맛은 혀 표면에 있는 유두 상 돌기에 있는 미뢰의 미각신경이 화학적인 자극을 받아 일어나는 감각이다. 우리가 느끼는 맛은 음식의 온도, 심리상태, 생리상태, 연령 등 여러 가지 요인에 의해 영향을 받는다.

식품의 맛은 대개 복합적이지만 원칙적으로 미뢰는 네 가지의 기본 맛을 감지할 수 있다. 이를 사원미(四原味, four primary taste)라 하며 단맛(sweet), 신맛(sour), 쓴맛(bitter), 짠맛(salty)을 말한다. 그러나 요즈음은 여기에 맛난 맛 즉, 지미를 더해서 5원미설이 인정되고 있다.

미뢰는 혀 표면에 산재해 있으나 부위에 따라 맛에 대한 감수성이 다르다. 일반적으로 혀 양측 면에 있는 미뢰는 신맛과 짠맛에 예민하고 또 단맛은 혀끝에서 그리고 쓴맛은 혀의 안쪽 인후 가까운 부분에서 가장 강하게 느낀다. 단맛의 역가가 가장 높고 쓴맛의 역가가 가장 낮다.

① 짠맛(salty taste)

많은 기호품을 제외하면 짠맛은 대부분의 식품의 맛을 지배하는 기본

적인 맛이다. 짠맛을 느끼게 하는 대표적 물질은 식염(NaCl)이고, 분리해서 Na^+와 Cl^-이 되는 것에 의해 개운한 짠맛을 나타낸다. 조미에는 식염 외에 간장이나 된장도 사용된다. 일반적으로 선호되고 있는 짠맛은 식염농도 0.6~1% 정도의 범위이다. 근래에는 성인병 예방의 관점에서 식염사용을 줄이고, 싱거운 맛을 지향하고 있다.

② 단맛(sweet taste)

주로 디저트나 기호음료의 맛을 특징짓는 맛이다. 단맛을 대표하는 물질은 설탕이지만 식품에 포함되는 당은 2~3% 정도부터 10%까지 넓은 범위에 걸쳐있어 짠맛과 대조적이다. 또한 감미도에 대한 개인의 기호에도 상당히 차이가 있는 것이 특징이다.

설탕 외에 포도당, 과당, 맥아당, 당 알코올, 인공감미료 등도 사용된다.

③ 신맛(sour taste)

산뜻한 청량감을 주는 맛으로 수소이온(H^+)에 의해 느낄 수 있다. 신맛을 주는 조미료의 대표는 식초이고 초산을 3~4% 정도 함유한다. 식초는 샐러드 등에 사용되어 식탁의 맛을 다채롭게 하며 식초를 첨가하는 음식에 선호되는 초산농도는 0.2~0.3%로 낮다. 채소나 과일은 citric acid, malic acid, tartaric acid 등 각종 유기산을 함유하고 있어 특유의 풍미를 부여한다.

④ 쓴맛(bitter taste)

쓴맛은 입맛을 해치는 불쾌한 맛이지만 희석된 쓴맛은 오히려 미뢰를 자극하고 긴장시켜주므로 잘 받아들여 질 때가 있다. 즉 맥주의 쓴맛, 커피의 쓴맛을 즐기는 것이 그 예이다. 식품중 쓴맛을 나타내는 성분은 알카로이드(alkaloid), 케톤(ketone)류 및 무기염, 배당체 등을 들 수 있다.

⑤ 구수한 맛(旨味 : palatable taste)

각종 음식의 맛에 관계가 깊은 맛으로 사원미(四元味)와 마찬가지로 독립된 기본적인 맛으로 알려져 있다.

그 대표적인 것이 화학조미료인 monosodium glutamate(MSG)의 맛이며 자연식품으로는 조개류, 해조류, 버섯, 고기추출액, 된장, 간장 등에서 느낄 수 있는 맛이다. 구수한 맛의 화학적 성분은 amino acid, peptide, betaine, nucleotide 등이다.

⑥ 기타 맛

이 외에 구강내에 통각 등을 통해 느낄 수 있는 매운맛, 떫은 맛, 알카리 맛, 교질 맛, 금속 맛 등이 있다. 이들은 일반적으로 맛이 없지만 소량 존재함에 있어 음식에 특징을 주고 맛을 높힌다.

3) 식품의 질감

구강내의 촉각에 의해 지각되는 음식물의 물리적 특질의 총칭이고 씹는 맛, 감촉 등으로 표현된다. 단단하다, 부드럽다, 끈기 있다, 아삭아삭하다, 거칠다, 질깃하다, 촉촉하다 등으로 표현된다.

4

당 류

1. 당류 및 감미료의 종류
2. 당의 특성
3. 전화
4. 당의 갈색화
5. 당의 결정화
6. 결정형 캔디와 비결정형 캔디
7. 당의 조리성

제4장 당 류

당질중 감미를 가지고 있고 분자량이 적어 물에 용해되는 단당류와 이당류를 당이라 한다. 단당류에는 포도당, 과당, 갈락토오스(galactose)가 있고 이당류에는 서당, 맥아당, 유당이 있으며 실제로 조리에 감미료로 사용되는 것에는 설탕, 꿀 등의 천연감미료와 아스파탐 등의 합성감미료가 있다.

1. 당류 및 감미료의 종류

1) 설탕(sucrose)

설탕은 식물계에 널리 분포되어 있어 자연식품 감미의 주성분으로 사탕수수, 사탕무에 16~17% 정도 함유되어 있다.

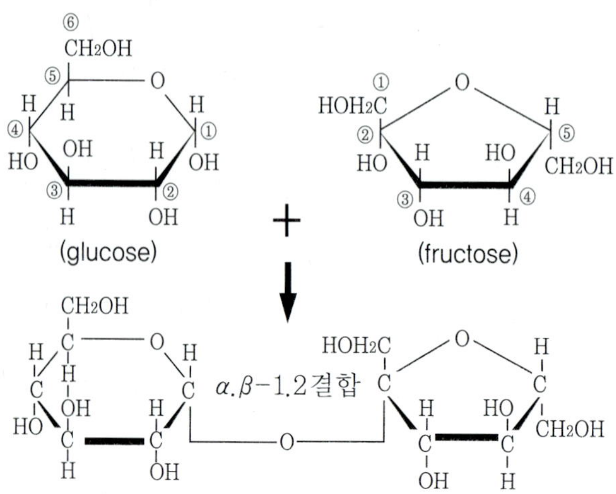

[그림 4-1] 설탕의 구조

설탕은 당류 식품중 가장 많이 사용되며 그 제조공정을 간단히 살펴보면 사탕수수는 롤러(roller)로 으깨어 얻은 즙과 사탕무는 잘게 썰어 뜨거운 물로 설탕을 추출한다. 이 즙액을 여과하여 불순물을 제거한 후 진공상태에서 증발시켜 결정화가 일어날 때 까지 농축하여 원심분리한다. 이 때 생기는 설탕이 원당(brown sugar)이며 위의 갈색용액을 당밀(molasses)이라 한다. 이 당밀을 다시 농축시켜 설탕 결정체를 다시 분리하는 과정을 두세 번 되풀이 하여 최대한의 설탕을 추출한다. 여러 번 분리하여 얻은 원당을 함께 모아 정제과정 거치면 시판되고 있는 설탕이 된다. 흰 설탕은 99.9%의 서당(sucrose)을 함유하고 있다.

(1) 설탕의 종류

당류 중 조리에 가장 많이 사용하는 것은 설탕으로 설탕의 종류는 다음과 같다.

① 과립설탕(granulated sugar)

일반적으로 사용하는 당으로 사탕수수나 사탕무의 즙액에서 얻어 정제과정을 거친 백색의 결정체이다.

② 분말설탕(powdered sugar)

과립설탕을 갈아 만든 고운입자의 설탕으로 용해도가 높다. 감미가 약한 과자류나 도넛 등 튀김식품에 사용한다.

③ 각설탕(cube sugar)

과립설탕에 시럽(syrup)을 넣고 성형하여 뜨거운 공기로 건조시킨 것으로 주로 음료에 사용한다.

④ 갈색설탕(brown sugar)

설탕의 정제 과정 중 생기는 원당으로 유기산, 무기질, 비타민 B_1 등을 함유한 진한 갈색에서 연미색의 당으로 독특한 방향을 가지고 있다. 갈색설탕은 독특한 풍미를 가지고 있으며, 약식 만들 때는 dark brown sugar를 사용한다.

그 외의 당으로는 단풍나무 시럽(maple syrup)을 증발시켜 만든 단풍당(maple sugar) 등이 있다.

2) 올리고당(oligosaccharides)

천연식품으로부터 합성하거나, 다당류를 가수분해해서 얻는 당이다. 올리고당은 인체 소화효소에 의해 분해 되지 않기 때문에 소화·흡수되지 않으므로 저 열량 감미료로 사용된다. 장내 비피더스균의 증식을 도와주며, 충치예방 효과가 있는 것으로 알려져 있다.

3) 시럽(syrup)

당과 함께 다량의 수분 함유하고 있는 용액을 시럽이라 하며, 감미료로 사용된다. 시럽 중 조리에 많이 사용되는 것은 다음과 같다.

(1) 콘시럽(corn syrup)

콘시럽은 옥수수 전분을 가수분해하여 얻으며 수분 25%, 고형분 75%를 함유하고 있다. 콘시럽은 맑고 무색이며 감미와 점성을 가진 약간 단향기의 액체로 포도당, 맥아당, 덱스트린의 혼합물이다. 종류로는 콘시럽에 당밀(molasses)를 섞은 dark corn syrup과 무색의 light corn syrup이 있다. 용도로는 팬케이크나 와플(waffle)에 발라먹거나 다른 음식을 만드는데 사용된다.

(2) 당밀(molasses)

당밀은 설탕의 제조과정에서 설탕성분을 뽑아내고 남은 갈색의 끈끈한 시럽으로 수분 26%, 회분 5%, 당 성분은 70%를 함유하고 있다. 당 성분은 혼합 당으로 서당, 과당, 포도당이다. 팬케이크를 먹을때나 조리시 사용하며 특별한 풍미(flavor)를 위한 케이크, 캔디, 과자 등에도 사용된다.

(3) 꿀(honey)

천연 중 시럽 상태로 존재하며 꿀벌이 모은 화밀에서 당을 모은 것이다. 꿀을 모아 60℃에서 30분간 가열한(발효 일으킬 수 있는 미생물 살균) 후 체에 거른 것으로 이 과정에서 강한 향미가 감소한다. 수분 18%, 약간의 무기질과 비타민, 75%의 당을 가지고 있으며 당은 단당류인 glucose 34.5%, fructose 40.5%와 이당류인 sucrose가 2% 내외 들어있다.

꿀의 맛과 향기는 꽃의 향기에 따라 결정되며 아카시아, 클로버, 메밀, 밤꽃 등에서 꿀을 얻는다. 꿀의 색은 흰색에서 호박색으로 진할수록 꿀의 특유한 맛이 강하다. 꿀은 흡습성이 강해 습기 보존 식품에 사용하며 이때 쉽게 타므로 낮은 온도에서 구워야 하며 액체 사용량을 줄여야 한다.

(4) 조청(malt syrup)

곡류전분을 호화시킨 후 맥아로 당화시킨 것으로 찹쌀, 멥쌀, 조, 수수, 고구마 등에서 만들어진다. 특히 찹쌀은 점성이 크고 전분과 덱스트린의 함량이 많아 소량의 맥아로 단시간에 당화가 가능하므로 맛과 색이 좋은 조청을 만들 수 있다.

성분은 수분 18% 정도이며 수분을 10%로 농축시킨 것이 강 엿이다. 함유된 당은 maltose, glucose 등이며 전분을 호화시킨 후 맥아를 섞어 55~60℃에서 6~7시간 당화시킨 후 불순물 제거하고 가열, 농축시킨 것이다.

4) 당알코올(sugar alcohol)

당이 환원하여 생성된 당알코올에는 솔비톨(solbitol), 만니톨(mannitol), 자일리톨(xylitol) 등이 있다. 당알코올은 용액의 열을 빼앗는 성질이 있어 청량감을 주고 설탕과 비슷한 단맛(0.4~1.0배)을 가지고 있으며 충치 예방효과가 있어 식품에 다양하게 사용된다.

5) 합성감미료

(1) 사카린(saccharin)

19세기 사카린의 사용을 시작으로 열량을 제공하지 않으면서 단맛이 강한 인공감미료가 식품에 사용되어져 왔다. 사카린은 설탕의 200~700배의 단맛을 가지고 있으나 열량이 없는 비열량 인공감미료이다. 충치를 유발하지 않아 여러 가지 식품(영양보충용 식품, 환자용 식품, 어육가공품, 김치, 음료수 등)의 재료로 사용되나 안전성의 논란이 있는 합성감미료이다. 높은 농도로 사용하면 쓴맛이 강하게 나타나는 단점도 있다.

(2) 아스파탐(aspartam)

아미노산계 인공감미료로 아미노산인 페닐알라닌(phenylalanine)과 아스파트산(aspartic acid)가 결합한 디펩티드(dipeptide)로, 설탕의 150~200배의 단맛을 가지고 있다. 그러나 열량이 적어 저열량 감미료로 캔디, 시리얼(cereal), 빙과류, 음료수 등 여러가지 식품에 광범위하게 사용된다. 아스파탐은 1g당 4㎉를 제공하지만, 극소량으로 단맛이 제공되므로 일부 식품에 아스파탐을 사용하면 열량을 감소시킬 수 있다. 그러나 페닐케톤뇨증(phenylketonuria) 환자는 페닐알라닌의 섭취를 조절해야 하므로 주의가 필요하다.

6) 특수감미료

(1) 스테비오사이드(stevioside)

설탕의 약 300배의 단맛을 내는 특수감미료로, 스테비아 잎에서 추출한 것이다. 열량이 없어서 탄산음료, 청량음료, 유산균 음료 등에 사용된다.

(2) 필로둘신(phyllodulcin)

수국이나 감국차에 들어있는 필로둘신은 설탕의 400~500배의 감미를 가지고 있는 방향족 화합물이다.

2. 당의 특성

1) 감미

당류는 모두 감미를 가지고 있으나 그 정도가 당의 종류에 따라 다르며 감미도의 순서는 다음과 같다. 과당은 단맛이 가장 강하며, 온도가 낮을수록 단맛이 강해져서 과당을 많이 함유한 과일은 차게 해서 먹는 것이 좋으며, 청량음료에 많이 사용한다.

fructose > sucrose> glucose> maltose > lactose

2) 용해성

당류는 모두 수용성이나 그 정도가 다르며 용해도에 따라 사용 빈도가 결정된다. 당류가 수용성인 것은 당분자의 OH기가 친수기이므로 물분자를 끌어당기기 때문이다. 설탕은 쉽게 많이 용해되어 용액상태가 되므로 널리 사용된다. 당의 용해도의 순서는 감미도의 순서와 같다. 실온(20℃)에서 물 1cc에 설탕은 2g, 포도당은 1g, 맥아당은 0.8g, 유당은 0.2g, 과당은 3.7g이 용해된다. 과당은 설탕보다 용해성이 높아 과포화 되기 쉬우므로 결정화가 어렵다. 유당은 용해도가 가장 낮아 아이스크림 제조시 낮은 온도에서 유당의 결정을 형성해 입안에서 모래알 같은 촉감을 느끼게 하는 원인이 되기도 한다. 당류중에서는 유당의 용해도가 가장 낮다.

용해도란 실온에서 용매 100cc 중에 녹는 용질의 g수를 말하며, 일반적으로 단당류가 이당류보다 용해도가 크다. 단당류에서는 과당, 이당류에서는 서당의 용해도가 가장 높다.

(1) 용해도에 영향을 미치는 요인

일반적으로 물의 온도가 상승 할수록 용해도 증가한다. 대부분의 당이나 염은 용해될 때 열을 흡수하므로 온도가 상승할수록 용해도가 증가한다.

용질의 크기도 영향을 미치며 결정의 크기가 미세할수록 용해도가 증가한다.

[표 4-1] 온도에 따른 설탕의 용해도

온 도	100g의 물에 용해되는 설탕의 양(g)	용해도(%)
0℃	179g	64.2%
20℃	204g	67.1%
40℃	238g	70.4%
60℃	287g	74.2%
80℃	362g	78.4%
100℃	487g	82.9%
115℃	669g	87.0%

(2) 설탕용액의 분류

설탕은 쉽게 물에 용해되어 당 용액을 형성한다. 설탕용액은 여러 가지 조리에 이용되며 용매와 용질 상호간의 비율에 따라 다음과 같이 분류한다.

① 포화용액

화학적 평형상태의 용액을 말하며, 일정한 온도에서 용매에 최대한의 용질이 녹아있는 상태의 용액이다. 용질이 용액으로 되려는 경향과 용매에서 용질이 분리되려는 경향이 같은 상태의 용액을 말한다.

② 불포화용액

최대한의 용질을 함유하지 못한 용액으로 일정한 온도에서 용매에 용질이 더 용해될 수 있는 상태로 용질이 용액으로 변하려는 경향이 큰 상태의 용액을 말한다.

③ 과포화용액

일정한 온도에서 용매에 용해될 수 있는 용질 이상을 함유한 용액으로 저어주거나 충격을 가하면 결정이 생성되는 용액을 말한다. 이 성질을 이용하여 결정형 캔디(crystalline candy)를 만든다.

(3) 설탕용액의 비점(boiling point)

용액의 비점은 순수한 용매의 비점보다 높다. 용매에 녹아있는 용질의 농도에 비례하는 량만큼 높아진다. 비점은 기압과도 관련이 있어 292.6m 높아질수록 대기압이 낮아지므로 비점이 1℃씩 낮아진다

설탕용액은 농도가 올라감에 따라 비점이 상승한다. 물 1ℓ에 설탕이 1 ㏖ 녹아있을 때 비점은 0.52℃ 상승하고 빙점은 1.86℃ 하강한다. 설탕의 분자량은 342이므로 물 1ℓ에 설탕이 342g 녹아있을 때 이 설탕물은 100.52℃에서 끓는다. 그러나 용질이 이온화되는 물질일 때는 해리된 이온마다 0.52℃씩 상승한다. 전해질인 소금은 물 1ℓ에 분자량인 58g이 녹아있을 때 비점은 1.04℃ 상승한다. 즉 전해질 용액은 비전해질 용액보다 비점이 높고 빙점이 낮다. 또한 농도가 높을수록 비점이 상승한다.

설탕용액의 비점은 설탕시럽의 농도의 지표가 될 수 있다.

[표 4-2] 당 용액의 농도와 비점

농도	10%	20%	30%	40%	50%	60%	70%	80%	90%	100%
비점	100.4	100.6	101	101.5	102	103	106.5	112	130	160

3) 융점(melting point)

당류가 건열에 의해 결정이 녹아 액체가 되는 온도를 융점이라 한다. 당류는 모두 융점이 다른데 수화형의 포도당의 융점은 86℃이며 무수형의 포도당의 융점은 146℃이다. 결정의 융점은 순도가 높을수록 높다. 설탕의 융점은 160℃이다. 설탕을 융점이상 가열하면 캐러멜화(caramelization)이 일어나 특이한 갈색을 나타낸다.

4) 흡습성

당류는 흡습성이 강하여 공기 중에 노출되면 수분을 흡수한다. 특히 과당과 전화당(invert sugar)의 흡습성이 높다. 설탕을 방치했을 때 덩어리가 지는 것은 이러한 이유이며 반드시 밀봉하여 저장해야 한다. 오랫동안 촉촉함을 유지하려면 전화당의 함량이 높은 꿀을 사용하는 것이 좋다.

5) 가수분해

이당류는 산에 의해 쉽게 가수분해 되어 단당류로 된다. 약산은 이당류를 쉽게 가수 분해 시키며, 서당이 가장 용이하게 가수분해하여 포도당과 과당으로 된다. 유당과 맥아당은 서서히 가수 분해 된다. 가수분해의 정도는 산의 종류와 농도, 가열시간 및 가열 속도에 따라 다르다. 당류는 효소에 의해서도 가수 분해 되며 이당류인 서당은 sucrase에 의해 쉽게 가수분해 되어 전화당이 된다. 꿀은 벌의 타액 중에 있는 효소(invertase)에 의해 서당의 가수분해가 일어난 것이다.

3. 전화(inversion)

설탕은 묽은 산이나 효소(invertase)에 의해 가수분해 되어 glucose와 fructose의 혼합물인 전화당(invert sugar)을 생성하는데 이 과정을 전화(inversion)라 한다.

전화란 우선성인 서당 한 분자가 가수 분해 되어 포도당과 과당을 각각 1분자씩 생성하여 동량의 혼합물로 되는 과정을 말하며 선광성이 우선성에서 좌선성으로 바뀌므로 전화라 한다. 당 용액에 산이나 산성염을 첨가하여 가열하거나 효소 invertase를 첨가하면 이러한 현상이 쉽게 일어난다. 설탕용액에 과일 주스를 넣을 때도 전화당이 생성된다.

$$\text{sucrose} \xrightarrow[\text{enzyme(invertase)}]{\text{acid}} \underset{\text{(invert sugar)}}{\text{glucose} + \text{fructose}}$$

설탕은 조리, 가공, 가열시 쉽게 전화당으로 바뀐다. 설탕이 전화당으로 바뀌면 여러가지 성질이 변하는데 환원성이 바뀌어 환원당이 되며, 용해도도 증가한다. 예를 들어 0℃에서 설탕의 최대 용해도는 64%이나 잼의 당도는 65~70%이다. 냉장고에서 저장할 때 나머지가 설탕으로 석출되지 않는 이유는 이 중 일부가 전화당으로 존재하므로 용해도가 상승했기 때문이다. 58%가 전화당으로 존재할 때 용해도는 73%로 증가한다. 전화가 일어나면 또한 흡습성도 높아지며 감미도도 증가한다. 이는 전화당이 용해성이 크고 흡습성이 강한 과당을 함유하고 있어 수분 보유력이 좋아져 결정화를 억제하며 결정을 미세하고 균일하게 하는 작용이 있기 때문이다.

4. 당의 갈색화

1) 캐러멜 반응(caramelization)

당은 단독으로 갈색반응(browning reaction)을 일으킨다. 즉, 당을 융점이상 가열하면 탈수작용에 의해 hydroxymethyl furfural을 생성하고 다시 중합되어 갈색의 물질인 캐러멜(caramel)을 생성하는데 이 반응을 캐러멜화라 하고 이 때 생성된 당의 탈수축합 혼합물을 캐러멜이라 한다.

캐러멜화의 반응은 융점이상 계속 가열시 130℃ 정도에서 전화가 일어나고 150℃ 정도가 되면 전화량이 많아져 착색되기 시작하며 170~190℃에서는 수분을 거의 상실해 흑갈색 액의 캐러멜이 된다.

특유의 향기를 생성하고 갈색으로 변하기 때문에 당 함량이 많은 캔디나 제과 제빵류 만들 때 중요하며 간장, 약식 등 식품 제조에 널리 이용된다.

2) 메일라드 반응(maillard reaction)

당은 캐러멜화 외에도 단백질과 반응하여 갈색반응을 일으키는데 이를 amino-carbonyl 반응 또는 Maillard 반응이라 하며 amino기와 carbonyl기가 상호 반응하여 멜라노이딘(melanoidine)이라는 갈색물질을 만드는 반응을 말한다. 이 두 가지 반응은 모두 비효소적 갈색반응(nonenzymatic browning reaction)으로 이 반응의 결과로 식품은 갈색화 되고 독특한 풍미가 형성된다. 식품은 당과 단백질을 함께 가지고 있으므로 amino-carbonyl 반응은 조리, 가공 중에 일어나며 식빵껍질의 갈색, 불고기의 갈색, 간장이나 된장의 갈색 등 식품에 좋은 갈색과 풍미를 증진시킨다.

5. 당의 결정화(crystallization)

설탕용액을 가열한 후 냉각하면 용해도가 낮아져서 과포화 된 부분이 용액 중에서 과포화된 부분이 핵을 형성하기 시작하고 그 후 결정이 석출된다. 핵은 결정을 이루고 중심으로, 과포화 용액 내 용질이 핵이 되어 그 핵을 중심으로 산포물질이 질서정연하게 붙어 일정한 모양의 결정이 형성하는 현상을 결정화라고 한다.

과포화상태의 용액은 용해되어 있는 산포물질이 용해되어 있을 수 있는 이상으로 존재하므로 다시 고체의 물질로 되돌아가려는 경향이 크기 때문에 핵이 형성된다. 핵은 용해되어 있는 물질이 두개 내지 세개의 분자가 서로 붙어 형성된다. 다량의 결정체를 형성하기 위해 외부에서 용질과 같은 종류의 작은 결정체를 용액에 넣는 것을 seeding이라고 한다.

1) 결정형성에 영향을 미치는 요인

(1) 용질의 종류

물질에 따라서 쉽게 결정이 형성되는 것도 있고 농도가 상당히 높아야 결정이 형성되는 것이 있다. 즉, 용질의 종류에 따라 결정형성에 차이가 있다. 예를 들어 설탕은 고농도에서 결정화가 일어나며 소금은 중정도의 농도에서 결정이 가능하다. 그러므로 같은 농도일 때 소금용액이 빠르게 결정화가 일어난다. 설탕은 포도당보다 빠르게 결정을 형성하며, 과당은 설탕보다 더 높은 과포화 상태에서 결정이 형성된다.

(2) 당용액의 농도

결정화는 과포화상태에서만 가능한 현상으로 용액의 농도가 높을수록 핵형성이 촉진되어 결정화가 빨리 일어난다. 즉, 용액이 농축될수록 핵형성을 촉진한다.

용액의 비점은 농도를 나타내므로 비점으로 농축 정도를 알 수 있다. 폰던트(fondant)를 만들 때 설탕용액을 114℃까지 끓이면 112℃까지 끓였을 때보다 더 농축되어 있으므로 식혔을 때 용액 내에 더 많은 과량의 설탕을 가지고 있으므로 결정이 생기기 시작할 때 더 많은 수의 핵이 형성되고 결정의 크기는 작아진다. 그러나 고도의 과포화용액은 큰 결정 형성이 용이하며 점도가 높아 결정체 형성속도도 느리다.

(3) 결정이 생기기 시작할 때의 온도(설탕용액의 냉각온도)

용액을 저어줄 때의 온도는 과포화도와 관계가 있으므로 온도가 높을 때 젓게 되면 결정이 커지고 질이 거칠어진다. 왜냐하면 고온에서 용액의 유동성이 더 크고 용질은 용해하려는 경향이 더 크기 때문이다. 그러므로 고온에서 시작 할수록 과포화도 낮아 핵형성이 부진되어 결정 크기 커지고 질이 거칠어진다. 폰던트를 만들 때 설탕용액을 가열 농축한 후 40~50℃ 정도로 식혀 저어주면 미세한 결정을 얻을 수 있다.

설탕용액을 급속히 식히면 결정화 하지 않은 상태인 유리같은 비결정 상태로 굳어 버린다. 왜냐하면 점성이 급격히 증가하여 용질 분자들이 이동하지 못하게 되어 안정된 핵을 형성할 수 없게 되기 때문이다.

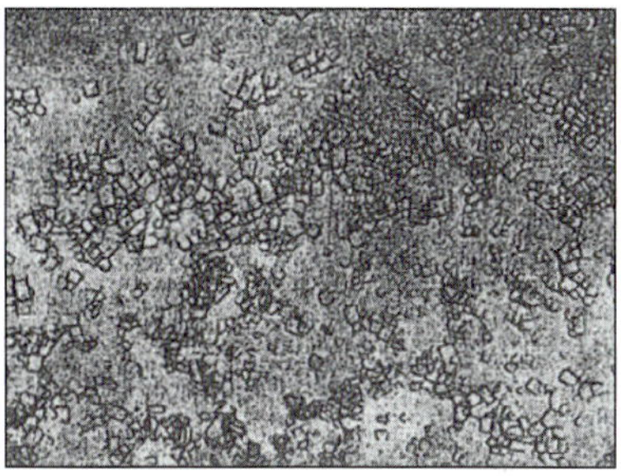

113℃까지 가열한 후 교반하기 전 40℃까지 냉각시켜 형성된 단단하고 성형 가능한 폰단트 반죽의 결정(200배 확대)

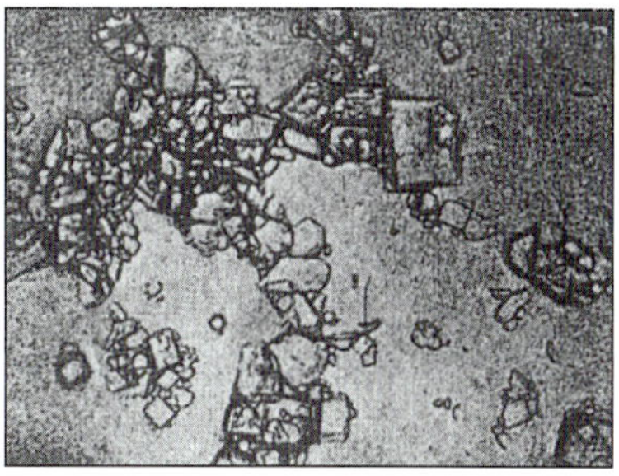

113℃까지 가열하고 성형가능한 반죽이 되도록 즉시, 계속적으로 교반하였을 때의 폰단트 결정(200배 확대)

자료 : 신말식 외(2001), 식품과 조리과학

[그림 4-2] 결정의 크기

(4) 젓기

용액은 일정한 농도로 농축한 후 자극이 가해져야 결정이 생성되는데 이는 핵이 쉽게 많이 형성되고 그 표면에 용질이 많이 축적되는 것을 방지하기 때문이다. 젓는 속도가 빠를수록 핵과 용질이 끊임없이 움직여 핵 위에 용질의 부착을 방해하므로 미세한 결정을 얻을 수 있다. 젓다 멈추면 핵주위에 용질이 부착하여 큰 결정 생성이 용이해진다.

(5) 결정형성방해 물질의 존재

설탕만 함유한 용액은 결정이 잘 형성되나 용질인 설탕이외의 다른 물질을 함유하면 결정이 미세해지는데 이는 핵 위에 용질이 부착 되는 것이 방해받기 때문이다. 또한 용질인 설탕이외에 다른 당이 존재할 때도 결정 크기가 작아진다. 설탕이 가수분해 되어 전화당이 생성되면 설탕, 포도당, 과당의 혼합 형태이므로 동일분자끼리 모여 결정을 형성하는데 시간이 오래 걸리고 결정의 성장을 방해한다.

설탕결정체가 성장하기 위해서는 분자크기와 성질이 같은 설탕이라야 제자리에 들어맞아 결정의 격자를 형성할 수 있는데 크기와 성질이 다른 이물질이 자리 잡으면 설탕이 그 다음부터 제자리를 잡을 수 없기 때문에 결정체 크기가 작아진다. 설탕이외의 다른 물질이 강하게 부착하거나 다른 물질의 양이 많으면 아무리 설탕용액의 과포화도가 높아도 그 때부터는 결정의 성장이 실제로 정지된다. 만일 이물질을 처음부터 많이 넣으면 결정이 형성되지 않는다.

설탕용액의 결정을 방해하고 미세한 결정을 얻을 수 있는 물질을 결정 방해물질이라 하며 종류로는 설탕외의 모든 당, 버터, 콘시럽, 난백, 우유, 꿀, 젤라틴, 한천, 초콜릿, 유기산 등이다. 유기산을 과량 첨가했을 때는 신맛을 내며 결정형성이 부진되고 오랜 시간 저어야 한다.

6. 결정형 캔디와 비결정형 캔디

1) 결정형 캔디(crystalline candy)

당의 결정화를 이용한 캔디를 결정형 캔디라고 하며, 결정형 캔디에는 폰던트(fondant), 퍼지(fudge), 디비니티(divinity) 등이 있다. 결정형 캔디의 결정 크기는 미세하여야 하며, 입안에서의 촉감이 벨벳처럼 부드러워야 좋은 캔디이다.

2) 비결정형 캔디(non crystalline candy)

캔디를 만들 때 캐러멜화가 일어나며 캔디에 적당한 갈색과 독특한 향기를 준다. 캐러멜화를 이용한 캔디에는 캐러멜(caramel), 브리틀(brittle), 토피(toffee), 태피(taffy) 등이 있으며 비결정형 캔디, 또는 무정형 캔디라고 한다.

비결정형 캔디를 만들 때는 결정이 생기면 안 되며, 그러기 위하여 고온으로 처리하거나 다량의 결정 방해물질을 첨가하여야 한다. 캐러멜을 만들 때 사용하는 부재료는 결정형성을 방해하기 위해 사용한다. 산이나 알카리가 캐러멜화에 미치는 영향을 보면 알카리는 강 알카리이건 약 알카리이건 모두 당류를 파괴하여 캐러멜화 시키며, 강산도 당류를 파괴시켜 캐러멜을 만든다. 약산은 이당류를 가수분해 시킨다.

[표 4-3] 각종 캔디의 가열온도 및 당의 농도

캔디의 종류	형 태	최종온도(℃)	설탕농도(%)
fudge	crystalline candy	112	80
fondant	crystalline candy	114	81
caramel	non crystalline candy	118	83
taffy	non crystalline candy	127	89
brittle	non crystalline candy	143	93
toffee	non crystalline candy	148	95
penuche	crystalline candy	112	80

7. 당의 조리성

당류는 조리에 널리 이용되며 여러 가지 영향을 미친다. 조리와 관련된 당류의 주요 조리성은 다음과 같다.

1) 조미성

당류는 감미를 가지고 있으므로 감미료로 널리 사용된다. 설탕의 감미도는 어떠한 농도에 있어서도 온도, 용해 후의 시간 등에 영향을 받지 않고 항상 일정해 감미료로 많이 사용된다. 또한 당류는 여러 가공식품의 주재료(캔디)나 부재료(과자, 빵 등)로도 사용되며, 특히 우리나라 전통음식인 과정류를 만들 때 설탕, 꿀, 조청 등이 많이 사용된다. 과정류에는 유밀과, 유과, 다식, 정과(전과), 숙실과, 과편, 엿강정 등이 있다.

[표 4-4] 여러 가지 식품의 당 함량

식품명	당함량(%)	식품명	당함량(%)
음료수	8~10	양갱	40~60
아이스크림	12~18	잼	60~70
단팥죽	25~30	밀크카라멜	75
팥속	30~50	푸딩(pudding)	10~12

2) 젤리(jelly)형성

펙틴에 산과 설탕을 넣고 가열하면 젤리 상으로 된다. 이 것을 이용한 것이 잼과 마멀레이드(marmalade)이다. 젤리형성에는 설탕이 일정량 존재하여야 하는데 60~70% 정도이다. 또한 한천 젤에 있어서는 설탕이 강도와 투명도를 높이는 작용을 하며 이액현상(syneresis)을 방지한다.

3) 저장성

당류는 식품의 탈수현상을 일으켜 방부성을 증가시킨다. 고농도에서는 삼투압에 의해 미생물의 발육을 억제한다. 이것을 이용하여 여러 가지 과일을 저장한다. 방부 목적으로 설탕을 사용할때는 50%이상 첨가하여야 하며 잼이나 정과류 등이 이에 속한다.

4) 발효성

당은 발효에 의해 탄산가스와 알코올을 생성한다. 이는 이스트가 분비하는 효소에 의해 분해 되는 과정으로 빵을 만들 때 첨가한 적당량의 설탕은 이스트의 영양원으로 사용되어 발효를 촉진시킨다.

$$C_6H_{12}O_6 \xrightarrow[\text{yeast}]{\text{zymase}} 2C_2H_5OH + 2CO_2$$

5) 단백질 응고 억제작용

당은 단백질의 응고를 억제하는 작용이 있다. 열 응고를 지연시켜 열 응고 온도를 상승시킨다. 스폰지 케이크를 만들 때 첨가한 설탕은 달걀단백질의 응고온도를 높이고 가열에 의해 질겨지는 것을 막아준다.

6) 갈변현상

당은 가열하면 갈색의 캐러멜을 생성하며 또한 아미노화합물과 반응하여 Maillard 반응에 의해 멜라노이딘(melanoidine)이라는 갈색물질을 만든다. 이들은 제품에 적당한 갈색과 윤기를 주며 풍미를 향상시킨다.

7) 결정형성

과포화 당 용액으로 미세한 결정을 만들어 캔디제조에 이용한다.

8) 호화방해

당은 전분의 호화를 지연시켜 호화를 방해하며, 또한 α-전분의 β화를 지연시킨다. 이는 당의 탈수작용으로 전분의 노화를 억제하기 때문이다.

5

곡류 및 서류

1. 곡류의 구조
2. 곡류의 성분 및 영양
3. 쌀과 조리
4. 서류와 조리

제5장 곡류 및 서류

곡류에는 쌀, 맥류, 잡곡 등이 있으며 주로 열량급원으로 이용되고 있다. 맥류에는 보리, 밀, 쌀보리, 귀리, 호밀 등이 있으며, 잡곡에는 조, 기장, 수수, 피, 옥수수, 메밀 등이 있다. 곡류는 메밀을 제외하고는 화본과에 속하므로 구조, 모양, 성분 등이 비슷하다. 주된 곡류의 조리형태는 입자 그대로 조리하는 방법과 제분하여 가루형태로 조리하는 방법으로 나눌 수 있다.

1. 곡류의 구조

곡류는 외피, 배아, 배유의 세부분으로 되어있다. 외피는 내부를 보호하는 역할을 하며 cellulose, hemicellulose를 함유하고 있다. 외피는 곡류입자의 약 5%로 무기질과 소량의 비타민, 단백질을 함유하고 있다.

배유는 낟알의 약 82% 정도(쌀 92%)로 곡류의 대부분을 차지하며 우리가 주로 먹는 부분이다. 전분이 주성분으로 단백질이 함유되어 있으며 비타민과 무기질은 극히 적은 편이다. 배유의 외부는 호분층으로 종피와 접하고 있다. 호분층은 단백질과 지방이 들어 있지만 세포막이 두꺼워 소화가 잘 안되므로 도정에 의해 제거하여야 한다.

배아는 도정에 의해 외피와 함께 제거되는 부분(씨눈)으로 지방, 비타민, 무기질, 단백질을 함유하고 있다.

2. 곡류의 성분 및 영양

곡류는 경제적인 에너지원이며 전분의 풍부한 자원으로 약 70% 내외의 전분을 함유하고 있으며 약간의 덱스트린(dextrin)과 당류도 들어있다. 각 곡류의 전분함량을 보면 밀이 70~77%, 수수가 64~75%, 옥수수는 60~70%, 백미는 77%, 현미는 73~74%이다.

곡류의 비타민은 주로 비타민 B군으로 외피 및 배아에 많이 들어있어 도정에 의해 손실된다. 비타민 B군으로는 B_1, B_2, niacin, B_6, 엽산(folic acid), 판토텐산(panthothenic acid) 등이 들어 있으며 비타민 A, C, D는 거의 들어있지 않다. 그러나 옥수수는 예외로 provitamin A와, 배아에 비타민 E를 함유하고 있다. 무기질은 칼륨, 인, 마그네슘이 함유되어 있고, 칼슘은 곡류에 거의 없다. 인은 쌀겨에 다량 함유되어 있으며 주로 피틴(phytin)의 형태로 존재한다. 곡류는 양적으로 좋은 단백질의 급원으로 약 10% 내외의 단백질을 가지고 있으나 질적으로 우수하지 못하다. 곡류의 단백질은 프로라민(prolamin), 글루테린(glutelin)으로 단백가(protein score)가 낮다. 이러한 단백질은 lysine, threonine, tryptophan이 표준단백에 비해 부족하므로 동물성 식품인 우유, 달걀, 육류 등과 함께 섭취하는 것이 단백가를 높일 수 있다. 곡류의 지방은 약 2% 내외로 주로 배아에 함유되어 있으며, 주요 구성 지방산은 oleic acid와 linoleic acid이나 도정에 의해 손실되는 부분이다. 도정하지 않은 전곡류는 식이섬유의 좋은 급원으로 혈중 cholesteral을 낮추고 대장암을 예방한다.

[표 5-1] 곡류의 일반성분(도정곡, 생 것)

곡류	열량(Kcal)	수분(%)	탄수화물(g)	단백질(g)	지질(g)	회분(g)
멥쌀(백미)	363	13.4	79.5	6.4	0.4	0.4
찹쌀(백미)	373	9.6	81.9	7.4	0.4	0.7
밀	333	10.6	75.8	10.6	1.0	2.0
보리(쌀보리)	347	11.1	77.7	9.9	0.6	0.7
옥수수(마른것)	348	13.1	71.9	9.7	3.8	1.5
조(메조)	386	8.7	76	9.7	4.2	1.4
수수	364	12.5	74.1	9.5	2.6	1.3
호밀(통호밀)	334	10.1	70.7	15.9	1.5	1.8
귀리(쌀귀리)	317	9.7	70.4	14.3	3.8	1.8
메밀	374	9.8	74.7	11.5	2.3	1.7

－ : 표시는 수치가 애매하거나 측정되지 않음　　Ø : 식품성분함량이 미량존재

자료: 농촌진흥청 국립농업과학원 국가표준(2011), 식품성분표 제8차 개정.

3. 쌀과 조리

1) 쌀의 종류

쌀에는 멥쌀과 찹쌀이 있으며 모두 전분이 주성분이지만 amylose와 amylopectin의 함량에 따라 구분한다. 멥쌀은 amylose를 20% 전후 함유하고 있으며 찹쌀의 전분은 amylopectin만으로 되어있다. 또 장립미(長粒米)와 중립미(中粒米) 단립미(短粒米)로 구분하는데 단립미(Japonica 형)는 쌀의 입자가 짧고 단단하며 밥을 지었을 때 점성이 높다. 장립미(Indica 형)는 쌀알이 길고 가늘며 부스러지기 쉽고 점성이 낮다. 중립미(Javanica 형)는 장립미와 단립미의 중간이나 Indica형에 가깝다.

2) 쌀의 영양성분

왕겨를 제외한 현미는 외피, 배아, 배유의 세부분으로 되어있고 그 비율은 각각 5~6%, 2~3%, 91~92%이다. 쌀의 주성분은 전분으로 쌀의 당질 중 75%가 전분이고 그 외 dextrin, 섬유소 등이 소량 들어있다. 쌀 전분 입자는 다각형으로 3~8μ 정도이다. 쌀의 단백질은 6~7% 정도로 주단백질은 글루테닌(glutelin)에 속하는 오리제닌(oryzenin)이다. 쌀 단백질의 아미노산은 lysine, tryptophan이 표준단백에 비해 부족하다. 지방은 주로 배아에 함유되어 있고 현미의 2.3%, 백미의 0.8% 정도로 함량이 낮다. 주요 구성 지방산은 불포화지방산인 oleic acid, linoleic acid이다.

무기질과 비타민은 주로 외피와 배아 중에 함유되어 있으며 무기질은 인, 칼륨, 마그네슘 등이 많이 들어있고 칼슘, 철 등은 부족하다. 비타민은 주로 B군이 들어 있으며 도정으로 많이 제거된다. 도정할수록 즉, 도정률이 낮을수록 단백질, 지질, 섬유질, 비타민은 감소되어 영양소 함량이 줄어들고 탄수화물의 함량비율은 증가한다.

[그림 5-1] 쌀의 구조

[표 5-2] 정백도에 따른 쌀의 일반성분

곡류	열량 (kcal)	수분 (%)	단백질 (g)	지질 (g)	탄수화물 (g)	섬유소 (g)	Ca (mg)	P (mg)	Fe (mg)	비타민 B_1 (mg)	비타민 B_2 (mg)	나이아신 (mg)
현미(추청)	362	12.7	6.4	2.7	76.9	-	12	92	1.1	0.30	0.04	1.7
5분도미	344	14.5	7.1	1.6	75.3	0.5	37	200	0.9	0.30	0.07	4.5
7분 도미	368	12.3	6.9	1.1	79.1	0.9	24	179	0.9	0.19	0.05	2.7
백미(추청)	373	10.8	6.7	0.6	81.4	5.7	8	131	0.4	0.45	0.02	1.2

- : 표시는 수치가 애매하거나 측정되지 않음 Ø : 식품성분함량이 미량존재
자료: 농촌진흥청 국립농업과학원 국가표준(2011), 식품성분표 제8차 개정.

3) 밥 짓기

쌀에 물을 붓고 가열하여 밥을 지으면 쌀알의 전분이 호화, 팽윤하고 따라서 쌀알의 팽창·붕괴가 일어난다. 밥 짓기란 약 14%의 수분을 함유하고 있는 쌀에 물을 붓고 가열하여 약 65%의 수분을 함유한 밥으로 만드는 과정을 말한다.

(1) 조리조작

① 씻기

쌀에 붙어있는 불순물을 제거하기 위한 조작으로 수용성물질의 손실이 일어난다. 특히 비타민 B_1이 많이 손실된다.

② 물에 담그기(불리기)

i) 흡수조작의 필요성

쌀을 씻어서 물에 담그는 조작으로 쌀을 물에 담가두면 물이 쌀입자속으로 고르게 스며든다. 쌀은 자체의 수분함량이 적고 조직이 단단하므로 쌀 내부까지 물과 열이 침투하려면 오랜 시간 걸린다. 그러므로 일정시간 물에 담가두면 쌀 조직이 물을 흡수하여 가열시 열전도율을 돕고 호화를 도와 밥맛이 좋아진다. 왜냐하면 배유세포 내부에까지 물이 침투되어 전분입자를 떨어지게 하여 호화가 신속하고 완전하게 되기 때문이다. 그러나 대량의 쌀로 밥을 지을 때는 비등기까지 시간이 걸리기 때문에 이 동안의 흡수가 많아 따로 침수할 필요가 없다. 또 가열 중에 증발량이 비교적 적으므로

밥물의 양을 적게 한다.

침수시간은 쌀이 최대한으로 흡수하면 되는데 그 이상 오래 담가두면 쌀 입자가 부스러지기 쉬워서 밥 완성 후의 상태가 나빠진다.

ii) 쌀의 흡수율과 물의 온도와의 관계

쌀의 흡수율은 곡류자체의 수분함량에 따라 다르나 포화점까지 다다르는데 30~90분이 걸린다. 쌀은 20~30%의 물을 흡수하면 더 이상의 물을

흡수하지 않는데 이를 포화점이라 하며 더 오랜 시간 담가두어도 더 이상의 물을 흡수하지 않는다. 그러므로 쌀을 2시간 이상 담가둘 필요가 없다.

흡수율은 물의 온도와 관계가 있어 온도가 높을수록 포화점까지 다다르는 시간이 짧아진다. 멥쌀의 경우 여름에는 30분(26℃), 겨울에는 90분(6℃)이 걸려야 포화점에 다다른다. 처음 20분은 물을 급속히 흡수하고 다음 10분은 서서히, 30분 후는 거의 증가하지 않는다.

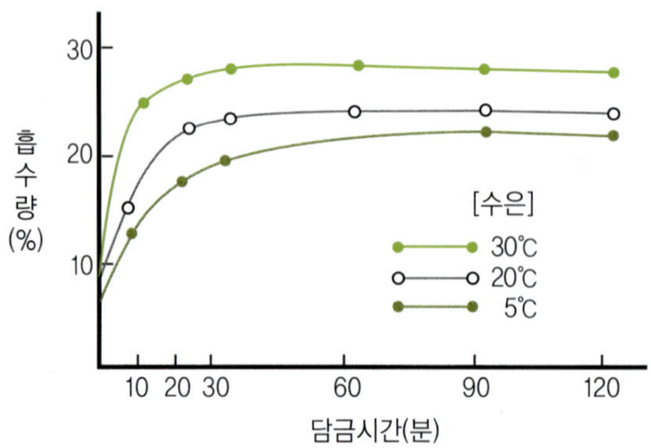

[그림 5-2] 쌀의 담금시간에 따른 흡수율

③ 물 붓기

백미의 수분은 약 15%이지만 밥이 되면 약 65%가 된다. 이 것은 밥을 지을때 가해진 물의 대부분이 쌀 입자에 흡수되기 때문이다. 밥의 중량은 쌀의 2.2~2.5배이므로 흡수량은 쌀의 1.2~1.5배이다.

밥물은 전분의 α화에 필요한 수분의 양(30%)에 증발되는 수분량(10~20%)을 합하여 쌀 중량의 1.4~1.5배의 양이며 쌀의 량(부피)의 1.2배 정도이다. 증발되는 수분량은 쌀양과 관계없이 거의 비슷하므로 쌀의 양이 많을수록 비교적 적은양의 물이 필요하다. 이 때 밥물의 양에 영향을 주는 요

인은 여러 가지가 있다. 쌀 자체의 수분함량, 가열용기, 쌀의 양, 화력, 가열방법 등에 따라 다르다.

④ 끓이기

가열은 밥 짓기에서 가장 큰 변화가 일어나는 기간이다. 쌀 전분의 호화가 일어나는 시기로 다음과 같이 구분할 수 있다.

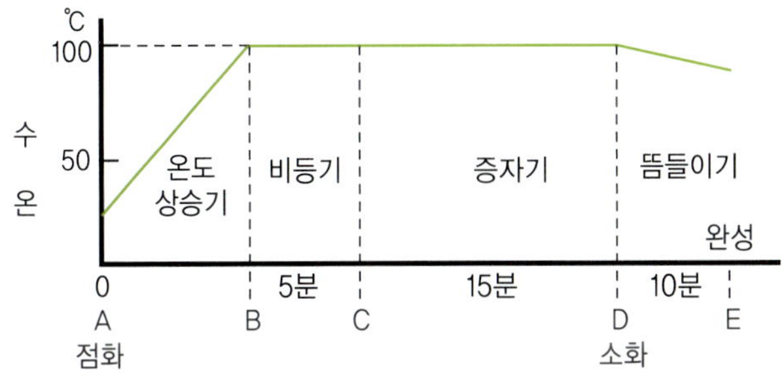

[그림 5-3] 가열 과정

i) 온도상승기

물이 끓을 때까지의 시간을 온도상승기라 하며 쌀의 양, 화력, 기온, 침수시의 수온 등에 따라 다르다. 충분히 침수시키지 않았을 때는 화력을 약하게 하여 비등까지의 시간을 길게 하여 흡수되도록 한다. 물을 흡수한 쌀 입자는 온도상승과 함께 더 많은 수분을 흡수하여 팽윤하고 60~65℃에서 호화가 시작된다. 이 시기에는 10~15분 정도로 강한 화력에서 행한다.

ii) 비등기

이 시기는 쌀이 계속 흡수·팽창하여 전분의 호화가 활발해지고 점성이 증가한다. 물의 대류와 함께 쌀 입자가 상하로 움직여 비등을 계속한다. 화력은 중간 정도로 하여 5분 정도 유지시킨다.

iii) 증자기

수증기로 쪄지는 시기로 쌀 입자의 표면에 있던 수분이 수증기가 되어 쌀 입자가 쪄진다. 쌀 입자의 전분이 완전히 호화 팽윤하도록 화력을 약하게 하여 보온이 되도록 하며 뚜껑을 열지 않는다.

⑤ 뜸들이기 및 밥 섞기

뜸들이기는 밥맛과 밀접한 관계가 있는 과정으로 불을 끄고 나서 10분~15분 정도 뜸을 들인다. 보온효과가 큰 용기일수록 좋다. 쌀알 중심부의 전분이 완전히 호화되어야 밥맛이 좋다. 뜸들인 후 그대로 방치하면 솥의 벽면이 식어서 물방울이 생기거나 밥의 중량으로 밥알끼리 달라붙어 덩어리지기 쉬우므로 나무주걱으로 가볍게 섞어준다.

(2) 밥맛에 영향을 주는 요인

밥물의 pH가 7~8일 때 밥맛이 좋고 산성일수록 밥맛이 나쁘다. 미량의 소금이 존재할 때 밥맛이 좋은데 0.03%의 소금을 첨가하면 밥맛이 좋아진다. 수확 후 오래된 쌀일수록 밥맛이 나쁘다. 그 이유는 오래될수록 쌀의 지방이 산패되어 좋지 않은 냄새가 나며, pH가 낮아지고, 맛을 내는 물질인 포도당, 수용성 질소물질 등이 감소하기 때문이다.

지나치게 건조된 쌀은 밥맛이 나쁘다. 갑자기 수분을 흡수하여 쌀알내부의 팽창율이 불균등하여 조직이 파괴되고 공간이 생겨 질감이 나빠지기 때문이다. 밥 지을 때 사용한 연료도 밥맛에 영향을 미치는데 장작이나 숯이 연탄, 가스, 전기를 사용했을 때보다 밥맛이 좋다. 이는 보온효과 때문이다. 또한 솥의 재질과도 관계가 있어서 솥의 재질이 열전도율이 적고 두꺼운 것이 고루 α화되고 늦게 식기 때문에 흡수한 열을 오래 보존하므로 밥맛이 좋다. 일반적으로 쌀의 amylose의 함량이 낮을수록 끈기가 많고 맛이 좋다. amylose 함량이 많으면 전분입자의 팽윤이 충분히 일어나지 못하여 호화가 완전히 일어나지 못하고 밥의 점도가 떨어지기 때문이다.

4) 쌀을 이용한 음식

(1) 증편

떡은 곡물가루를 반죽하여 찌거나, 찐 후 치거나, 기름에 지지거나, 삶아서 만든 곡물음식이다. 주로 쌀가루와 찹쌀가루를 많이 사용하며, 우리나라 떡의 종류는 다양하여 200여종에 이른다. 떡의 종류 중, 증편은 우리나라의 유일한 발효 떡으로 쌀가루에 막걸리를 넣어 발효시켜 부풀린 떡이다. 막걸리를 사용하는 것은 막걸리에 이스트(yeast)가 함유되어 있기 때문이다. 밀가루 반죽이 잘 부푸는 것은 밀가루에 함유된 글루텐의 점탄성에 기인한다. 그러나 쌀 단백질인 오리제닌(oryzenin)은 점탄성이 약해 크게 부풀지 못한다. 증편을 만들 때 일어나는 발효과정은 이스트빵을 만들 때 일어나는 화학반응과 같으며 다음과 같다.

$$\text{dextrose, levulose} + \text{yeast} \longrightarrow 2CO_2 + 2C_2H_5OH$$

이 과정에서 생긴 탄산가스는 쌀가루 반죽을 부풀게 하고 에틸 알코올(ethyl alcohol)은 떡의 향기에 관여한다. 재래식 증편은 막걸리의 이스트 함량이 적어 이 반응이 더디게 일어나고 잘 부풀지 않는다. 요즈음은 막걸리 대신 스타터(starter)를 사용하여 단시간에 증편을 만들 수 있는 방법이 개발되었다.

(2) 식혜

한국 고유의 음료인 식혜는 쌀 전분을 완전 호화시킨 후, 엿기름물의 amylase로 쌀 전분을 glucose와 maltose로 가수분해 시킨 후, 그 물에 밥알을 띄워 마시는 우리나라 전통 음료류이다.

$$\text{starch} \xrightarrow{\text{amylase}} \text{glucose, maltose}$$

엿기름속의 amylase는 수용성이므로 엿기름을 물에 담가 주물러서 용해시킨 후 그 엿기름물을 뜨거운 밥에 부어 50~70℃에서 4~5시간 정도 당화시켜 만든다. 밥알이 뜨면 헹구어 건져놓고 식혜 물을 끓이는데 이는 더 이상 효소작용이 일어나지 않도록 하기 위해서이다. 전분이 당화되고 당은 수용성이라 빠져나가므로 가벼워져 밥알이 뜨게 된다.

(3) 죽

죽은 가장 원초적인 곡물요리로 곡류부피의 5~6배의 물을 가하여 완전히 호화될 때까지 끓인 반유동식으로 소화가 잘되어 노인식, 환자식, 이유식 등으로 쓰여왔다. 지질함량이 많은 견과류를 넣어 끓인 죽은 일반죽보다 물의 양을 적게해야 하므로 곡류의 약 4배 정도의 물을 사용한다.

4. 서류와 조리

서류는 식물의 뿌리로 근채류에 속하나 다른 근채류(무, 당근 등)에 비해 전분이 많아 채소류와 별도로 서류라 부른다. 곡류에 비해 수분함량(70~80%)이 많아 열량이 낮다. 곡류나 두류에 비해 저장성은 떨어지나 주식이나 주식 대용으로 이용되며, 전분, 알코올, 당면 등의 원료로 이용된다. 서류에는 감자, 고구마, 토란, 마 등이 있다.

[표 5-3] 서류의 일반성분

식품명	열량 (kcal)	수분 (g)	단백질 (g)	지질 (g)	탄수화물 (g)	섬유소 (g)	회분 (g)	칼슘 (mg)	인 (mg)	철 (mg)	비타민 A (R.E)	B_1 (mg)	B_2 (mg)	niacin (mg)	C (mg)
감자	63	82.7	2.4	0	13.9	0.7	1	14	117	4.2	1	0.26	0.04	0.4	8
고구마	131	66.3	1.4	0.2	31.2	2.6	0.9	24	54	0.5	19	0.06	0.05	0.7	25
토란	124	78	2.4	0	26.1	3.3	1.5	29	130	1.4	1	0.12	0.04	0.7	34

– : 표시는 수치가 애매하거나 측정되지 않음　　　Ø : 식품성분함량이 미량존재
자료: 농촌진흥청 국립농업과학원 국가표준(2011), 식품성분표 제8차 개정.

1) 감자

감자는 고구마보다 수분함량이 많아 80% 내외이고, 고구마보다 전분함량이 낮으며 당 함량이 1/4~1/5로 고구마보다 덜 달다. 색이 노랄수록 단백질 함량이 높고 전분함량 낮다. 감자는 담백하고 씹히는 맛이 좋아 각종 요리에 주재료나 부재료로 널리 이용되고 있다. 감자는 숙성함에 따라 수분과 당분함량은 감소하고 전분함량은 현저하게 증가한다.

(1) 성분

감자에는 단백질이 2~3% 정도 함유되어 있으며 주단백질은 globulin에 속하는 튜베린(tuberin)이다. 당질은 전분이 주성분으로 15~16%를 함유하고 있으며 저장 중 amylase에 의해 가수분해하여 당이 생성되므로 단맛이 증가한다.

비타민은 B_1, B_2, niacin과 비타민 C가 15~30mg% 들어있으며, 조리

에 비교적 안정하다. 감자는 비타민 B와 C의 좋은 급원 식품이며, 무기질 중 칼륨 함량이 많아 알칼리성 식품이다.

(2) 갈변현상

감자를 잘랐을 때 나타나는 갈변은 효소적 갈색반응으로 산소, 기질, 효소가 있을 때 나타나는 반응이다. 즉 감자에 들어있는 tyrosine이 공기 중의 산소와 tyrosinase라는 효소의 작용으로 melanin이라는 갈색물질을 생성하기 때문이다.

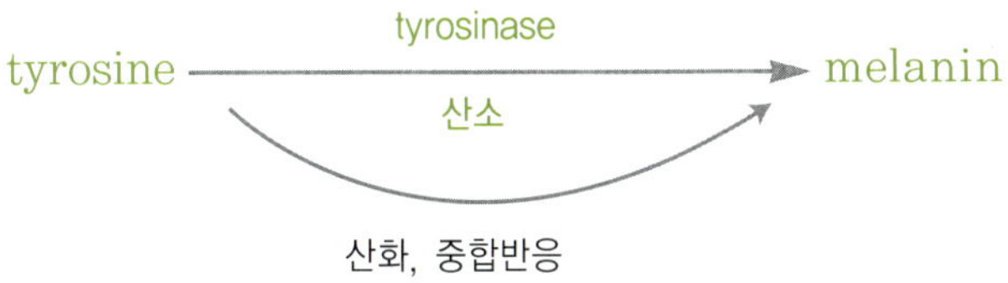

갈색반응의 방지법으로는 효소를 불활성화 시키는 방법이 있다. 감자를 가열처리(blanching)하면 방지할 수 있으며, 물에 담가도 tyrosinase는 수용성이므로 갈변을 방지할 수 있다. 또한 효소의 최적조건을 변하게 하여 효소의 작용을 막을 수 있는데 예를 들어 pH, 온도 등 조건을 변화시키는 방법이다. 산을 첨가하여 pH를 산성으로 변화시켜 주거나, 온도를 -10℃ 이하로 하는 방법 등이 있으며 염소 이온은 갈색반응을 억제하는 작용을 하며 구리, 철 이온은 갈색화를 촉진시킨다.

산소의 제거를 위해 공기 제거 대신 물에 담그거나, CO_2 또는 질소가스로 대체하거나, 소금물이나 설탕물에 담그는 방법 등도 있다.

환원성 물질인 비타민 C(ascorbic acid)를 첨가하거나 아황산염 용액에 침지해도 갈변을 방지할 수 있다.

(3) 유독성분

감자의 유해성분으로는 솔라닌(solanin)이라는 배당체가 들어 있는데 솔라니딘(solanidin)과 당(glucose 1, galatose 1, rhamnose 1)으로 분해된다. 감자가 햇빛에 노출되어 생긴 껍질의 녹색부분이나 발아 중인 싹에 들어 있으며 섭취 시 solanin은 중독증상 일으킨다. 복통, 위장장해, 현기증, 두통 등이 0.2~0.4g 섭취 시 일어날 수 있다. 또한 감자가 썩기 시작하면 셉신(sepsin)이라는 독성물질이 생겨 심한 중독증상을 일으킨다.

(4) 식용가(palatability factor)

감자에는 분상질인 것과 점성질인 것이 있다. 분상질인 것은 전분의 함량이 높고 점성질의 감자는 단백질의 함량이 높다.

감자의 식용가는 palatability factor(P.F.)로 표시하며 점질과 분질을 나타내는 지수이다.

$$\text{식용가(P.F.)} = \frac{\text{단백질량}}{\text{전분량}} \times 100$$

P.F.가 높으면 단백질량이 많고 점성이 있다는 것을 의미한다. P.F.가 높으면 비중이 낮으므로 비중이 낮을수록 점질의 감자이다.

점질의 감자(waxy potato)는 찌거나 구울 때 부서지지 않으므로 기름을 사용하여 볶는 요리에 적당하며, 튀김, 조림, 샐러드 등에 이용된다. 분질의 감자(mealy potato)는 부스러지기 쉬워 메쉬드 포테이토(mashed potato) 등 으깨어 먹는 요리나 구워 먹을 때에 사용하는 것이 좋다.

포테이토칩(potato chip)을 만들때, 색이 진한 것은 감자가 저장중에 환원당이 많이 만들어졌기 때문이다.

(5) 조리에 의한 변화

감자는 비타민 C의 함량이 많으나 비타민 C는 열에 약하고 수용성이므로 조리 시 손실된다. 조리방법에 따라 손실량이 다른데 끓인 것>찐 것>튀긴 것의 순으로 손실이 된다. 또한 전 처리에서도 비타민 C의 손실을 적게 해야 하며 표면적이 클수록 손실량이 커진다.

2) 고구마

(1) 성분

고구마에는 단백질이 1~2% 정도 함유되어 있으며 주단백질은 globulin의 일종인 이포마인(ipomain)이다.

당질은 전분이 주성분으로 20% 정도 들어있고 그 외에 서당, 환원당 등이 4% 들어있으며 감자와 마찬가지로 저장 시 amylase에 의해 전분이 가수 분해 되어 당을 생성하므로 단맛이 증가한다. 특히 고구마에는 강력한 β-amylase가 함유되어 있어서 저장 중은 물론 가열 중에도 이 효소의 작용에 의해 전분의 가수분해가 일어나 단맛이 증가한다. 따라서 군고구마나, 햇빛에 말린 고구마가 더 단맛을 낸다.

고구마의 비타민은 B_1, B_2, niacin 등이 함유되어 있으며 비타민 C도 30mg%나 들어있다. 고구마에 들어있는 비타민 C는 비교적 열에 강하기 때문에 고구마를 쪘을 때 70~80% 잔존율을 나타낸다. 이는 세포내 전분이 호화에 의해 비타민 C의 용출이 저지되거나, 세포막의 파괴가 적기 때문에 세포내 비타민 C가 외부의 산소에 접촉할 기회가 적기 때문이다.

고구마의 무기질은 칼륨, 칼슘, 인 등이 들어있으며, 특히 칼륨이 많이 들어있어 체내 과잉의 나트륨을 체외로 배출시키는 역할을 하므로 고혈압 등 성인병 예방에 좋은식품이다. 고구마의 색소는 anthocyanin과 carotenoid가 공존하며 색이 노랄수록 carotene의 함량이 높다. 또한 고구마에는 식이섬유가 많이 들어있어 변비예방과 항암작용 및 혈청 콜레스테롤을 감소시킨다.

(2) 갈변현상

폴리페놀옥시다제(polyphenoloxidase)에 의한 효소적 갈색반응이 일어난다. 자른 단면이 공기에 접촉되어 갈변하는 것은 polyphenoloxidase가 클로로겐산(chlorogenic acid)과 폴리페놀(pllyphenol)에 작용하여 퀴논(quinone)이 생기기 때문이다. 이 효소는 수용성이므로 물에 담그면 변색을 방지할 수 있다. 썰어서 건조시킬 때도 갈변현상이 일어나므로 건조 전에 가열처리하여 산화효소를 불활성화시켜야 한다. 즉, 찌든가 데치든가 한 후 건조시키면 갈변방지와 단맛이 증가한다.

(3) 특수성분

고구마를 자르면 나오는 유백색 점액의 성분은 얄라핀(jalapin)이라고 하는 배당체이다. 이 성분은 물에 용해되지 않으며 공기에 노출되면 검게 되고 제거하기 어렵다. 고구마에 흑반병이 생기면 이포메아마론(ipomeamarone)이라는 쓴맛 성분의 물질이 생기는데 독성이 있다.

3) 토란

토란은 수분이 70%함유되어 있다. 주성분은 탄수화물로 대부분이 전분이며 dextrin, galactan 등이 들어 있고 무기질은 칼륨이 많이 들어있다. 토란의 점질물은 갈락탄(galactan) 때문이며, 단백질과 결합하여 당단백질의 형태로 들어있다. 전분과 함께 토란의 맛 형성에 영향을 미친다. 토란이 이들 점질물로 둘러싸여 있으면 조미료가 침투되기 어려우므로 조미하기 전에 한번 가열해주어 용출시켜 내야한다. 이 물질은 또한 가열 중에 물속에 용출되어 끓어 넘치는 원인이 되거나 열전도와 조미료의 침투를 방해하기도 한다. 1%의 식염수에서 삶으면 이 점질물은 응고되어 침전한다.

토란을 만질 때 손이 가려워지는 것은 토란에 함유되어 있는 미량의 수산염이나 알카로이드(alkaloid) 때문이다. 가열하거나 식초를 사용하면 방지할 수 있다.

토란의 아린 맛은 호모젠티스산(homogentisic acid)에 의하며 이 성분은 소금물에 가열하면 제거된다.

(4) 마

마의 주성분은 전분이며 점성이 강하다. 점질물은 뮤신(mucin)이며, α-amylase 등 효소를 많이 함유하고 있어서 소화가 잘 된다. 갈아서 생식하거나 삶아서 이용한다. 또한 한약재로도 이용된다.

(5) 돼지감자

돼지감자는 뚱딴지라고도 하며 번식력이 아주 강해서 어디서나 재배가 용이하다. 주성분은 과당이 β-1.2 결합한 fructan인 이눌린(inulin)으로 인체내 소화효소로 분해되지 않는다. 혈당을 낮춰 안정화시키는 것으로 알려져 있다.

6

전 분

1. 전분의 구조
2. 전분의 호화
3. 전분의 노화
4. 전분의 겔화
5. 전분의 호정화
6. 전분의 당화
7. 전분의 이용

제6장 전 분

전분은 식물의 대표적인 저장 탄수화물로 세포질의 색소체에서 형성되고 입자형태로 존재한다. 전분은 무색, 무미, 무취의 물질로 비중은 1.55~1.65이다. 곡류의 주성분은 전분으로 곡류식품을 조리할 때 전분의 변화가 일어난다. 전분의 micell 구조는 조리에 의해 파괴되어 비결정성으로 된다.

1. 전분의 구조

전분의 분자는 단당류인 포도당이 수백 개, 수천 개가 결합된 중합체이다. 전분 분자의 포도당의 수는 급원에 따라 다르다. 어떤 것은 400~4,000개의 포도당이 한분자의 전분을 형성하고 있고 어떤 것은 수십만 개

[표 6-1] 곡류 전분입자의 크기와 amylose · amylopectin의 함량

곡류	전분입자의 크기(u)	amylose(%)	amylopectin(%)
쌀	2~10	20	80
찹쌀	-	0	100
밀	2~38	25	75
보리	25~50	27	73
옥수수	4~26	26	74
수수	-	27	73
메밀	-	28	72
감자	15~100	23	77
고구마	15~55	20	80
타피오카	5~36	18	82
칡	7~75	21	79
찰옥수수	-	0~6	94~100

의 포도당이 결합된 것도 있다. 결합된 포도당의 수가 적을수록 물에 잘 용해된다. 식물 내에는 두가지 형태의 전분분자가 합성된다. 즉, 아밀로오스(amylose)와 아밀로펙틴(amylopectin)으로 되어 있으며 amylose는 glucose가 α-1,4결합으로 직쇄상으로 연결된 길이가 긴 직선 구조이다.amylose는 glucose가 6개마다 한 번씩 감으면서 연결된 α-나선구조(α-helical form)이다. 요오드와의 반응은 청색을 나타내며 분자량이 클수록색이 짙어진다. amylose의 함량이 많은 전분(amylomaize starch)은 쌀, 밀, 감자 등의 전분으로 약 17~34%의 amylose를 함유하고 있다.

amylopectin은 glucose가 α-1,4결합한 측쇄상으로 다른 amylose사슬이 α-1,6결합을 하여 분지상 구조를 하고 있으며 포도당 22~28개마다 가지를 치고 있다. 요오드 반응에서는 적자색을 나타내며 많은 분자가지 때문에 쉽게 노화되지 않는다. amylopectin의 함량이 많은 전분(waxymaize starch)은 찹쌀, 찰옥수수 등의 전분으로 94~100%의 amylopectin을 함유하고 있다(표 6-1)

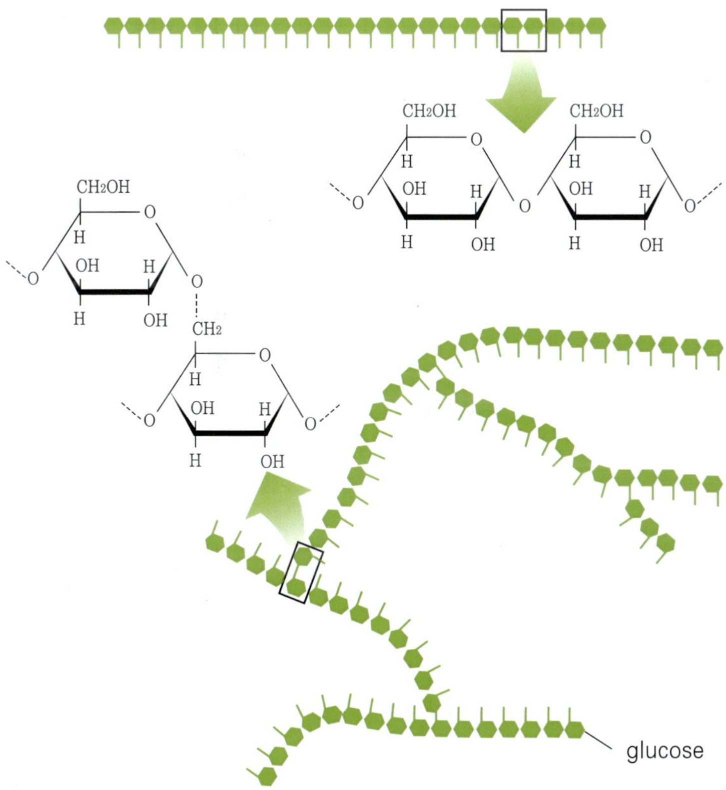

[그림 6-1] amylose와 amylopectin의 구조

2. 전분의 호화(gelatinization)

호화란 전분에 물과 열을 가하면 전분입자가 물을 흡수하여 팽창되고 60~65℃ 정도가 되면 전분입자는 급격히 팽윤하며, 온도가 더 상승하면 전분용액의 점도와 투명도가 증가하여 전분 입자의 형태가 없어진 colloid 상태로 되는 과정을 말하며 그 단계는 다음과 같다.

1) 단계

(1) 수화(hydration)단계 : 물분자가 흡수되어 수화되는 상태로 외관상 변화가 없으며 가역적인 변화로 다시 원상태로 되돌아 갈 수 있다. 이 때 25~30%의 물을 흡수한다.

(2) 팽윤(swelling)단계 : 온도상승에 따라 수분을 계속 흡수하고 전분입자가 팽윤하는 단계로 비가역적인 변화이다.

(3) 전분입자의 결정성이 소실되어 전분입자들이 형태 잃고 colloid상태로 되는 과정으로 점성(viscosity)이 증가한다.

2) 메커니즘(mechanism)

β-starch는 amylose와 amylopectin이 서로 수소결합으로 연결되어 micell을 형성하고 있다. 물의 첨가와 온도의 상승으로 물분자가 전분분자들 사이에 들어가 전분분자와 수소결합을 하면(전분분자 사이에 수소결합 약해져서) micell이 파괴되고 점성이 증가(전분분자가 물을 흡수하므로 본래크기의 몇 배로 커져 산포되어 있는 공간 좁아지기 때문)하여 colloid 상태의 용액을 형성하게 된다.

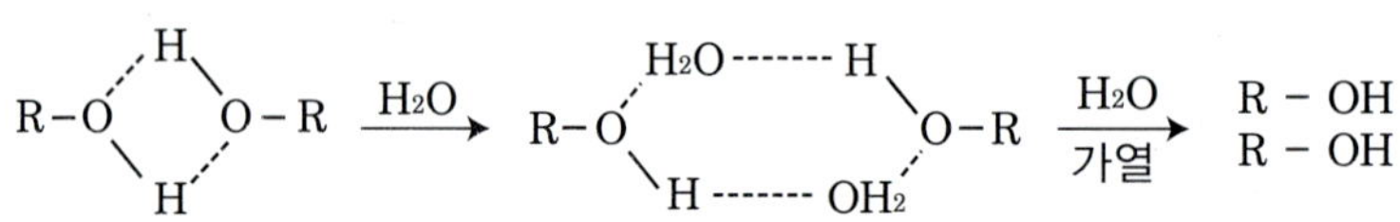

micell 구조 팽윤 콜로이드용액

[그림 6-2] 전분입자의 호화과정

3) 호화에 영향을 주는 요소

(1) 전분입자의 종류

전분입자는 식물의 종류에 따라 크기와 모양이 모두 달라 가장 작은 것은 직경 2μ에서부터 큰 것은 150μ 정도이다. 전분입자의 크기는 호화에 영향을 미치는데 입자가 클수록 빨리 호화된다. 쌀 전분은 전분입자의 크기가 작고 균일하여 직경이 3μ 정도이다. 감자전분은 전분입자의 크기가 커 15~100μ 정도이므로 감자전분이 빨리 호화된다. 일반적으로 곡류전분보다 뿌리전분이 호화가 잘 된다. 아밀로펙틴은 아밀로오스보다 호화되기 여러워 일반적으로 찹쌀을 이용한 음식이 조리시간이 길다.

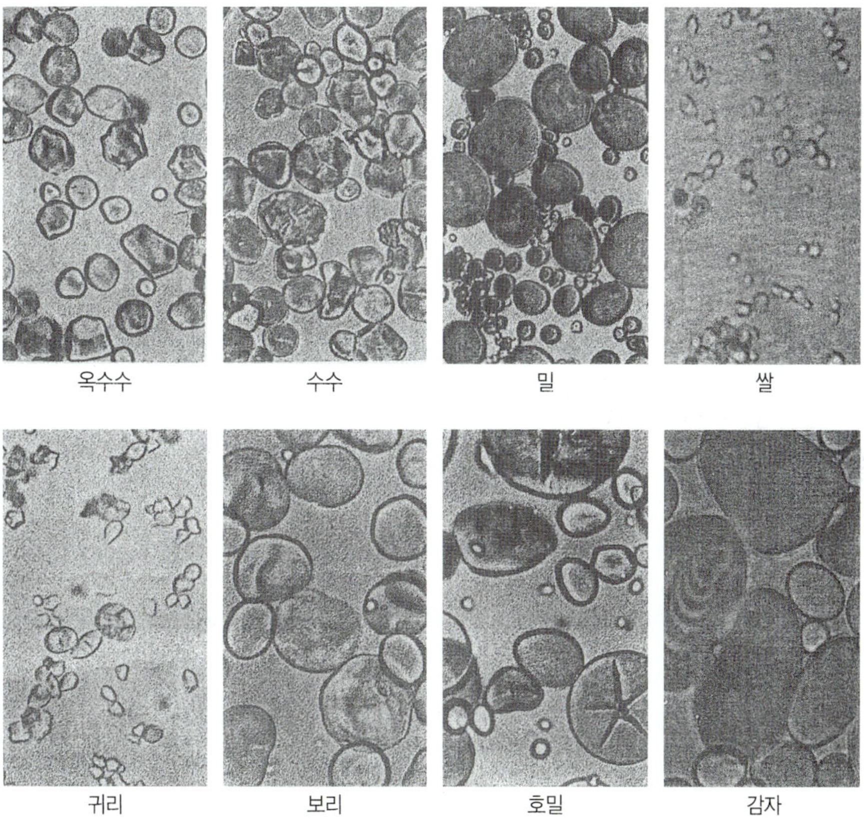

[그림 6-3] 곡류 전분입자의 형태

(2) 수분함량

수분함량이 충분할 때 호화가 잘 일어난다. 수분함량이 많을수록 팽윤이 잘되기 때문이다. 완전히 호화되기 위한 물의 양은 전분의 약 6배이다.

(3) 가열온도

가열온도가 높을수록 단시간에 호화된다. 밥을 지을 때 98~100℃에서는 20~30분이면 호화가 되는데 90℃에서는 2~3시간이 걸린다.

(4) pH

알칼리성에서 전분의 팽윤과 호화가 촉진되고 산에서는 가수분해되어 점도가 낮아지고 호화가 잘 안 된다.

(5) 염류

대부분의 염류는 전분의 호화를 촉진시킨다. 전분의 호화를 촉진하는 염류는 NaOH, KOH, KI, NH_4NO_3, $AgNO_3$로 팽윤제(swelling agents)라고 하며, 호화를 억제하는 염류는 황산염들($MgSO_4$)이다.

(6) 첨가물의 영향

① 설탕 : 설탕은 점도를 낮추고 호화를 방해한다. 설탕농도가 높을수록 호화온도가 높아지며 이 때 설탕은 탈수제 역할을 한다. 일반적으로 이당류가 단당류보다 호화방해 능력이 크다.

② 산 : 산은 전분을 가수분해 시켜 전분의 호화를 방해 한다. 따라서 전분에 산을 첨가하여 소스를 만들때는 전분을 먼저 호화시킨 후 산을 첨가하는 것이 좋다.

③ 지질 : 지질은 전분입자를 둘러싸서 물의 흡수를 방해하므로 호화를 억제한다. 볶음밥을 하기 위한 밥을 지을때 쌀을 기름에 살짝 볶아 밥을 짓는 것은 밥이 퍼지는 것을 막아주고 씹을때 쫄깃한 씹힘성을 제공하기 위함이다.

3. 전분의 노화(retrogradation)

주로 amylose에 의해 일어나는 노화는 호화전분을 낮은 온도에 방치했을 때 β-starch로 되돌아가는 현상을 말한다. 그러나 호화가 일어나기전의 원래의 상태로는 되돌아 갈 수 없다. 왜냐하면 호화과정에서 amylose와 amylopectin이 너무 많이 위치를 바꾸었기 때문이다. 노화는 전분분자끼리의 수소결합에 의한 결합이 전분과 물과의 수소결합에 의한 결합보다 강하기 때문에 일어나며 그 mechanism은 그림 6-4와 같다.

Starch 분자가 물과 수화하여 흩어져서 존재하고 있으나 실온에 두면 어느 부분에서 가까이 옆에 있는 분자끼리 수소결합을 하고 이것을 기점으로 차례로 수소결합을 하여 결정영역의 재배열로 규칙적인 micell 구조를 형성하게 된다.

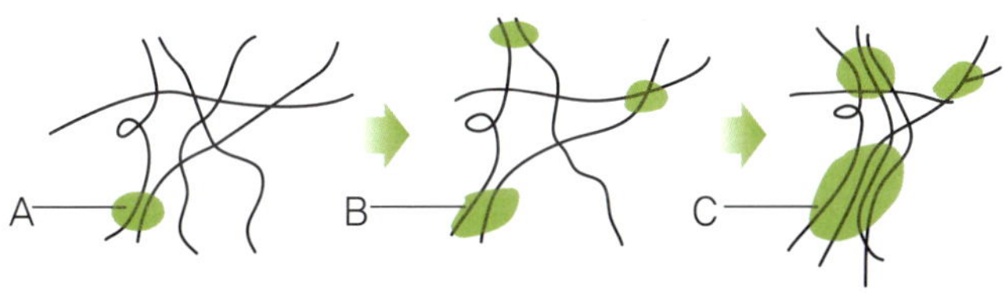

[그림 6-4] 노화의 mechanism

1) 노화에 영향을 주는 요소

(1) 전분의 종류

amylose 함량이 많은 전분일수록 노화가 잘 일어난다. amylopectin은 구조의 복잡성으로 나란히 배열하여 micell을 만드는 것을 입체적으로 방해하므로 노화되기 어렵다. 뿌리전분보다 곡류전분이 노화가 쉬우며, 찹쌀로 떡을 만들면 멥쌀로 만든 떡보다 더디게 굳는다.

(2) 온도

0~4℃에서 노화가 가장 잘 일어난다. 이 온도에서는 전분분자간의 수소결합이 안정되어 노화가 잘 일어나므로 겨울철에 밥, 떡, 빵 등이 빨리 굳는다. 60℃ 이상에서는 전분분자 상호간의 수소결합이 어려워서 노화가

어려우며 0℃ 이하에서는 전분분자끼리의 자유로운 이동이 억제되므로 전분분자가 물분자 사이에서 고정되어 노화가 잘 일어나지 않는다.

(3) 수분함량

수분함량은 30~60%에서 노화가 가장 잘 일어난다. 15% 이하에서는 활동이 억제되어 전분분자가 고정되므로 amylose 분자들의 회합이 방해되어 노화가 어렵다. 또한 수분함량이 60% 이상에서는 전분분자끼리 만나기 어려워 노화가 어렵다.

(4) pH

노화는 호화와 반대로 산성에서 촉진되고 알칼리성에서는 억제된다.

(5) 염류

무기염류는 호화를 촉진하고 노화를 억제하는 경향이 있으나, 황산염은 노화를 촉진하고 호화를 억제한다.

2) 노화 방지법

(1) 수분함량 조절법

α화된 전분을 80℃ 이상의 고온에서 수분이 15% 이하가 되게 건조시키는 방법으로 급속히 수분을 제거하여 전분 분자가 옆 분자와 교착된 상태로 고정되므로 노화가 어렵게 된다. 이 방법으로 노화가 방지된 식품은 라면, 비스킷, 건빵, 쿠키, 크래커 등이 있다.

(2) 냉동법

α전분을 0℃ 이하에서 냉동건조 시키는 방법으로 냉동 건조미, 냉동빵, 이유식용 전분 등이 있다.

(3) 설탕 첨가법

호화된 전분에 다량의 설탕을 첨가하면 설탕이 탈수제 역할을 하여 전분의 유효수분 함량을 감소시키므로 α전분을 단시간에 건조시킨 것과 같은 효과로 노화가 방지되며 양갱은 이렇게 노화를 방지한 식품이다.

(4) 유화제 첨가법

유화제가 α전분을 안정화시켜 결정영역 형성을 억제하여 재결정화를 방지하므로 유화제를 첨가하는 방법도 노화 방지법중의 하나이다. 사용되는 유화제로는 모노글리세라이드(monoglycerides), 디글리세라이드(diglycerides), 서당지방산에스테르(sucrose fatty acid ester) 등이 있다.

4. 전분의 겔화(gelation)

호화된 전분을 냉각시키면 반고체상태로 굳어지는 현상을 겔(gel)화라 한다. 이는 호화 시 유리되었던 amylose들이 전분액을 냉각시키면 분자들 간의 수소결합을 통해 회합하고 서로 연결되어 입체적 망상구조를 형성하게 되고 그 내부에 물이 갇히게 되면서 반고체 상태의 겔을 형성하게 되기 때문이다. 호화된 전분액이 식으면서 부분적으로 이러한 현상이 일어나면 유동성이 없어진 겔이 된다. 겔화는 모든 호화된 전분에서 일어나는 현상이 아니며, amylopectin만으로 이루어진 찰전분은 겔화가 더디 일어나며, 가지를 많이 친 구조인 glycogen은 겔을 형성하지 않는다. 그러나 amylose를 많이 함유한 메전분은 쉽게 겔화 하며 겔의 강도는 가열시간이 길수록, amylose 함량이 많을수록 단단해진다. 산은 가수분해가 일어나 겔화를 방해해 겔강도가 약해지며, 설탕도 겔강도를 감소시킨다. 또한 전분농도가 높을수록 단단한 겔을 형성하며, 유화제는 겔 형성에 참여할 amylose와 결합하여 겔 강도를 감소시킨다.

이러한 성질을 이용한 음식으로는 도토리묵, 청포묵, 메밀묵, 오미자편 등이 있다.

5. 전분의 호정화(dextrinization)

호정화란 전분에 물을 넣지 않고 건열(160~180℃)에서 가열하면 전분 분자가 열분해에 의해 다양한 길이의 dextrin으로 분해 되는 현상을 말한다. 이렇게 열분해에 의해 생성된 dextrin을 pyrodextrin이라고 한다. 호정화가 일어나면 물에 잘 용해되고, 효소의 작용을 받기도 쉬워져 쉽게 소화된다. 빵을 구울 때나 미숫가루를 볶을 때, 브라운 루(brown roux)를 만들기 위해 밀가루를 볶을 때, 쌀이나 옥수수를 튀길 때 일어나는 현상이다.

6. 전분의 당화(saccharification)

전분에 산을 넣고 가열하거나, 효소나 가수분해 효소를 가지고 있는 엿기름 같은 물질을 넣고 효소의 최적온도로 맞추어 주면 전분이 가수분해되어 단맛이 증가하는 현상을 당화라고 한다. 전분을 당화시킨 음식에는 식혜, 물엿, 조청, 시럽 등이 있다.

전분을 가수분해하는 효소에는 여러 가지가 있으나 조리와 관계가 깊은 효소는 α-amylase와 β-amylase이다. α-amylase는 α-1,4결합을 무작위로 가수분해하여 저분자량의 dextrin 및 소당류를 생성하여 투명한 액체 상태로 만들기 때문에 액화효소라고 한다. 이 효소는 발아중인 곡류에 많이 들어있고, 타액에도 들어있다. β-amylase는 전분의 α-1,4결합을 비환원성 말단으로부터 맥아당 단위로 가수분해한다. 고구마, 엿기름, 타액 등에 존재하며 맥아당을 생성해 단맛을 증가시키므로 당화효소라고 한다.

7. 전분의 이용

전분은 조리에 여러가지로 이용되고 있다. 전분은 조리과정에서 소스나 스프를 농후하게 하는 농후제(증점제), 묵이나 과편이나 푸딩 등의 겔 형성제, 샐러드 드레싱의 안정제, 소시지나 어묵의 결착제, 케이크 토핑 등의 보습제, 오블레이트(oblate)의 피막제, 베이킹 파우더나 케익 믹스 등의 희석제 등으로 다양하게 이용된다.

7

밀가루

1. 밀의 영양성분
2. 밀가루의 종류
3. 글루텐의 형성
4. 팽화
5. 밀가루 음식

제7장 밀가루

밀은 서양의 energy의 주된 급원이다. 밀은 쌀과 더불어 중요한 곡식이지만 대부분 제분하여 밀가루로 이용되고 있다. 밀의 제분과정을 보면 여러 쌍의 강철 방망이속을 밀이 통과하는데 처음 부스러진 가루는 밀알 중심부가 부스러진 것으로 전분함량이 높다. 이는 밀알 중심부 일수록 전분함량이 많고 단백질 함량이 적어 질이 물러 쉽게 부수러져서 먼저 가루로 되기 때문으로, 제분 시 단백질 함량 낮은 가루부터 나오게 된다.

1. 밀의 영양성분

밀은 단백질 함량에 따라 경질밀(hard wheat), 연질밀(soft wheat), 중간질밀로 분류한다. 듀럼(durum)밀은 단백질 함량이 높고 제빵성이 없는 단단한 초경질밀로 마카로니나 스파게티와 같은 파스타(pasta)류를 만드는데 쓰인다. 듀럼밀에서 가공된 입자가 거친 가루를 세몰리나(semolina)라고 하며 단백질과 회분의 함량이 높다.

밀은 배유, 배아, 외피의 세부분으로 되어있고 배유의 중심부로 갈수록 전분이 많아진다. 밀의 주성분은 전분으로 전분입자는 대형과 소형의 두 가지가 있다. 밀에는 단백질이 7~16% 정도 함유되어 있다.

밀가루 단백질의 종류는 albumin, globulin, prolamin, glutelin으로 약 85%가 prolamin과 glutelin이다. 밀가루 단백질의 단백가는 47로 낮으며 lysine이 제1 제한 아미노산이다. 지방은 밀의 2%, 밀가루의 1% 정도 함유되어 있다. 구성지방산은 linoleic acid, oleic acid 등이다.

비타민과 무기질은 배아와 외피에 들어 있고 protease, amylase, lipase 등의 효소와 carotenoid, flavone 등의 색소도 함유하고 있다.

2. 밀가루의 종류

밀가루는 두 가지 방법으로 그 종류를 나눈다. 한 가지는 소맥입자 중심부에서부터 몇 %까지 가루에 섞었는지에 따라 분류하는 방법이고 다른 한 가지는 단백질 함량에 따른 분류이며 다음과 같다.

1) 제분율에 의한 분류

① 전밀가루(whole wheat flour) : 제분과정에서 생긴 가루를 모두 섞어 만든 것으로 껍질, 배아를 모두 합한 것으로 밀이 가지고 있는 영양소를 모두 함유하고 있는 밀가루이다.

② 98% 밀가루 : 겨층의 일부만 제거한 가루로 whole wheat flour와 영양가가 비슷하다.

③ 85% 밀가루 : 배유에서 생긴 가루를 모두 섞은 것이다.

④ 72% 밀가루 : 통상 사용되는 밀가루로 제분 시 생기는 처음 가루부터 72%까지 섞은 가루이다.

2) 단백질 함량에 의한 분류

(1) 강력분(hard wheat flour)

글루텐 함량이 11% 이상으로 경질밀로 만든다. 이 글루텐의 성질은 강한 탄력성과 점성을 가지고 있으며 수분 흡착력이 강하다. 제빵 및 스파게티용으로 사용된다.

(2) 중력분(all purpose flour)

글루텐 함량이 9~10%로 강력분과 박력분의 중간이며, 여러 가지 용도로 사용된다. 단백질의 점탄성과 수분흡착력도 강력분과 박력분의 중간 정도이다. 다목적용 밀가루라고도하며 만두, 수제비, 국수제조에 사용된다.

(3) 박력분(soft wheat flour)

연질밀로 만들며 글루텐 함량이 9% 이하이다. 이 글루텐의 성질은 점탄성이 약하고 수분흡착력도 약하다. 섬세한 질을 가진 케이크제조와 튀김옷 등에 사용된다.

[그림 7-1] 각종 밀가루에서 분리된 글루텐의 비교

3. 글루텐의 형성

밀가루에 들어있는 프로라민(prolamin)인 글리아딘(gliadin)과 글루테린(glutelin)인 글루테닌(glutenin)이 밀가루에 물을 붓고 반죽을 하면 서로 연결되어 점성과 탄성을 가진 입체적인 글루텐망을 형성하는데 오래 반죽할수록 질기고 점성이 강한 글루텐이 형성된다.

이 반죽을 물속에서 전분을 씻어 버리면 점탄성을 가진 글루텐을 얻을 수 있는데 이를 습부(wet gluten)라고 한다. 습부를 105℃ 건조기에서 건조시킨 것을 건부(dry gluten)라 하며 습부량은 건부량의 약 3배 정도이다.

글루텐의 점탄성은 점성은 글리아딘, 탄성은 글루테닌 단백질에서 제공된다. 글리아딘과 글루테닌은 밀가루 상태인 때는 결합되지 않으나 물을 흡수하면 서로 결합되어 3차원적인 망목(網目)구조의 글루텐을 형성한다. 이 글루텐 그물눈 사이사이에 전분입자와 지방입자가 끼어 벽을 형성하고 벽 사이에 공기방울이나 팽창제(leavening agent)에서 발생한 가스가 들어있어서 가열하면 공기, 탄산가스, 수증기는 팽창하는데 글루텐은 점탄성이 있으므로 이들 기체를 보유한 채 응고할 때까지 늘어나게 된다. 글루텐이 적당하게 형성된 빵 반죽은 질이 좋은 빵을 굽기에 놀랄 만큼 적당한 성질을 가지고 있다.

1) gluten 형성에 영향요인

(1) 밀가루의 종류

반죽할 때 강력분이 박력분보다 더 많은량의 물을 필요로 하며, 더 단단하고 탄력있는 반죽을 형성한다. 그러므로 강력분으로 반죽할때 더 오래 반죽해야 하며, 더 많은량의 물이 필요하다.

(2) 물의 첨가법

같은 종류의 밀가루로 반죽을 만들때 물을 한꺼번에 넣는 것 보다 소량씩 나누어 넣는 것이 글루텐이 많이 형성된다.

(3) 밀가루의 입자 크기

밀가루 입자의 크기는 글루텐 형성에 영향을 미치는데 입자크기가 작을수록 글루텐의 형성이 잘된다.

(4) 온도

온도가 상승하면 글루텐의 생성속도가 빨라지고 온도가 낮아지면 밀가루의 흡수량이 낮아져 글루텐 형성이 억제된다. 따라서 바삭바삭한 튀김옷을 만들려면 냉수를 사용한다.

(5) 반죽을 주무르는 정도

반죽을 주무르면 글루텐이 형성되기 시작하여 점점 단단한 덩어리가 되고 표면은 매끈해진다. 그러나 지나치면 글루텐 섬유가 늘어나 가늘어지고 끊어져 물러진다.

[그림 7-2] 글루텐의 형성

2) 밀가루 반죽에 첨가하는 부재료의 영향

(1) 지방

① 연화작용

빵을 만들 때 첨가한 지방은 연화작용(shortening action)을 한다. 지방은 불용성이므로 글루텐 표면에 얇은 막을 형성하여 글루텐의 그물 형성을 방해한다. 즉, 서로 연결하여 길고 질긴 섬유 형성을 방해하므로 연한 제품을 만든다. 지방을 반죽에 고루 섞어야 이 작용이 잘 일어난다. 밀가루 입자에 지방이 골고루 입혀져야 서로 부착이 안 되고 밀었을 때 얇은 층이 생기고 구웠을 때 바삭바삭 해진다.

② 갈색반응에 관여

Maillard reaction, 즉 amino-carbonyl 반응을 일으켜 식빵 표면의 갈변에 관여한다. 지방은 가열에 의해 aldehyde, ketone기가 생성되고 단백질의 아미노기와 상호 반응하여 melanoidine이라는 갈색물질을 생성한다.

③ 팽창제 역할

고체지방은 크리밍(creaming) 과정에서 공기가 혼입되어 가열시 팽창하여 제품의 부피를 증가시킨다.

(2) 설탕

① 단백연화작용

설탕은 글루텐의 형성을 저해한다. 보수성이 높아 반죽에 포함된 물을 경쟁적으로 빼앗아 글루텐의 형성을 억제하여 반죽의 점탄성이 약화된다. 그러므로 과량 사용 시 글루텐 형성이 정상적으로 되지 않아 글루텐의 그물벽이 얇아져서 가열시 가스 팽창으로 터져 부풀지 못하므로 오래 반죽하여야 한다.

② 제품에 단맛 부여

③ 갈색반응에 관여

캐러멜화(caramelization)와 amino-carbonyl 반응에 관여하여 적당한 갈색과 향기를 부여한다.

(3) 달걀

① 달걀단백질이 응고함에 따라 구조를 형성하는 글루텐을 돕는 역할을 하며, 많이 사용하면 제품이 질기고 뻣뻣해진다.

② 팽창제 역할 : 거품 낸 난백을 첨가하면, 반죽 내 공기를 포함하여 글루텐 사이를 벌어지게 하므로 잘 부풀게 한다.

③ 난황의 유화성 : 포함된 지방을 유화시켜 고루 분산 하게 하므로 조직이나 질감을 좋게 하여 제품의 질을 향상 시킨다.

④ 제품의 색, 맛 등을 좋게 한다.

(4) 소금

소금은 글루텐의 그물눈을 적당히 굳히는 작용을 하므로 적당량 사용하면 글루텐의 강도를 높이고 맛을 향상시킨다. 그러나 과량 사용하면 글루텐이 질기게 된다.

(5) 액체

① 글루텐의 형성

② 소금, 설탕, 베이킹파우더의 용매 역할

③ 베이킹 파우더의 반응을 일으켜 CO_2 형성을 촉진

④ 가열시 수증기를 형성하여 팽창제 역할

⑤ 밀가루의 주성분인 전분의 호화

⑥ 반죽의 경도 조절

(6) 효소

밀가루에는 α-amylase, β-amylase, protease, maltase, lipase, lipoxygenase 등의 효소가 들어 있으나 글루텐과 관계있는 효소는 protease이다. protease는 글루텐을 가수분해 하므로 글루텐 강도가 약화된다. protease는 마른 밀가루에서는 작용하지 않고 물로 반죽하면 밀가루에 들어있는 시스테인(cysteine)과 글루타치온(gluthathione)에 의해 활성화 되어 단백질을 분해하므로 protease가 많을 때 반죽이 묽어지고 적을 때는 단단하고 잘 부풀지 못하게 된다.

(7) 팽창제(leavening agent)

팽창제인 탄산가스, 공기, 수증기는 글루텐의 그물 구조를 넓혀줌으로 다공질로 하여 가볍게 부풀게 하는 작용으로 폭신폭신한 질감을 가지게 한다.

① 수증기

밀가루 반죽에는 물이나 우유를 넣으므로 수분이 함유되어 있다. 수증기는 밀가루 반죽내의 수분이 가열에 의해 증발되면서 생성되며 공기보다 팽화효과가 더 크다. 물은 수증기로 변할 때 부피가 1,600배나 증가되기 때문에 수증기는 공기보다 훨씬 효과적인 팽창제로 반죽의 부피를 증가시키는 역할을 한다.

② 공기

공기는 반죽하는 동안 여러 과정에서 빵 반죽내에 유입되는데 밀가루를 체에 칠 때 혼입되며 여러 번 체에 칠수록 많이 혼입된다. 또한 제빵 시 creaming, folding, beating과정 중에 혼입되어 가열시 팽창한다.

creaming은 케이크, 과자, 도넛 등을 반죽할 때 설탕과 버터를 섞는 과정으로 공기의 혼입으로 황색의 버터색이 엷어져 담황색이 되며 폭신해 보인다. folding은 creaming한 혼합물에 우유와 밀가루를 넣고 밀가루가 잘 섞이도록 섞는 과정으로 이 때도 다량의 공기가 들어가게 된다. beating은 난백을 거품내기 위해 젓는 과정을 말한다. 이렇게 해서 밀가루 반죽에 들어간 공기는 굽거나 찔 때 팽창하여 밀가루 음식을 부풀게 한다.

③ 탄산가스

탄산가스는 주된 팽창제로 밀가루에 탄산가스를 발생하게 하는 물질을 첨가하여 탄산가스를 발생하게 하여 밀가루 제품을 팽창시키는 팽창제이며 자세한 것은 다음 부분에서 다룬다.

4. 팽화

팽창제 중 탄산가스를 발생하게 하는 것에는 화학적 반응을 일으켜서 탄산가스를 발생하게 하는 화학적 팽창제와 미생물을 이용한 생물학적 팽창제로 나눌 수 있으며 각각의 특징과 반응은 다음과 같다.

1) 생물학적 팽창제(biological leavening agent)

(1) 이스트

발효에 의해 어떤 성분을 분해하여 탄산가스를 발생하여 밀가루 제품을 팽창하게 하는 물질로 미생물 즉, 이스트의 작용으로 반죽 중의 당을 분해하여 탄산가스를 생성한다. 이 때 사용하는 이스트는 *Sacchromyces cerevisiae*로 많은 양의 탄산가스를 생성하며, 이스트가 탄산가스를 발생하게 하는 작용은 다음과 같다.

$$\text{starch} \xrightarrow{\text{amylase}} \text{dextrin} \xrightarrow{\text{amylase}} \text{maltose} \xrightarrow{\text{maltase}} \text{glucose}$$

$$\underset{\text{(glucose)}}{C_6H_{12}O_6} \xrightarrow[\text{yeast}]{\text{zymase}} 2CO_2 + 2C_2H_5OH\text{(ethyl alcohol) 생성}$$

이스트의 작용에 여러 가지 요인이 영향을 미치는데 반죽의 농도도 영향을 미친다. 반죽의 농도가 너무 되면 발효시간이 오래 걸리며, 발효의 최적온도는 27~29℃이다. 이보다 높으면 발효가 더 잘 일어나나 잡균이 번식하며, 지나치게 온도가 상승하면 이스트 세포가 파괴되어 발효가 정지된다. 이스트는 살아있는 미생물이므로 영양소를 필요로 한다. 주로 당을 이용하며 질소물질, Ca, P, 물 등을 필요로 한다. 이스트는 포도당, 과당, 서당, 맥아당의 4종의 당만을 이용하고 유당은 이용하지 않는다.

빵을 반죽할 때 이스트의 활동을 위해 필요한 당의 급원은 우선 밀가루에 함유된 1% 정도의 당인데, 밀가루에 들어있는 전분은 분해과정을 거쳐야 하므로 시간이 오래 걸린다. 따라서 제빵 시 첨가한 설탕은 이스트의 영양원으로 사용되어 적당량의 설탕첨가는 발효를 돕는 역할을 한다.

(2) 이스트의 종류

이스트에는 압착효모(compressed yeast), 건조효모(dry yeast), 스타터(starter), 액체효모(liquid yeast) 등이 있다.

① 압착효모는 이스트의 생세포를 전분과 함께 혼합하여 압착하여 만든 것으로 쉽게 탄산가스를 생성시킬 수 있으나 쉽게 상하므로 반드시 냉

장고에 보관하여야 한다. 수분을 65~75% 함유하고 있으며 기체보유력이 커서 제빵업자들이 선호하는 효모이다.

② 건조효모는 이스트의 생세포를 고운입자로 말린 것으로 수분함량이 적어 보관하기에 편리하다. 수분함량이 약 8% 정도로 오랫동안 보관이 가능하다. 그러나 일단 뚜껑을 연 것은 냉장고에 보관하고 단 시일 내에 사용하는 것이 좋다. 밀봉한 상태로는 수개월 보관이 가능하다.

③ 스타터는 이스트를 넣고 발효시킨 반죽의 일부를 남겨두었다가 다시 밀가루 반죽을 할 때 사용하는 것으로 발효를 시작시킬 수 있는 물질을 말한다. 일주일에 한두 번 빵을 만들 때 사용하며 쉽게 상하므로 냉장고에 보관하여야 한다.

④ 액체효모는 감자, 물, 설탕, 이스트를 혼합하여 만든 것으로 쉽게 상하므로 수시로 가정에서 만들어 사용하여야 하며 냉장보관하여야 한다.

2) 화학적 팽창제(chemical leavening agent)

화학적 팽창제는 화학적 반응을 일으켜 탄산가스를 생성하는 팽창제로 밀가루 반죽에 첨가시켜 주어야 한다. 화학적 팽창제의 종류는 다음과 같다.

(1) 중탄산암모늄(NH4HCO3)

중탄산암모늄은 다음과 같은 반응을 일으켜 탄산가스를 생성하여 제품을 팽화시키나 ammonia gas가 완전히 없어지지 않은 경우 맛이 나빠진다. 크랙커나 납작한 과자를 구울 때 사용한다.

$$NH_4HCO_3 \xrightarrow{\text{가열}} NH_3 + CO_2 + H_2O$$

(2) 식소다(NaHCO3)

중탄산소오다는 가열에 의해 탄산가스를 생성하며 그 반응은 다음과 같다.

$$2NaHCO_2 \xrightarrow{\text{가열}} \underset{\text{(sodium carbonate)}}{Na_2CO_3} + CO_2 + H_2O$$

이 반응에서 생성된 Na_2CO_3는 알칼리성이므로 쓴맛을 내며 밀가루에 함유된 flavone색소를 황갈색으로 변화시키고 비타민 B_1을 파괴시킨다. 이를 방지하려면 중화제를 사용하여 중성염을 형성하여야 하며 중화제로 사용하는 물질에는 산유(sour milk), 당밀(molasses), 꿀(honey), 황설탕(brown sugar), 과일주스(fruit juice), 막걸리, 식초 등이 있다.

초산과의 반응은 다음과 같다.

$$NaHCO_3 + \underset{\text{(acetic acid)}}{CH_3COOH} \longrightarrow CO_2 + H_2O + \underset{\text{(sodium acetate)}}{CH_3COONa}$$

이 때 생성되는 초산나트륨은 중성염으로 무색, 무미, 무취이므로 제품의 질을 높여준다.

(3) 베이킹 파우더(baking powder)

베이킹 파우더는 식소다의 결점을 보완하여 밀가루 반죽을 부풀게 하는 물질로 산 반응을 낼 수 있는 물질을 함유하고 있다. 즉 베이킹 파우더는 중탄산소다, 전분, 산이나 산성염을 함유하고 있어 베이킹 파우더로 부풀린 제품은 희고 쓴맛이 없고 비타민 B_1의 파괴도 일어나지 않는다. 전분을 첨가하는 이유는 습기를 흡수하여 탄산가스가 발생하는 것을 막기 위함과 과량의 탄산가스의 생성을 방지하기 위함이다.

베이킹 파우더에는 반응형태에 따라 단일반응 베이킹 파우더와 이중반응 베이킹 파우더가 있고 포함된 산의 종류에 따라 주석산염 베이킹 파우더, 인산염 베이킹 파우더, 황산염 인산염 베이킹 파우더 등이 있다.

① 주석산염 베이킹 파우더(tartarate baking powder)

산 반응을 낼 수 있는 물질로 주석산(tartaric acid)나 주석영(cream of tartar)을 함유하고 있는 베이킹 파우더로 그 반응은 다음과 같다.

$$\underset{\text{(tartaric acid)}}{H_2C_4H_4O_6} + 2NaHCO_3 \longrightarrow \underset{\text{(sodium tartarate)}}{Na_2C_4H_4O_6} + 2CO_2 + 2H_2O$$

② 인산염 베이킹 파우더(phosphate baking powder)

중탄산소오다와 산성인산석회 또는 산성인산 나트륨을 함유하고 있는 베이킹 파우더로 그 반응은 다음과 같다.

$$3CaH_4(PO_4)_2+8NaHCO_3 \longrightarrow Ca_3(PO_4)_2+4Na_2HPO_4+8CO_2+8H_2O$$

(calcium acid phosphate)

이 두 가지 베이킹 파우더는 단일반응 베이킹 파우더로 수분과 접촉하는 즉시 반응하여 CO_2를 발생하므로 반죽하는 동안 CO_2의 손실이 일어난다. 그러므로 많은 양을 사용하여야 하며 반죽을 빨리하여야 한다. 단일반응 베이킹 파우더의 사용량은 밀가루 1C당 $1\frac{1}{2}$~2 t.s이다.

③ 황산염인산염 베이킹 파우더(sodium aluminum sulfate baking powder)

두 종류의 산 반응을 낼 수 있는 물질을 함유한 베이킹 파우더로 각각 중탄산소다와 반응하여 서로 다른 때에 탄산가스를 발생한다. 먼저 인산염은 액체를 첨가하자마자 소량의 탄산가스를 발생하며 황산염은 열을 가하면 본격적으로 탄산가스를 발생한다. 이중반응 베이킹 파우더는 오래 보존이 가능하고 탄산가스 발생량이 많으며 손실량이 적은 것이 장점이고 적은 량을 사용해도 되므로 경제적이다. 그러나 사용 후 약간 쓴맛이 나는 것이 단점이다. 밀가루 1C당 1~$1\frac{1}{2}$ t.s의 이중반응 베이킹 파우더를 사용한다.

5. 밀가루 음식

밀가루 음식은 서양의 주된 열량급원으로 주로 서양에서 발달하였다. 밀가루 음식을 분류하려면 밀가루와 액체의 비에 따라 즉 반죽의 수분함량에 따라 분류하는 방법과 밀가루 음식에 사용한 재료의 종류나 양에 따라 분류하는 방법이 있다.

1) 배터(batter)와 도우(dough)

반죽의 수분함량에 따른 분류에는 가루와 액체의 비율에 따라 구분되며 다음과 같이 batter와 dough가 있다.

batter는 묽은 반죽으로 충분한 액체의 양으로 주걱이나 스푼으로 저을 수 있는 상태의 반죽을 말하며, pour batter와 drop batter로 분류된다. pour batter는 아주 묽은 반죽이고, drop batter는 약간 묽은 반죽이며

pan cake은 pour batter에 muffin은 drop batter에 속한다. dough는 된 반죽으로 약간의 액체가 함유되어 도마 위에 올려놓고 주무를 수 있는 상태의 반죽을 말한다. dough는 soft dough와 stiff dough로 분류된다. soft dough는 약간 된 반죽이고, stiff dough는 아주 된 반죽이다. 식빵과 biscuit반죽은 soft dough이고, pastry는 stiff dough이다.

밀가루에 첨가한 재료의 종류나 양에 따른 분류를 보면 다음과 같다.

발효빵(yeast bread)은 팽창제로 이스트를 사용하여 반죽내의 당을 발효시켜 팽창시킨 것이다. 식빵이나 롤빵 등이 여기에 속한다.

퀵 브레드(quick bread)는 팽창제로 비교적 많은 량의 baking powder를 사용하며 서양에서 주로 아침식사에 사용하며 감미가 약하다. quick bread에는 biscuit, pan cake, muffin, waffles, popover 등이 있다.

쿠키와 케이크는 식빵반죽에 설탕과 지방을 더 첨가한 것으로 달아서 주로 후식으로 사용된다. 케이크에는 버터케이크(butter cake)와 스폰지케이크(sponge cake)가 있으며 버터케이크는 다량의 지방과 수분급원으로 우유를 사용하며 팽창제로 베이킹파우더를 사용한다. 버터케이크에는 파운드케이크(pound cake)가 있다.

스폰지케이크는 지방을 사용하지 않고 팽창제로 다량의 달걀과 베이킹파우더를 소량 사용하기도 한다. 많은 양의 달걀을 사용하므로 공기와 수증기가 팽창제의 역할을 한다. 스폰지케이크는 가볍고 부드러우며 폭신폭신해야 한다.

페이스트리(pastry)는 지방을 다량 첨가하고 fork로 자른 단면은 층이 생겨야 한다. 페이스트리 자체는 달지 않으나 속을 단 것을 넣어 주로 후식으로 사용한다.

2) 식빵(yeast bread)

식빵의 구성 재료는 밀가루, 액체, 이스트, 지방, 설탕, 소금 등으로 밀가루, 액체, 이스트가 주재료이고 나머지는 부재료로 맛, 색, 질감을 위해 사용한다.

(1) 재료

① 밀가루 : 강력분을 사용하는데 글루텐망의 형성이 잘되므로 가스 보

유력이 커서 부피가 커진다. 베이킹파우더로 부풀린 빵보다 CO_2 발생량이 많으므로 점탄성이 큰 강력분이 좋다.

② 팽창제 : 이스트를 사용하며 bread dough에 사용하는 이스트는 Saccharomyces cerevisiae로 탄산가스의 발생량이 많다.

③ 액체 : 물이나 우유 감자 삶은 물을 사용하는데 우유를 사용하면 빵의 보존성과 영양성이 좋아진다. 감자 삶은 물은 40~45℃가 적당하다.

④ 소금 : 식빵에 적당한 맛을 주며 글루텐의 그물눈을 적당히 굳게 하여 글루텐을 강화시킨다. 또한 이스트의 활성을 억제하여 지나치게 팽창발효 하는 것을 방지하여 적당히 부풀게 하는 역할을 한다. 또한 소금은 protease작용을 억제하여 반죽에 적당한 탄력성을 준다.

⑤ 설탕 : 설탕은 이스트의 활동급원으로 이스트의 활성을 증진시켜 발효를 촉진시켜주며 제품의 맛과 색을 좋게 한다. 그러나 너무 많이 사용하면 글루텐의 형성을 부진하게 한다.

⑥ 지방 : 빵의 질을 곱고 연하게 하며 빵 껍질의 색을 갈색으로 만드는데 관여한다.

(2) 반죽

우유는 반드시 데워서 사용하여야 하며 92℃에서 1분간, 또는 85℃에서 7분간 가열한 후 27℃로 식혀서 사용한다. 반죽방법은 직접법(straigh dough method)과 간접법(sponge method)이 있으며, 직접법은 모든 재료를 섞어 한 덩어리로 만든 후 주물러 매끈하고 탄력 있게 되도록 반죽하는 방법이며 주로 많이 사용하는 방법이다. 간접법은 흔히 사용하는 방법

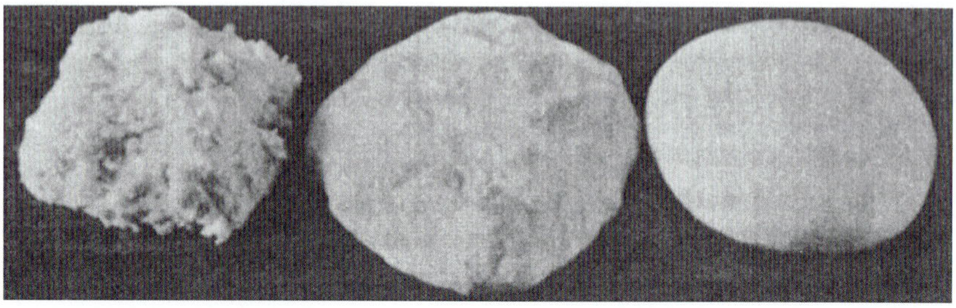

① 밀가루에 물을 부어 저은 후 ② gluten 형성이 불완전한 것 ③ gluten이 완전히 형성된 것

[그림 7-3] 반죽단계

은 아니나 밀가루, 설탕, 이스트의 일부를 액체로 반죽하여 1차 발효시킨 후 나머지 밀가루와 소금, 녹인지방을 넣고 다시 주물러 반죽하는 방법이다.

(3) 발효

25~28℃되는 따뜻한 곳에서 발효시켜야 이스트에 의해 당이 발효되어 dough가 부풀어 오르게 된다.

(4) 재반죽

부피가 2배쯤 되면 가스를 빼주어야 하는데 가스를 빼주는 목적은 발효기간 번식하여 한 곳에 모여 있는 이스트를 골고루 흩어지게 하여 다 소비된 이스트 주위의 영양소를 다시 공급해주기 위해서이다. 또한 발효기간 동안 생긴 큰 가스방울을 작은 방울로 나누어 주고 탄산가스를 둘러싸고 있는 글루텐섬유가 지나치게 늘어나는 것을 방지하기 위함이다.

(5) 굽기

굽는 온도는 빵의 형태, 크기에 따라 다르나 205℃에서 10분간 굽고 온도를 낮추어서 190℃에서 35~40분 정도 굽는다. 굽는 동안에 전분의 호화가 일어나고 가스 팽창으로 dough가 늘어나며 글루텐은 응고하여 빵 조직을 형성한다. 가열에 의해 이스트는 발육이 중지되고 발효에 의해 생성된 휘발성 물질로 독특한 방향이 생성된다. 또한 갈색반응으로 빵의 껍질이 갈색으로 변한다.

(6) 빵의 스테일링(staling) 현상

빵을 방치해두면 표면이 굳어지고 맛이 변하는 현상이 일어나는데 이를 스테일링(staling)이라고 한다. 이는 호화전분 분자들 사이의 수소결합에 의한 전분의 결정화, 노화에 의해 일어나는 현상이지만 유지의 산패, 단백질의 변성, 탈수 등이 관계되므로 전분의 노화와 구별된다. 스테일링의 방지법은 빵반죽의 2~4%의 설탕을 첨가하거나, 60℃ 이상에서 보관하거나 냉동 보관한다.

3) 국수

(1) 구성재료

① 밀가루 : 서양의 마카로니(macaroni), 스파게티(spaghetti) 등은 듀

럼(durum) 밀에서 만든 가루(semolina)를 사용하나 우리나라에서는 국수 만들 때 중력분을 사용한다. 품질 좋은 밀가루의 선택이 중요하며 글루텐이 많이 형성되어야 밀 때 끊어 지지 않고 쉽게 밀수 있다.

② 물 : 물은 글루텐을 형성시키고 반죽을 한 덩어리로 뭉쳐지게 하는 역할을 하는데 연수를 사용하여야 한다. 경수를 사용하면 국수의 질이 저하되는데 이는 Ca, Mg, Fe, Mn 등이 밀가루 단백질과 결합하여 반죽이 늘어나는 것을 방해하고 전분과 결합하여 호화와 팽윤을 방해하기 때문이다.

③ 소금 : 소금은 글루텐망을 적당히 굳히므로 밀가루 반죽을 질기게 한다. 소금을 안 넣고 반죽한 칼국수가 아무리 잘 만들어도 짧게 끊어지기 쉽고 끓였을 때 국수가 많이 풀려 국물이 걸쭉해지는 것은 반죽시 소금을 첨가하지 않은 때문이다. 그러므로 칼국수 반죽을 할 때는 오래 주물러서 글루텐이 충분히 형성되도록 하여야 한다.

(2) 국수 삶기

① 물의 양

국수무게의 6~7배가량의 물이 적당하여 국수가 서로 붙지 않고 빨리 끓는다. 국수는 삶을 때 단 시간 내에 전분이 호화되도록 해야 매끄럽고 탄력이 있다. 그러므로 끓는 물에 넣는 국수양이 많으면 안 되므로 적당한 양을 삶아야 한다.

② 가열방법

찬물에서 시작하면 장시간 걸리고 국수가 붙으므로 물이 끓을 때 국수를 넣은 후 물이 끓기 시작하여 국수가 떠오르면 불을 줄여 너무 심하게 물이 대류 되지 않도록 한다. 국수가 뜬 후 계속 가열하면 거품양이 많아지고 국수표면이 거칠어진다.

③ 헹구기

다 익으면 많은 양의 물에서 국수를 단 시간 내 헹구어 냉각시켜야 탄력이 유지된다. 서서히 식히면 국수표면이 거칠어지고 질이 저하된다.

8

두 류

1. 두류의 분류

2. 두류의 성분 및 영양

3. 두류의 조리

4. 두류 가공품

제8장 두 류

두류는 우리나라 식생활에서 쌀, 보리와 함께 중요한 위치를 차지하는 식품으로 식물성 단백질과 지방의 공급원이다. 특히 대두 단백질은 아미노산 조성이 우수하며, 곡류의 제한 아미노산인 리신(lysine)이 풍부하여 곡류를 주식으로 하는 우리 식생활에서 그 중요성이 매우 크다고 할 수 있다. 두류는 콩과 식물에 속하며, 우리나라에서 주로 생산되는 것은 대두, 팥, 녹두, 땅콩, 강낭콩, 동부, 완두 등이 있다.

두류는 이소플라본(isoflavon), 사포닌(saponin) 등의 생리활성물질과 식이섬유의 함량이 높아 장의 정장작용 및 혈중 콜레스테롤을 강하시키는 작용 등으로 고혈압 치료 효과와 암 등 성인병 예방에 탁월한 효과를 가지고 있는 것으로 알려져 건강식품으로 그 가치를 인정받고 있다.

1. 두류의 분류

두류는 종피, 자엽, 배아로 구성되어 있고, 그 비율은 8 : 90 : 2이다. 곡류는 주로 배유부분을 식용으로 하는데 비해 두류는 자엽부를 식용으로 하며, 두 장의 자엽 사이에 배아가 있다. 종피는 단단하고 물을 통과시키지 않으며, cellulose, hemicellulose 등으로 구성되어 있으며, 소화가 잘 되지 않는다.

두류는 일반적으로 단백질 식품으로 알려져 있으나 종류에 따라 구성성분의 상당한 차이가 있으며, 성분에 따라 3군으로 분류되며 다음과 같다.

1) 단백질과 지방함량이 높고 탄수화물이 비교적 적은 것 : 대두, 땅콩
2) 단백질과 탄수화물의 함량이 높고 지방이 극히 적은 것 : 팥, 녹두, 완두, 동부, 강낭콩

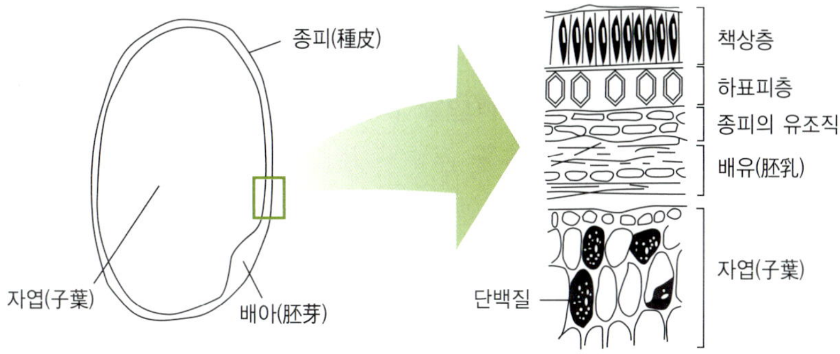

[그림 8-1] 두류의 구조

3) 수분함량이 높고 비타민 C 함량이 높아 채소류의 성질을 가진 것 : 풋콩, 풋완두 등

2. 두류의 성분 및 영양

두류는 곡류에 비해 단백질의 함량이 2~5배 들어 있으며, 지방도 많이 함유되어 있다. 또한 비타민 B군과 칼륨, 인 같은 무기질의 함량도 높다. 두류는 그 종류에 따라 구성성분의 차이가 크며 두류의 일반 성분은 다음 (표 8-1)과 같다.

1) 단백질

두류는 일반적으로 20~40% 정도의 단백질을 함유하고 있는데 대부분이 globulin이고 소량의 albumin, glutelin을 함유하고 있다. 두류의 단백질은 곡류보다 약 2배 정도 함유하고 있으며, 대두의 단백질 함량이 가장 높다. 두류의 주단백질은 globulin계의 글리시닌(glycinin)으로 glycinin은 필수아미노산의 조성이 우수한 완전 단백질이다.

따라서 동물성 단백질을 섭취하기 어려웠던 우리나라 식생활에서 중요한 양질의 단백질 급원식품이었다. 특히 곡류에 적은 lysine, tryptophan이 많이 들어 있는 반면에 methionine이나 cystine의 함량이 약간 떨어진다. 따라서 곡류와 두류를 혼합한 식사를 하면 단백가를 보완하는데 효과

[표 8-1] 두류의 일반성분(100g당)

일반성분	대두(검정콩)	팥(붉은팥)	강낭콩	완두(마른것)	땅콩	녹두	풋완두
열량(kcal)	414	356	354	367	368	354	79
수분(%)	11.7	8.9	10.4	8.1	0.5	10.9	79.9
단백질(g)	34.2	19.3	21.2	20.7	24.5	22.3	5.8
지질(g)	18.1	0.1	1.1	1.3	45.1	1.5	0.3
탄수화물(g)	30.5	68.4	63.9	67.1	26	62	13.2
식이섬유(g)	26	12.2	19.3	17.4	7.4	8.2	5
회분(g)	5.4	3.3	3.4	2.8	2.7	3.3	0.8
칼슘(mg)	224	82	99	85	68	100	25
인(mg)	629	424	338	248	409	335	134
철(mg)	7.8	5.6	8.9	5.8	6.7	5.5	1.6
비타민 A(R.E.)	0	ø	0	87	5	12.0	1
비타민 B_1(mg)	0.34	0.54	0.41	0.49	0.4	0.40	0.01
비타민 B_2(mg)	0.22	0.14	0.31	0.25	0.1	0.14	0.09
niacin(mg)	1.9	3.3	1.9	1.7	3	2.0	0.8
비타민 C(mg)	0	0	0	0	6	0	12

－ : 표시는 수치가 애매하거나 측정되지 않음　　　　Ø : 식품성분함량이 미량존재
자료: 농촌진흥청 국립농업과학원 국가표준(2011), 식품성분표 제8차 개정.

[표 8-2] 콩 단백질의 아미노산 조성(%)

필수아미노산	대두	팥	강낭콩	땅콩	완두	표준단백질
threonine	4.0	3.0	4.4	2.7	3.9	2.8
valine	5.3	6.1	6.1	5.0	5.5	4.2
leucine	7.8	8.2	8.7	6.0	7.0	4.8
isoleucine	5.4	5.5	5.8	4.2	5.5	4.2
lysine	6.3	6.5	7.9	3.5	6.5	4.2
methionine	1.7	0.9	1.0	0.9	1.9	4.2
phenylalanine	5.0	5.0	5.6	5.0	5.0	2.8
trypthophane	1.4	0.8	0.9	1.1	0.8	1.4

적이다. 대두에는 글리시닌 외에 알부민에 속하는 레규멜린(legumelin)도 함유되어 있으며, 완두의 주단백질은 레규민(legumin)이고, 땅콩의 주단백

질은 아라킨(arachin)이다.

두류 단백질의 필수 아미노산 조성을 보면 표 8-2와 같다

2) 지방

대두는 약 17%, 낙화생은 50%에 가까운 지방을 함유하고 있고, 그 밖의 두류는 2% 내외의 지방을 함유하고 있다. 대두와 낙화생은 지방함량이 높아 식용유의 급원으로 우리 식생활에 널리 이용되고 있다.

이들 식용유에는 불포화지방산이 풍부하게 들어있다. 대두의 경우를 보면 oleic acid가 28.9%, linoleic acid가 50.7%나 함유되어 있으며, 필수지방산의 급원식품으로 중요하다. 또한 레시틴(lecithin)과 세파린(cephaline) 등의 인지질도 함유되어 있다.

3) 탄수화물

지방이 많은 두류는 탄수화물이 20% 내외지만 그 밖의 두류는 50% 이상을 함유하고 있다. 대두의 탄수화물은 단당류는 거의 없고 stachyose 등의 소당류가 대두 탄수화물의 1/3을 차지하며, 소화가 안 되는 다당류인 araban, galactan, cellulose 등을 많이 함유하고 있다. 녹두, 완두, 강낭콩, 팥 등 탄수화물이 많이 들어있는 두류의 주성분은 전분으로 떡이나 과자 속이나 고물로 이용되며, 묵과 당면의 원료로도 이용된다.

4) 무기질

두류에는 4~6%의 무기질이 함유되어 있다. 칼륨과 인이 많이 들어있고, 칼슘과 마그네슘도 함유하고 있다. 인은 주로 피틴(phytin)의 형태로 들어있다. 땅콩에도 인이 많은데 주로 레시틴의 형태로 들어 있다.

5) 비타민

두류에는 비타민 B_1, B_2, niacin이 풍부하게 함유되어 있으며, 비타민 A, C, D는 거의 들어있지 않다. 그러나 콩나물이나 숙주나물은 발아하여 성장할 때 비타민 C가 합성되므로 비타민 C의 함량이 많다.

6) 색소

노란색 대두의 색소는 플라보노이드(flavonoid)계 색소와 카로티노이드(carotenoid)계 색소이며, 검은색 대두의 색소는 안토시아닌(anthocyanin)계 색소인 크리산테민(chrysanthemin)이다. 녹두나 완두콩의 색은 chlorophyll이다. 대두에 함유된 플라보노이드인 이소플라본(isoflavone)은 제니스테인(genistein)과 다이제인(daidzein)으로 배당체 형태로 들어있다. 이들은 여성호르몬인 에스트로겐과 유사한 작용으로 칼슘의 흡수 및 뼈에 침착을 도와 골다공증을 예방한다.

7) 기타

대두와 팥에는 saponin이 0.3~0.5% 함유되어 있는데 saponin은 기포성이 있어서 콩을 삶을 때 거품이 나며 장을 자극하여 설사의 원인이 되나 최근에는 항산화 작용이 있는 것으로 알려져 있다. 또한 두류에는 단백질 소화효소인 trypsin의 작용을 억제하여 소화를 저해하는 트립신 저해물질(trypsin inhibitor)과, 적혈구 응고작용이 있는 헤마글루티닌(hemagglutinin)이 함유되어 있는데 이들은 100℃에서 4~5분 정도의 가열에 의해 불활성화 되어 그 기능을 상실한다.

3. 두류의 조리

1) 두류의 수침(흡수성)

콩은 딱딱한 외피에 둘러싸여 있으며, 수분함량(10~16%)이 비교적 낮다. 콩의 외피는 보통 물을 통과시키지 않으므로 조리하기 전에 물에 담가서 충분히 물이 흡수·팽윤된 후에 가열 조리하여야 한다. 두류의 종피는 곡류와 달리 단단하고 조직도 치밀하여 흡수 시 곡류보다 더 많은 시간을 필요로 한다. 흡수량은 그림 8-2와 같이 콩의 종류에 따라 다르며, 콩의 수분함량 및 수온에 의해서도 영향을 받으며, 수온이 높을수록 흡수속도가 빨라진다. 검정콩이나 대두는 실온에서 5~6시간 물에 담근 후에 본래 콩 무게의 90~100%의 물을 흡수한다. 팥은 흡수속도가 느리므로 바로 삶아서 사용하는 경우가 많다.

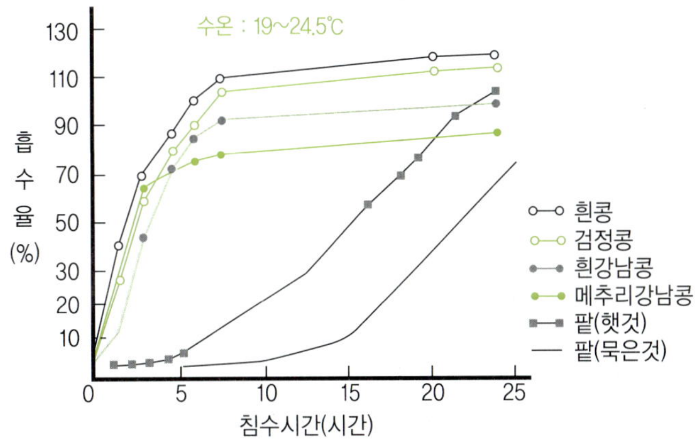

[그림 8-2] 두류의 흡수곡선

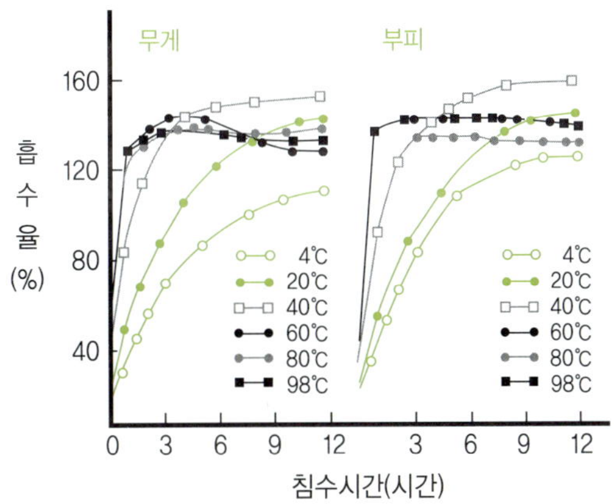

[그림 8-3] 온도에 따른 두류의 흡수곡선

2) 두류의 연화

(1) 1% 정도의 식염수에 담근 후 조리

대두의 주단백질인 glycinin은 소금과 같은 염 용액에 잘 용해(용해성)되고, 섬유소의 연화가 쉽게 일어나기 때문에 0.5~1%의 소금물에 담근 후 가열하면 콩의 연화가 촉진된다.

(2) 약 알칼리 용액 사용

중조와 같은 알카리(콩 중량의 0.3%)를 사용하면 콩의 섬유소와 헤미셀룰로오스, 펙틴질이 연화되고, 두류 단백질의 용해성이 증가하여 쉽게 연화된다. 그러나 맛이 나빠지고 알카리에 의해 콩에 많이 함유되어 있는 비타민 B_1의 손실을 초래하므로 고려하여야 한다.

[표 8-3] 중조수 사용에 따른 대두의 비타민 B_1의 변화

분 류	비타민 B_1 함량 (㎍%)	비타민 B_1 잔존률(%)	
		불리지 않은 콩 기준	불린 콩 기준
불리지 않은 콩(대조군)	816.3	100.0	-
불린 콩(대조군)	752.9	92.9	100.0
1% 중조수에 침지	705.3	86.4	93.7
2.5% 중조수에 침지	629.6	77.1	83.6

(3) 연수로 조리

경수로 콩을 조리하면 경수 중의 칼슘, 마그네슘 이온이 콩 속의 pectin과 결합하여 불용성인 염을 형성하여 콩의 연화를 저해한다.

(4) 압력솥 사용

압력솥을 사용하면 조리시간이 단축된다.

3) 두류의 가열변화

(1) 유해성분의 불활성화

두류는 가열에 의해 트립신 저해제(trypsin inhibitor)의 불활성화로 단백질의 이용율이 높아지며, 헤마글루티닌(hemagglutinin)도 변성이 일어나 그 기능을 상실한다.

(2) 소화성의 향상

가열에 의해 단백질의 변성으로 peptide 사슬이 풀려 단백질 분해효소가 단백질 분자의 내부까지 침투하기 쉬워져서 소화성이 좋아진다.

(3) 색의 변화

메주콩을 삶았을 때나 간장의 갈색은 amino-carbonyl반응에 의한 갈색반응 때문이며, 검은콩 조리시 철 냄비를 사용하면 anthocyanin색소가 철 이온과 결합하여 검은 색을 유지할 수 있다.

4. 두류 제품

콩은 조직이 단단하여 그대로 삶든지 볶아서 먹으면 소화 흡수가 잘 되지 않는다. 따라서 가공하여 소화율과 영양성을 높여 섭취하는 것이 좋다. 대두로 가공되는 식품은 발효식품인 된장, 간장, 고추장, 청국장을 비롯하여 두부, 두유, 콩나물, 대두단백제품, 대두유 등이 있다.

1) 대두 발효식품

(1) 장류

① 메주의 제조

i) 재래식 메주는 콩을 씻어서 콩 중량의 2~2.5배가 되도록 물에 담근 후 삶아서 절구나 마쇄기에 넣고 마쇄하여 성형·발효·건조(2~3개월) 시킨 것이다. 발효될 때 잡균의 번식도 같이 일어나 품질의 균일화가 어렵고, 시일이 오래 걸린다.

ii) 개량식 메주는 콩, 쌀, 밀 등에 단일 균종(*Aspergillus oryzae*)의 종국을 사용하여 접종·발효·건조시킨 것으로 기간이 단축되고, 잡균번식을 막아 품질의 균일화를 이룰 수 있다.

② 간장·된장

메주를 씻어 말린 후 약 18%의 소금물에 담가 30~45일 정도 경과하여 충분히 장이 우러나면 메주만을 분리하여 소금으로 간을 맞추어 된장으로 발효시킨다.

액체 부분은 간장으로 미생물과 효소가 남아 있으므로 100℃ 이상에서 10~20분간 끓여 풍미와 저장성을 높여준다. 된장의 숙성 중 amylase와 protease의 작용으로 당과 아미노산으로 분해 되며, 당의 발효로 알코올과 탄산가스가 생성되고, 유기산 생성 균에 의한 젖산, 호박산, 초산 등 유기산의 생성으로 독특한 맛과 향을 내게 된다.

③ 고추장

고추장은 된장·간장과 함께 우리나라의 대표적인 발효식품으로, 찹쌀가루, 메주가루, 고춧가루, 소금을 주 원료로 한다.

고추장은 전분의 가수분해로 생긴 단맛, 고춧가루의 매운 맛, 콩 단백질의 분해로 생긴 감칠 맛, 소금의 짠맛 등이 잘 혼합된 조미료인 동시에 기호식품이다. 고추의 매운 맛 성분인 캡사이신(capsaicin)은 항균작용과 항암효과가 있는 것으로 알려져 있다.

④ 청국장

청국장은 가을부터 다음해 봄까지 만들어 먹는 식품으로 콩 발효 식품 중에서 가장 짧은기간인 2~3일에 발효가 완성된다. 청국장은 콩과 볏짚에 붙어있는 납두균(*Bacillus subtilis*)를 이용하여 만든 것으로 독특한 냄새를 가지고 있다. 청국장은 소금, 파, 마늘, 고춧가루 등을 넣어 마쇄한 후 저장하고 찌개를 끓일 때 사용한다.

2) 두유 및 두부

(1) 두유

대두 단백질인 글리시닌(glycinin)과 레규멜린(legumelin)은 대두를 갈아 물에 담그면 약 90%가 용출된다(용해성) 두유는 콩을 불려 갈아 만든 음료로 우리나라에서는 콩국이라하여 여름철에 애용하던 음료로서 우유의 대용식품으로 중요하다.

두유는 우유에 비해 칼슘, 비타민 A, 비타민 B_{12}, methionine이 적게 함유되어 있으나, 우유와 유사한 성분 조성을 가졌으며, 불소화물도 거의 없는 좋은 단백질 급원식품이다.

두유는 콩을 물에 침지시켜 팽윤되면 마쇄기에 넣고 약 2배가량의 물을 넣고 마쇄한 후 끓여 압축 여과하여 얻는다. 두유를 끓일때 대두에 함유된 saponin때문에 거품을 낸다(기포성). 이때 기름을 소량 넣어주면 끓어 넘치는 것을 방지할 수 있다. 유당불내증(lactose intolerance)인 유아나 성인에게 우유 대체식품으로 중요한 위치를 차지하고 있다.

(2) 두부

두부는 두유에 응고제를 넣어 대두 단백질인 glycinin을 응고시킨 것을 압착·성형한 것이다. 두부의 제조원리는 대두 단백질인 glycinin이 열에는 안정하나, 금속염과 산에 불안정하여 응고되는 성질(응고성)을 이용하여 만든 것이다.

두부 제조용 응고제로는 황산칼슘($CaSO_4$), 염화마그네슘($MgCl_2$), 황산마그네슘($MgSO_4$), 염화칼슘($CaCl_2$), 글루코노델타락톤(gluconodeltalactone), 초산(acetic acid) 등이 사용되며, 응고제는 대두의 1~2% 사용하며, 응고제의 사용량이 많거나 가열시간이 길거나 가열온도가 높으면 두부가 단단해진다.

두부를 물에서 가열하면 두부에 구멍이 생기고 단단해지고 맛이 없어진다. 이는 두부와 결합하지 않고 유리상태로 있던 응고제의 칼슘 이온이 콩 단백질과 결합하기 때문이다. 소금을 가하고 두부를 가열조리하면 두부가 연해지는데 이는 소금중의 Na^+ 이온이 칼슘(Ca^{++})과 단백질이 결합하는 것을 방해하기 때문이다. 따라서 된장국을 끓일 때는 된장으로 간을 맞춘 후 두부를 넣어야 한다. 두부는 단시간내에 조리하여야 하며 조리 마지막 단계에 넣어야 한다.

3) 콩나물

두류의 종실을 발아시킨 것이 콩나물이다. 콩나물의 재배방법은 대두를 선별하여 물에 담가 수침하여 대두의 약 2배가량 팽윤되면 발아하기 시작한다. 구멍이 뚫린 용기에 천을 깔고 콩을 담은 다음, 검정 천으로 덮은 후 어두운 곳에 둔다.

온도를 22~23℃로 유지하고 하루에 4~5회 미지근한 물을 주면 싹이 나오고 성장하기 시작하여 5~6일이 경과하면 약 10cm가 된다. 이 때가 비타민 C 함량이 가장 높아지고, 비타민 B_1(thiamin), 비타민 B_2(riboflavin), 아스파라긴의 양도 크게 증가하므로 식용으로 적당하다. 콩나물은 계절과 장소에 관계없이 단시간에 재배할 수 있어 경제적인 식품으로 오랫동안 식용되어 왔으며, 콩 자체에 적은 비타민 C가 발아에 의해 합성되어 함량이 높다. 콩나물에는 단백질, 무기질, 비타민, 섬유소가 비교적 많이 함유되어 있으며, 아스파라긴(asparagine)도 다량 함유되어 있어 숙취에 좋은 식품이다. 아스파라긴은 알콜대사과정에 관여하여 아세트알데히드(acetaldehyde)를 줄여주는 작용을 하는 것으로 알려져 있다.

콩나물국을 끓일 때 비타민 C와 비타민 B_2의 파괴를 방지하려면 소금을 첨가하여 조리하는 것이 효과적이다. 소금이 비타민 C와 비타민 B_2의 안정제 역할을 하기 때문이다.

콩나물은 수분함량이 많고, 조직이 연하므로 조리 시 표면조직을 연화시킬 만큼의 고온에서 단시간 가열해야 콩나물 조직에서 탈수가 적어 조직감이 좋아진다. 콩나물을 삶을 때 콩비린내를 방지하려면 뚜껑을 닫아야 한다. 조리중에 뚜껑을 열면 지방산화효소인 lipoxygenase가 공기중의 산소에 의해 불포화지방산의 산화에 관여하여 콩 비린내를 내기 때문이다. 그러므로 뚜껑을 닫으면 산소와의 접촉을 방지할 뿐만 아니라 조리수의 온도를 상승시켜 효소를 불활성화시키므로 비린내를 방지할 수 있다.

9

수조육류

1. 육류의 구조
2. 육류의 성분 및 영양
3. 육류의 사후경직과 숙성
4. 육류의 조리
5. 육류의 연화방법
6. 육류의 부위와 조리방법
7. 조리

제9장 수조육류

식품으로 이용되는 고기는 쇠고기, 돼지고기, 닭고기, 오리고기, 양고기, 염소고기 등이며, 동물성 단백질의 중요한 급원인 식품이다.

1. 육류의 구조

육류는 근육조직, 결체조직, 지방조직, 골격 등으로 구성되어 있으며, 이들의 성질 및 비율은 식육의 질에 중요한 영향을 미친다.

1) 근육조직

근육조직(muscle tissue)은 동물의 운동을 수행하는 조직으로서 주요 식용부분은 근육의 수축과 이완에 관여하는 횡문근, 모든 내장기관을 구성하고 있는 평활근과 심장을 구성하고 있는 심근으로 분류 한다. 식육의 주요부분은 근육조직 중 횡문근이다.

횡문근은 긴 근육세포인 근섬유로 구성되어 있는데, 근섬유는 다시 근육을 만들어 힘줄(tendon, 건)에 의해 뼈에 부착된다.

2) 결합조직

결합조직(connective tissue)은 근육이나 지방조직을 둘러싸고 있는 근육이나 장기를 다른 조직과 결합하고, 피부나 혈관 조직에 함유되어 있다. 결합조직에는 콜라겐, 엘라스틴, 레티쿨린 등이 있다.

콜라겐은 백색섬유로 결합조직의 주성분으로 불용성이지만 물과 같이 가열하면 가용성인 젤라틴으로 변한다. 그 예로 족편, 도가니탕 등이 있다.

[표 9-1] 수조 육류의 일반성분 (가식부 100g 중)

식품명			열량 (㎉)	수분 (%)	단백질 (g)	지질 (g)	탄수화물		회분 (㎎)	무기질			비타민					폐기물 (%)
							당질 (g)	섬유소 (g)		칼슘 (㎎)	인 (㎎)	철 (㎎)	A (RE)	B_1 (㎎)	B_2 (㎎)	니아신 (㎎)	C (㎎)	
쇠고기	한우	등심	378	48.6	15.9	31.7	3.0	0	0.8	7	130	0.3	ø	0.07	0.16	1.0	0	0
		안심	148	71.6	20.8	6.3	0.2	0	1.1	23	175	4.7	12	0.08	0.25	5.2	0	0
		사태	130	74.1	20.2	4.7	0.1	0	0.9	3	156	2.1	(12)	0.04	0.14	1.4	0	0
		양지	214	63.1	19.1	12.2	4.0	0	1.0	8	167	2.9	ø	0.13	0.28	1.4	0	0
	수입육	등심	224	65.5	17.5	15.9	0.2	0	0.9	15	159	1.6	6	0.07	0.23	4.3	0	0
		안심	198	66.8	20.0	12.0	0.2	0	1.0	10	152	2.0	8	0.07	0.20	4.2	0	0
		사태	119	76.6	17.8	4.6	0.2	0	0.8	9	153	1.8	7	0.05	0.17	3.3	0	0
		양지	150	71.1	21.2	6.6	0.1	0	1.0	6	180	2.7	6	0.07	0.18	5.5	1	0
	부산물	간	132	72.8	19.0	4.6	2.2	0	1.4	6	228	8.0	9472	0.27	2.23	14.7	20	0
		곱창	145	79.2	9.0	11.3	0.1	0	0.4	12	97	2.1	15	0.05	0.11	1.4	0	0
		꼬리	252	62.7	17.4	19.0	0	0	0.9	22	165	1.5	6	0.07	0.12	4.2	0	50
돼지	뒷다리		235	63.6	18.5	16.5	0.3	0	1.1	1	179	1.7	2	0.92	0.18	4.9	0	0
	등심		155	66.7	22.2	3.8	6.2	0	1.1	9	225	0.8	6	1.00	0.29	2.0	0	0
	삼겹살		348	48.9	15.8	26.4	8.0	0	0.9	10	164	1.0	0	0.58	0.27	1.3	0	0
	간		125	73.4	18.7	3.9	2.6	0	1.4	16	327	18.2	1011	0.25	2.59	11.8	13	0
	머리고기		279	57.4	20.6	20.3	0.2	0	1.5	14	72	0.4	0	0.09	0.11	1.5	0	0
	족발		253	60.3	22.5	16.8	ø	0	0.4	12	32	1.4	6	0.05	0.12	0.7	ø	55
닭고기	닭고기		180	69.4	19.0	10.6	0.1	0	0.9	10	170	0.9	50	0.20	0.21	2.7	0	0
	가슴살		208	66.9	18.8	13.6	0.1	0	0.6	10	108	0.8	48	0.14	0.32	2.0	0	22
	날개		218	66.0	17.5	15.2	0.2	0	0.8	9	107	1.1	36	0.12	0.33	1.4	0	33
	다리		126	74.5	18.2	4.3	2.2	0	0.8	7	133	0.8	45	0.08	0.16	1.4	0	0
오리고기			328	55.3	16.0	27.6	0.1	0	1.0	15	180	1.7	6	0.21	0.31	3.9	2	37
칠면조고기			120	74.2	21.8	2.9	0.2	-	1.0	14	195	1.5	0	0.07	0.17	4.5	0	33

－ : 표시는 수치가 애매하거나 측정되지 않음　　　Ø : 식품성분함량이 미량존재　　　(　) : 타 분석 자료에서 인용

자료: 농촌진흥청 국립농업과학원 국가표준(2011), 식품성분표 제8차 개정.

엘라스틴은 황색의 탄성섬유로 가열하여도 변화가 없으며 탄력이 있고, 산 · 알카리 · 열에 의하여 분해되지 않고 젤라틴화 되지 않는다.

레티쿨린은 근섬유 막의 주성분이다. 물과 같이 가열해도 별 변화가 없으며, 소화 흡수 되지 않는다. 결합조직의 분포는 고기의 질긴 정도와 관계가 있으며 고기의 종류, 부위에 따라 함유량이 다르다. 결합조직이 많은 부위의 고기는 질기며 습열조리에 적당하다.

3) 지방조직

지방조직(adipose tissue)은 복부, 피하, 장기 주위에 많으며 근육내에 작은 백색의 반점처럼 산재된 것을 마블링(marbling) 또는 상강육이라고 한다. 마블링은 지방이 근섬유를 짧게 하므로 고기가 연하고 맛과 풍미가 좋아 육질 등급에서 가장 중요한 요소이다.

조리할 때는 로스구이, 스테이크, 불고기 등에 이용된다.

4) 골격

골격의 상태는 동물의 연령에 따라 크게 좌우되는데 어린 동물의 뼈는 연하고 분홍색을 띠는 반면, 성숙된 동물의 뼈는 단단하고 희며 어린 뼈보다 맛성분이 더 많이 우러나므로 탕이나 육수를 끓이는데 적합하다.

뼈는 결합조직인 관절과 힘줄이 외부를 싸고 있어 이를 끓이면 콜라겐 성분이 많이 우러난다. 조리할 때는 뼈를 찬물에 담가 핏물을 뺀 다음 그 물을 버리고 다시 찬물을 받아 끓이면 뽀얀 국물을 얻을 수 있다.

네 다리 뼈인 사골, 무릎뼈인 도가니, 등뼈, 꼬리뼈, 엉덩이 부분의 반골뼈, 우족 등을 사용한다.

2. 육류의 성분 및 영양

육류의 종류와 부위에 따라 구성성분은 다르지만 75%가 수분이며 단백질, 지방, 무기질 등으로 구성되어 있다.

1) 단백질

육류는 약 15~20%의 단백질을 함유하고 있으며 육류의 단백질은 영양적으로 우수하다. 근장 단백질, 근원섬유 단백질, 결합조직 단백질 등으로 구분하는데, 동물의 종류에 따라 이러한 단백질의 분포가 다르다.

근장 단백질은 수용성으로 해당 작용과 여러 대사 반응에 관여하는 효소들로 구성되어 있으며 생체 내에서 산소운반에 관여하는 미오글로빈(myoglobin), 헤모글로빈(hemoglobin), 시토크롬(cytochrome) 등이 포함되어 있다. 미오글로빈은 고기나 육제품의 색과 밀접한 관계가 있다.

근원섬유 단백질은 염용성으로 액틴(actin)과 미오신(myosin)으로 이루어진다. 미오신은 근육 중에 가장 많이 들어 있는 단백질로 액틴과 결합해서 액토미오신(actomyosin)이 되며, 이는 근육의 수축과 이완에 관여

[표 9-2] 식육 단백질의 종류

종 류	구 성	성 질
근장단백질 (약 20~30%)	미오겐(myogen) 미오글로빈(myoglobin) 헤모글로빈(hemoglobin) 각종 해당계 효소 등	• 근원섬유간의 육장 내에 용해되어 있는 단백질로 수용성이다. • 미오겐은 55~65℃에서 응고되며 저농도의 염용액으로 추출된다.
근원섬유단백질 (약 50~60%)	액틴(actin) 미오신(myosin) 액토미오신(actomyosin) 트로포미오신(tropomyosin 등	• 미오신은 굵은 필라멘트에 존재하고 액틴과 트로포미오신은 가는 필라멘트에 존재한다. • 액토미오신은 미오신과 액틴이 혼합되어 형성된 것으로 근육의 수축이완에 관여한다. • 염용성으로 육제품의 보수성과 결착성에 관여한다.
결합조직단백질 (약 10~20%)	콜라겐(collagen) 엘라스틴(elastin) 레티쿨린(reticulin) 등	• 근육이나 지방조직을 둘러싸고 있는 얇은 막, 근육이나 내장기관 등의 위치를 고정하고 다른 조직과 결합하는 힘줄, 인대(ligment) 등이다. • 고기의 질긴 정도와 밀접한 관계를 가지고 있으며 동물의 나이가 많아짐에 따라 함량이 높아진다. • 콜라겐은 평행하게 배열되어 있는 백색이고 신축성이 적으며 장시간 물과 함께 가열하면 가용성인 젤라틴(gelatin)으로 분해되어 소화가 가능하다. • 엘라스틴은 고무와 같은 탄력이 있는 황색조직으로 망상구조를 하고 있으며, 보통 조리 온도에서는 분해되지 않는다.

자료 : 조신호 외(2011) 식품학

한다. 육기질 단백질(결합조직 단백질)은 불용성으로, 콜라겐(collagen, 교원섬유), 엘라스틴(elastin, 탄성섬유), 레티쿨린(reticulin) 등이있다. 결합조직을 구성하고 있지만 영양적인 가치는 떨어진다.

2) 지방

육류의 지방함량은 동물의 종류, 품종, 연령 및 부위에 따라 차이가 크게 난다. 대부분 식품의 지방산은 포화지방산과 불포화지방산이 있지만, 육류는 포화지방산을 많이 함유하고 있다.기름의 융점이 높은 육류는 뜨겁게 먹는 것이 좋다.

[표 9-3] 수조육류 지방의 융점

지방의 종류	융점(℃)	지방의 종류	융점(℃)
쇠기름	40~50	닭기름	30~32
돼지기름	33~46	칠면조기름	31~32
양기름	44~55	오리기름	27~39

[표 9-4] 동물성 지질(가식부 100g 중)

종 류		콜레스테롤 (mg) Cholesterol	지 질 (g) Lipid	총지방산 (g) TFA	포화지방산 (g) SFA	불포화지방산 USFA 단일불포화 지방산(g) MUFA	불포화지방산 USFA 다가불포화 지방산(g) PUFA
쇠고기	국내산	-	4.7~63.4				
	수입산	55~70	4.5~37.7	6.24~33.97	2.45~14.59	3.14~18.51	0.18~0.87
	부산물	75~310	2.0~(19.0)	2.05~41.68	0.93~13.09	0.48~27.27	0.32~1.32
돼지고기	고기	55~66	7.4~38.3	6.70~36.22	2.66~15.47	3.26~16.81	0.78~3.94
	부산물	110~290	3.0~20.3	1.77~14.52	0.78~5.79	0.24~7.34	0.25~1.39
닭고기	고기	75~116	2.4~15.8	1.72~13.38	0.56~3.92	0.83~6.98	0.33~2.48
	부산물	160~358	1.8~18.9	1.13~14.77	0.40~4.73	0.43~7.30	0.24~2.74
양고기(갈비)		75	17.0	13.08	6.55	5.76	0.77
오리고기		80	28.6	25.86	7.95	13.99	3.92

- :수치가 애매하거나 측정되지 않음 ( ):타 분석 자료에서 인용

자료:농촌진흥청 국립농업과학원 자원개발연구소(2011), 식품성분표 제8차 개정.

3) 탄수화물

육류에는 당질이 적게 함유되어 있다. 글리코겐은 주로 간에 많으며 근육에는 미량 함유되어 있다. 근육 속의 글리코겐은 사후 해당 작용으로 젖산(lactic acid)을 생성하므로 고기의 pH와 사후경직에 관계가 있다.

4) 비타민 및 무기질

육류 내 근육의 비타민은 주로 비타민 B군 복합체로서, 리보플라빈(비타민 B_2)과 니아신이 많으며, 돼지고기에는 특히 티아민(비타민 B_1)이 많이 들어있다. 간, 신장, 심장 등의 내장기관에 비타민을 많이 함유하고 있으며, 비타민 A는 간에 많다. 인, 철분, 칼륨, 나트륨, 염소, 마그네슘 등의 무기질은 근육조직에 많이 함유하고 있으며, 특히 철분과 인은 간과 신장에 많다. 무기질은 고기육수의 맛을 내는 중요한 역할을 하며 칼슘, 마그네슘, 아연 등의 2가 금속이온은 육류의 보수성과도 밀접한 관계가 있다.

5) 색소

육류의 색은 미오글로빈(myoglobin)과 헤모글로빈(hemoglobin)이고, 근육의 색소는 색소단백질인 미오글로빈으로 1분자의 헴(heme)과 1분자의 단백질이 결합한 것이다.

근육 내 미오글로빈 함량은 동물의 종류, 근육의 부위, 운동량 및 성별에 따라 농도의 차이가 있다. 쇠고기는 돼지고기보다 미오글로빈 함량이 많아서 더 붉은 색을 나타낸다.

미오글로빈은 산소와 결합하여 옥시미오글로빈(oxymyoglobin, MbO_2)으로 되어 선홍색이 되며 옥시미오글로빈(MbO_2)은 비교적 안정된 색소이나, 시간이 지나면 산화가 계속되어 갈색의 메트미오글로빈(metmyoglobin, Met-MbO_2)이 된다. 미오글로빈을 가열하면 변성글로빈과 회갈색의 헤마틴

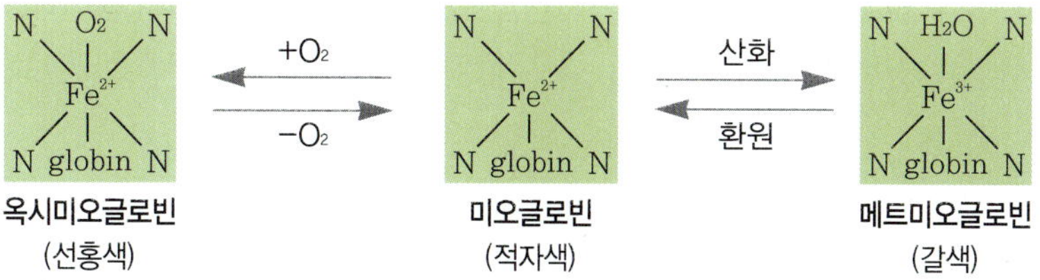

[그림 9-1] 육류색소의 상태변화

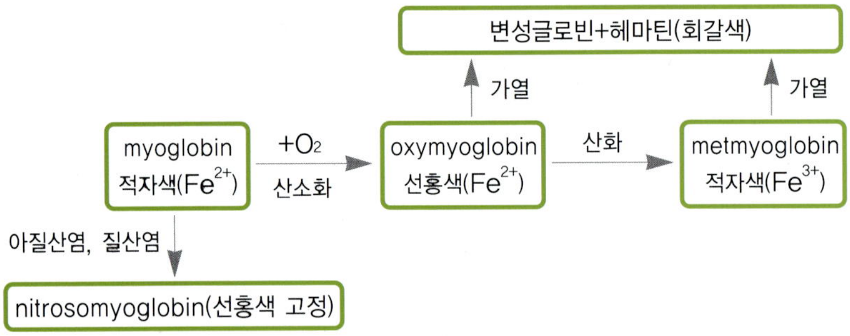

[그림 9-2] 육류색소의 변색과정

(hematin)이 된다.

햄과 같은 육가공품은 아질산염(NO_2)으로 처리하면 미오글로빈 색소가 고정되어 니트로소미오글로빈(nitrosomyoglobin, No-Mb)을 형성하므로 색이 안정화되어 가열하여도 갈색화되지 않는다.

3. 육류의 사후경직과 숙성

1) 사후경직

도살된 후 생화학적인 변화가 일어나서 근육이 단단하게 굳어지는 현상을 사후경직이라 한다. 이 때 고기는 질기고 보수성이 적어서, 조리를 해도 맛이 없으므로 경직기가 끝난 후에 조리한다.

동물이 죽으면 산소 공급이 중단되고 혈액순환이 정지되어 근육의 글리코겐은 혐기적 해당작용으로 젖산(lactic acid)을 생성한다. 이 젖산이 근육에 쌓이게 되어 pH가 저하된다.

일반적으로 근육의 pH는 7.0~7.2인데 pH 6.5 이하가 되면 ATPase가 작용하여 ATP(adenosine triphosphate)가 분해되고, ATP와 결합하고 있던 미오신은 액틴과 결합하여 액토미신을 생성하여 경직상태를 일으킨다. 근육의 사후경직이 일어나는 pH 5~6 사이에는 근육단백질의 수화력, 즉 보수력이 가장 감소하여 질감이 질겨지고 맛이 없게 된다.

사후 경직이 시작되는 때와 경직의 시간은 동물의 종류, 연령, 크기 및 도살 전 후의 취급 방법에 따라 다르다. 최대 경직기간은 닭 · 오리는 6~12시간, 돼지는 2~3일간, 소는 7~10일간이다.

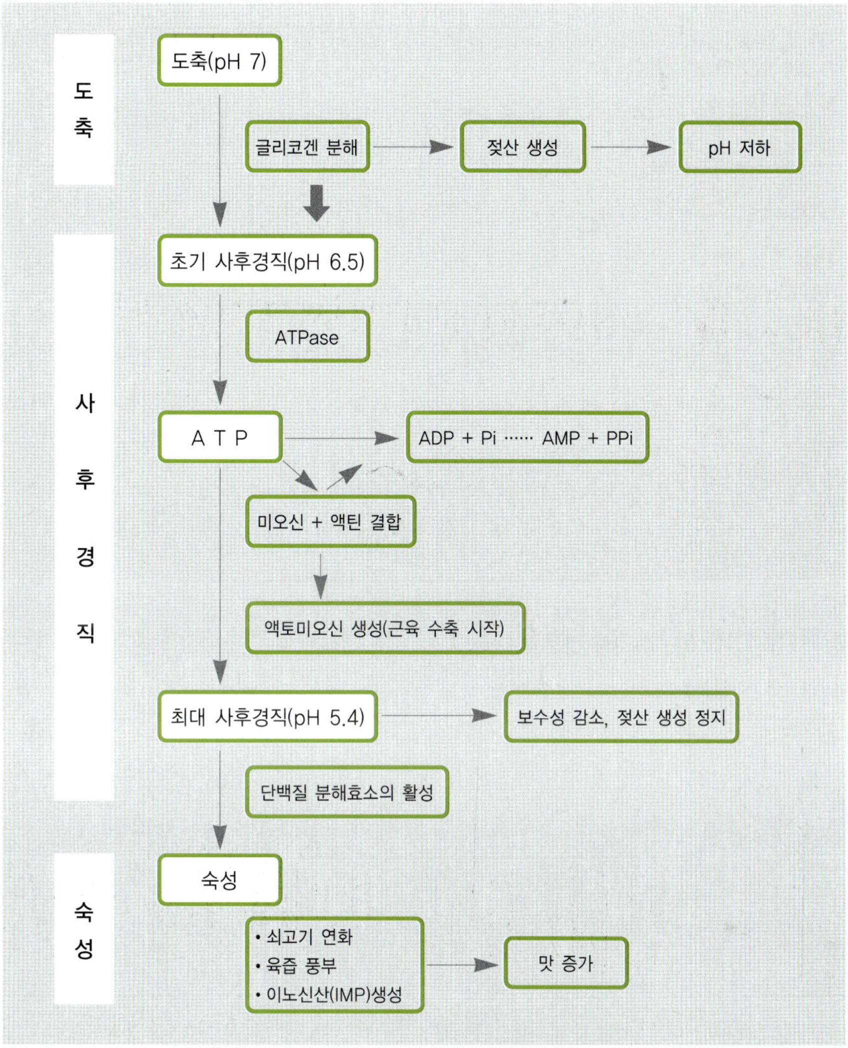

[그림 9-3] 육류의 사후 경직과 숙성

2) 숙성

경직된 고기는 시간이 지나면 경직이 풀리면서 서서히 연해지는데 이것을 숙성이라 한다.

숙성 과정 중에는 근육 내의 단백질 분해 효소(protease)인 카텝신(cathepsin)에 의해 단백질의 자가분해(autolysis)가 일어나 근육단백은 펩티드와 아미노산으로 분해되고 근육의 길이가 짧아지면서 연해진다.

숙성 중에는 유리아미노산이나 이노신산(inosinic acid)이 생성되어 맛과 풍미가 좋아지며 유리된 액즙량이 감소되고 보수성도 증가된다. 보수성이 높은 고기는 조리 시 육즙의 손실량이 적어서 연하고 부드러운 고기가 되며 맛도 좋아진다.

고기의 사후경직과 숙성은 냉장 온도에서 이루어져야 안전하다. 실온에서 숙성시키면 미생물의 번식에 의해 부패가 되기 쉽다. 쇠고기의 경우는 4~7℃에 숙성을 하면 7~10일이 소요되며, 2℃에서는 2주간이 적당하다.

4. 육류의 조리

1) 색의 변화

고기를 가열조리하면 미오글로빈은 헤마틴(hematin), 헤민(hemin)으로 되면서 조리육의 색 변화가 일어난다. 그 색의 변화는 가열 정도에 따라 다르다. 쇠고기 구이를 할 때 내부온도에 따라 구별한다. Rare는 덜 구운 정도로 고기 내부 온도가 60℃이며 이때 고기색은 옥시미오글로빈의 생성으로 선홍색이 되고 육즙이 많고 부드럽다. 중간정도(mediume) 고기는 내부 온도가 71℃로 육즙이 상당히 많다. 그러나 잘 익은 상태가 되면(well done) 헤마틴(hematin)의 생성으로 표면이 회갈색으로 변하며 육즙이 적다.

[표 9-5] Roast beef 의 내부온도와 색

가열상태	온도(℃)	색	상태
rare	60	선홍색	부드럽고 육즙이 많다.
medium	71	흐린 적색	육즙이 분홍색이다.
well done	77	갈색 또는 회색	육즙이 없다.

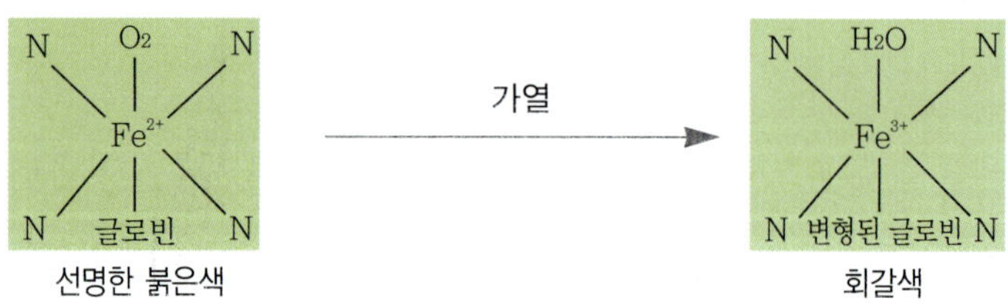

[그림 9-4] 가열에 의한 고기 색의 변화

2) 단백질의 변화

고기는 가열에 의하여 단백질의 열 변성으로 보수성이 낮아지고 육즙과 지방이 용출한다. 약 20~30%의 중량 감소가 일어난다.

고기 단백질은 65℃ 부근에서 응고하는데 미오신(myosin)은 40~50℃ 부근에서 응고가 시작된다.

고기를 가열하면 근육단백질이 응고되면서 콜로이드 졸(colloidal sol) 상태로 있던 단백질이 겔(gel)로 변하여 섬유는 수축한다.

육류의 내부 온도가 높을수록 수축이 더 크게 일어나고 조리에 의한 손실이 크며 고기의 액즙이 적어진다. 결합조직을 구성하는 섬유상의 콜라겐은 물과 함께 가열하면 초기에는 급격히 수축되어 고기가 질겨지지만, 장시간 가열하면 수용성 젤라틴으로 변하여 용출되고, 고기는 부드러워진다.

고기를 가열할 때 근섬유와 콜라겐 가열은 젤라틴화가 충분히 일어나며 근섬유의 수축이 심하지 않게 조리되도록 가열온도와 시간을 잘 고려해야 한다. 돼지고기는 쇠고기보다 연하다. 돼지고기는 근육에 선모충 *(Trichinella spiralis)*이라는 기생충에 감염되어 있는 일이 많다. 그러므로 돼지고기는 생고기를 먹는 것 보다 가열조리 하는 것이 바람직하다.

3) 맛의 변화

육류의 맛 성분은 유리아미노산, 유리지방산, 아미노화합물, 이노신산, 당 단백질 등이다. 고기를 가열하면 저분자의 단백질이 분해하여 알데히드, 케톤, 알코올, 휘발성 아민과 여러가지 황 화합물이 생성된다. 지방도 알데히드, 케톤, 알코올, 유기산, 탄화수소 등의 휘발성 물질로 분해한다.

수육 내에 존재하던 휘발성 물질이 상실되고 당의 캐러멜화와 지방의 용해 및 단백질이 분해, 변성으로 독특한 풍미를 형성한다.

가열시간이 길어지면 육즙의 용출로 맛난맛 성분의 손실이 많아진다.

5. 육류의 연화방법

육류의 경도에 영향을 미치는 요인으로는 근육 중의 결합조직 함량이 많을수록 질기며, 근육의 결이 굵을수록 고기는 질기다. 근섬유가 가늘수록, 근육 중에 지방의 마블링이 잘되어 있고 동물의 연령이 어릴수록 고기는 연하다.

육류의 연화방법은 다음과 같다.

1) 기계적인 방법

고기를 잘게 다지거나 칼집을 내고, 얇게 썰고, 두드리는 등의 기계적인 조작은 근섬유와 결합조직 사이를 물리적으로 파괴시켜 고기를 연하게 하는 방법이다.

2) 효소에 의한 방법

근섬유의 주성분은 단백질이며 단백질 분해효소를 이용하면 단백질을 펩티드(peptide)나 아미노산으로 분해시켜 고기를 연하게 하는 방법이다.

우리나라에서는 옛날부터 고기를 재울 때 배를 사용하였고 또 찜을 할 때는 배와 무를 이용하여 고기를 연하게 하였다. 배즙에는 프로테아제(protease)를 함유하고 있어 고기의 연화에 도움을 준다. 특히, 열대과일인 파파야의 파파인(papain), 파인애플의 브로멜린(bromelin), 무화과의 피신(ficin), 키위에 있는 액티니딘(actinidin) 등이 있다. 키위의 액티니딘은 단백질분해 효과가 매우 크다.

3) pH의 변화

고기 단백질의 등전점 부근에서는 고기가 질기다. 약간의 산성이면 수화력이 증가하여 고기가 연하게 된다. 조리에서는 산성용액인 토마토 페이스트, 레몬즙, 포도주 또는 과일즙 등을 적절히 사용하면 고기의 pH를 약산성으로 떨어뜨려 고기단백질의 수화 능력이 커져서 고기가 연하게 된다.

4) 당의 첨가

꿀, 설탕, 배즙 또는 양파즙 등을 고기에 넣으면 당이 수분을 보유하려는 성질이 있는데, 이 때문에 고기의 보수성이 증가하여 고기가 연하게 느껴진다. 그리고 당은 단백질의 열 응고를 지연시키는 효과가 있으므로 고기에 가해 주면 고기가 연해진다.

5) 염의 첨가

육류 조리시 소금이나 간장을 첨가하면 연해지는데 이는 근원섬유단백질이 염용성이므로 NaCl, KCl과 같은 염이 근섬유와 접촉되는 부분을 분해시켜 단백질의 극성분자들이 표면에 재배열 되면서 수분과 결합하는 능력이 커지기 때문이다.

식육에 1.3~1.5%의 염을 첨가하면 되는데, 5% 이상의 염은 오히려 탈수를 일으키게 되어 고기가 단단해진다. 육원전을 만들때 양념을 한 후 손으로 많이 주무르거나 치대어 주면 끈기가 생기고 성형이 잘된다. 이는 육류의 단백질인 미오신(myosin)이 염이 첨가되면 녹아나와 고기 근육끼리를 결합시키기 때문이다.

6. 육류의 부위와 조리 방법

1) 쇠고기

쇠고기는 색이 적색으로 윤택이 나고, 얄팍하게 썰었을 때 손으로 찢기 쉬우며, 수분을 충분히 함유하고 있어야 한다. 고기는 손가락으로 눌러봐서 탄력이 있으면 신선한 것이다. 지방이 가는 선으로 섞여 있는 고기(marbling)는 부드럽고 연하며, 결합조직이 많으면 고기가 질기다. 고기의 냄새로 신선도를 알 수 있다.

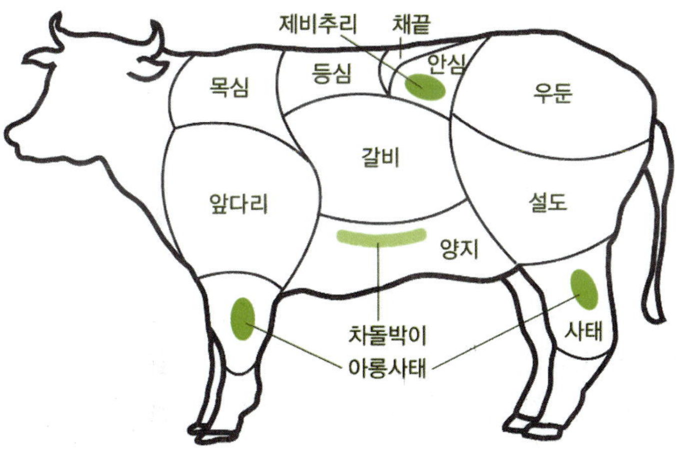

[그림 9-5] 쇠고기의 부위별 명칭

[표 9-6] 쇠고기의 부위별 명칭과 조리법

부위명	특 징	조리법
목심 (chuck)	결이 굵고 약간 단단하며 질기지만 지방이 적당히 박혀 있어 풍미가 좋은 편이다.	구이, 탕, 불고기
등심 (loin)	등심은 마블링이 고루 분포할수록 풍미가 좋고 상품이다. 근육결이 가늘고 부드러우며 공기 중에 노출되면 변색이 빨리 된다.	스테이크, 로스구이
안심 (tenderloin)	마블링이 잘 형성되어 있으나 지방의 양은 많지 않으며 가장 부드럽고 연하다.	스테이크, 로스구이
갈비 (rib)	갈비뼈를 중심으로 근육조직과 지방조직이 3중으로 형성되어 있어 기름지고 독특한 맛이 있다.	찜, 탕, 구이
양지 (plate flank)	앞가슴으로부터 복부 아래 부분까지이며 지방과 결합조직이 많이 형성되어 있다.	탕, 국, 스튜
사태 (fore shank)	앞 · 뒷다리 위쪽 부위로 육의 결이 곱고 풍미가 좋다. 사태부위에서 가장 큰 근육을 아롱사태라고 하며 수육, 육회용으로 이용한다.	육회, 탕, 스튜, 찜, 수육
채끝 (striploin)	등심과 비슷하나 지방이 적고 육질이 부드럽다.	스테이크, 로스구이
우둔 (round)	둥근모양의 살코기로 지방이 적고 육의 결은 약간 굵은 편이나 근육막이 적어 연한 편이다.	산적, 육포, 장조림, 불고기
설도 (frank steak)	육은 우둔과 유사하며 보섭살은 채끝과 연결되는 부분으로 풍미가 좋아 스테이크로도 이용한다.	산적, 육포, 장조림, 불고기
앞다리 (brisket)	육의 결이 곱지만 힘줄이나 막이 있어 부분적으로 약간 질기지만 구이와 불고기용으로도 이용한다.	육회, 스튜, 탕, 장조림, 불고기

[표 9-7] 소 내장의 명칭과 조리법

부위명		특 징	조리법
위	양	소의 4개의 위 중 첫 번째와 둘째 위를 양이라 하고, 첫째 위의 두꺼운 부분을 양깃 머리라 한다. 둘째 위는 벌집 모양으로 생겨 벌집양이라고 하는데 가장 양이 적다.	구이, 전골, 탕, 양즙
	처엽	세 번째 위를 처엽이라고 한다, 회색의 짧은 막과 긴 막이 교대로 있으며 작은 돌기가 많이 나 있다. 특유의 감칠맛이 있다.	구이, 회, 전
간		철분과 비타민 A를 다량 함유하고 있으며 질감이 부드럽고 연하나 특유의 냄새가 있다.	볶음, 전, 스튜, 소시지
대장		장에서 직경이 넓은 부분으로 쫄깃한 질감이 있다.	구이, 조림, 순대
소장		장에서 직경이 좁은 부분으로 꼬불꼬불하여 곱창이라고 한다.	구이, 볶음, 전골, 탕, 순대
두골		뇌를 말하며 신선로와 같은 고급음식에서 사용된다.	전
등골		척수에 해당하며 부드럽다.	전, 회
식도		주라통이라고도 하며 탕의 재료로 사용한다.	탕
우설		소의 혀이며 연하고 부드럽다. 양이 적어서 고급으로 취급한다.	구이, 수육, 편육
곤자손이		골반 안쪽 지방이 많이 붙은 대장 끝의 직장 부위로 양이 적게 나온다.	탕, 전골
허파		폐(閉)를 말하며 부아라고도 한다.	찜, 전
염통		소의 심장으로 연하며 비교적 냄새가 적다.	구이
콩팥		소의 신장으로 비타민 A와 B군이 많으며 얇게 썰어서 소금구이나 버터구이로 이용된다.	구이
지라		비장으로 한방에서는 어지럼증에 사용한다.	탕, 국, 구이
우통		암소의 젖가슴 부위이다.	수육, 탕
힘줄		소가죽, 골격부위나 근육 사이의 희고 얇은 껍질 모양의 질긴 결합조직을 말하며 스지라고도 한다.	탕, 국, 족편
우랑, 우신		숫소의 생식기 부위이다.	수육, 탕, 회
선지		피를 말하며 응고되었을 때 끓는 물에 삶아 검은 물을 뺀 후 사용해야 맛이 있다.	국, 순대

[표 9-8] 골격의 명칭과 조리법

부위명	특 징	조리법
우족	소의 발이며 앞발을 상품으로 친다.	탕, 족편
사골	네개의 다리뼈라고 해서 사골이라 한다. 앞다리의 뼈를 상품으로 친다.	탕, 육수
우골	잡뼈라고도 하며 기본 육수로 많이 이용된다.	탕, 육수, 스톡
꼬리	꼬리는 지방과 결합조직이 많다. 보신용으로 이용한다.	탕, 찜
도가니	소 무릎 부위의 연골조직으로 콜라겐과 인지질이 많다.	탕, 찜
꼬리반골	엉덩이 부분의 골반뼈이다.	탕, 육수, 스톡

2) 돼지고기

돼지고기는 쇠고기에 비하여 결합조직이 적고 지방 함량이 많아서 육질이 연하고 부드럽다. 돼지고기의 지방은 쇠고기 지방에 비해서 융점이 낮아서 섭취 시 입안에서 지방이 녹아 부드럽고 소화가 잘 된다.

특히, 돼지 지방은 연화작용(shortening power)이 커서 빈대떡과 같은 전을 부칠 때 사용하면 연하고 부드럽다.

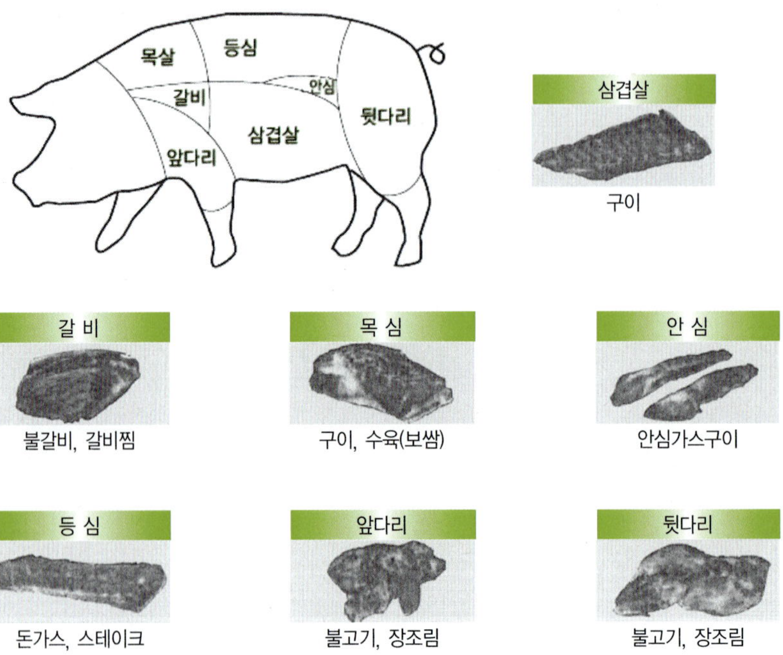

[그림 9-6] 돼지고기의 부위별 용도

자료 : 농림부 · 축산물등급판정소, www.kormeat.co.kr

단백질 함량은 삼겹살에 비해 안심이나 등심이 높으므로 지방 함량이 높은 삼겹살보다 안심, 등심을 선호 하는 것이 영양적인 면에서 좋다.

아미노산 조성은 필수아미노산이 풍부하며 무기질은 고기의 보수성과 밀접한 관계가 있다. 고기에 식염이나 인산염 등을 적당히 가하면 보수성과 결착성이 커진다.

특히, 돼지고기에는 비타민 B 복합체가 많은데, 그 중에서도 비타민 B_1의 함량이 높다. 쇠고기보다 많이 함유되어 있다.

[표 9-9] 돼지고기의 부위별 명칭과 조리법

부위명	특 징	조리법
머리	지방과 콜라겐이 많다.	편육
목심	뒷목에서 등으로 이어지는 부분으로 지방의 마블링이 잘 발달되어 부드럽다(항정살).	편육(보쌈), 구이
등심	지방이 적어 단백하다.	잡채, 볶음, 돈가스, 스테이크
안심	지방 함량이 낮고 결이 곱고 부드러우며 담백하다. 비타민 B_1이 가장 많다.	구이, 탕수육
갈비	갈비뼈를 포함한 살로 맛과 풍미가 있다.	불갈비, 갈비찜
삼겹살	살코기와 지방이 서로 층을 이루어 돼지고기 특유의 풍미를 맛볼 수 있는 부위이다(삼겹살, 갈매기살).	구이, 편육, 샤브샤브 베이컨, 불고기, 구이
앞다리	앞다리 위쪽 어깨 부위이다(사태살).	찌개, 편육, 불고기, 장조림
뒷다리	지방이 적고 부드럽고 맛이 좋으며 여러가지 요리에 적합한 부위이다(볼기살, 도가니살, 보섭살, 사태살).	구이, 햄, 장조림, 로스트포크, 샤브샤브, 전, 불고기

3) 닭고기

닭고기는 불포화 지방산이 많아서 산패되기 쉬우므로 도살 직후의 냉장 처리가 중요하다. 또한 지방 함량이 많은 내장 부분을 제거한 후 저장하는 것이 바람직하다.

닭고기의 안심과 가슴살은 다리 부분의 근육보다 혈액량이 적어서 백색을 띠며 맛이 담백하고 매우 연하므로 다이어트용 요리나 노인식, 환자식 또는 운동으로 근육을 만드는 요리용으로 적합하다.

닭고기는 근육섬유가 미세하고 짧은 것이 특징으로 부드럽고 연하다. 냉동 조육류를 조리하면 뼈나 뼈 주위의 근육이 갈변화가 일어나는데, 이는 냉동과 해동 과정에서 골수의 적혈구가 파괴된 것을 그대로 가열하면 일어나는 변화로 맛이나 냄새 등에는 이상이 없지만 외관상 보기가 좋지 않다. 냉동된 것을 해동하지 않고 직접 조리하면 변색을 감소시킬 수 있다.

또한, 가열 조리중 백색 근육이 붉은 색으로 변하는 것은 가열에 의한 근육 성분의 화학반응에 의한 것으로 맛에는 영향이 없다.

이 현상은 닭의 크기가 작고 피하지방이 적을 수록 잘 일어난다.

[표 9-10] 닭고기의 부위별 명칭과 조리법

부위명	특 징	조리법
가슴살	• 지방이 매우적다. • 맛이 담백하고 근육섬유로만 되어 있어 색이 흰것이 특징 이다. • 살이 부드러우며, 너무 오래 가열하면 퍼석퍼석해지기 쉽다. • 광택이 있는 분홍색이 신선한 것이며 끈적끈적하거나 즙이 나오는 것은 피하도록 한다.	구이, 카레 커틀렛, 샐러드 무침, 찜
어깨살 (닭봉)	• 날개 위쪽의 어깨부위이다. • 단백질이 많고 육질이 연한 편이며 지방은 적어 맛이 담백하다. • 날개부위에 비해 먹기 쉬워 아이들에게 인기가 높다. • 껍질이 전체적으로 까칠까칠한 것이 신선하다.	조림, 튀김
날개	• 색이 희고 살은 적지만 날개살 끝의 지방과 육질의 결합조직이 젤라틴 상태로 되어 있어 쫄깃하며 맛이 좋다. • 콜라겐 성분이 함유되어 피부에도 좋다. • 모공이 튀어나와 껍질이 전체적으로 까칠까칠한 것이 신선하며, 오래될수록 표면이 밋밋해지고, 점액 성분 등으로 번질번질해진다.	구이, 튀김 조림
다리살 (단각)	• 운동을 많이 하는 부위이므로 탄력이 있고 근육이 단단하다. • 특유의 색이 짙은 것이 특징이다. • 지방과 단백질이 조화를 이루어 쫄깃쫄깃하며, 모양이 좋아 뼈와 함께 조리하는 경우가 많다.	구이, 튀김 훈제조림, 찜
넓적 다리 (장각)	• 활발이 우니동하는 부위이므로 근육이 많으며 약간 단단한 편이다. • 적당한 지방과 글리코겐이 있어 감칠맛을 낸다. • 충분히 가열해도 부드럽다. • 지방이 투명하고 광택이 나는 것이 좀 더 신선한 것이다.	구이, 훈제, 튀김 조림, 찜

4) 오리고기

오리고기(duck)는 닭고기보다 고기의 성상은 비슷하지만 육의 색이 붉은 빛이 선명하다. 단백질이 풍부하고 불포화지방산이 다른 육류에 비하여 많으며 부드럽고 풍미가 있으며 칼슘, 철, 칼륨, 비타민 B_1, B_2의 함량이 많다.

우리나라에는 1980년대 이후부터 소비량이 증가하고 있다. 건강음식으로 인식 되면서 소비가 늘어나고 있는 추세다. 주로 구이와 탕 요리에 이용되고 있다.

7. 조리

1) 습열조리

비교적 결합조직이 많은 부위의 조리법으로 적당하며, 탕, 조림, 편육, 스튜잉(stewing) 등이 있다. 결합조직이 많은 양지육, 사태육, 업진육, 장정육 등의 고기는 습열조리에 많이 쓰인다. 물과 함께 고기를 가열하는 조리방법이다.

(1) 탕(국, 육수, soups)

탕에 이용하는 고기는 결합조직이 많은 양지육, 사태육과 같은 질긴 부위와 꼬리나 사골 및 우족 등이다. 탕은 고기 성분이 충분히 우러나와야 국물이 맛이 있으므로 찬물에서부터 끓이기 시작하고 끓으면 불의 세기를 줄여 콜라겐이 젤라틴이 될 때까지 충분히 끓인다.

탕에는 젖산, 아미노산, 핵산분해 물질 등의 추출물(extractive)이 최대한 용출되어야 국물 맛이 좋다.

소량의 소금을 넣고 끓이면 단백질의 용출이 잘 되므로 국물의 맛이 향상된다.

(2) 장조림

가정용 고기저장법으로 많이 이용하는 것이 장조림이다. 장조림 고기로 가장 적합한 부위는 홍두깨살이지만 지방함량이 낮고 결합조직이 비교적 적은 대접살, 우둔육과 결합조직이 비교적 많은 사태, 쇠악지 등도 장조림용으로 이용된다. 장조림은 쉽고 부드럽게 잘 찢어진다.

조리시 주의해야 할 점은 결합 조직을 용해 시켜 잘 찢어 질 수 있도록 하는 것이다. 그러므로 먼저 고기에 물을 붓고 끓여 단백질이 응고된 다음에 간장과 설탕을 넣어 끓인다. 콜라겐이 젤라틴화하기 전에 간장과 설탕을 넣으면 삼투압으로 인하여 고기내의 수분이 빠져 나와서 근육섬유의 응고 수축으로 고기는 단단하고 질겨진다.

장조림은 국물보다 고기를 먹을 목적이므로 처음 끓기 시작할 때까지는 센불로 끓이다가 그 후 부터는 약한 불로 조려야 한다.

(3) 편육

편육용으로 적합한 부위는 사태육, 양지육, 장정육, 쇠머리 등 결합조직이 많은 고기가 이용된다.

편육은 국물보다 고기를 먹는 목적이므로 물이 끓기 시작하면 고기를 넣어 표면 단백질을 응고 시켜 고기 맛 성분의 용출을 최대한 방지해야 한다. 특히 돼지고기는 반드시 끓는 물에 삶아야 한다. 찬물에서부터 끓이면 고기색이 분홍색이 되므로 좋지 않다.

생강의 냄새 제거효과는 고기 단백질의 응고 후에 효력이 있으므로 고기가 어느 정도 익은 후에 넣는 것이 좋다.

(4) 찜, 스튜(stew)

찜은 결합 조직이 많은 사태, 꼬리, 갈비 등의 질긴 부위로 만든다. 소량의 물에 고기를 먼저 익힌 다음 채소와 여러가지 양념을 넣어 중불에서 충분히 끓인다.

스튜는 서양 음식으로 우리나라의 고기 찜이나 찌개와 유사하다. 우둔살, 다리살, 옆구리살, 라운드, 꼬리, 혀, 어깨살, 가슴살 등 결합조직이 많은 부위가 적합하다.

스튜는 갈색 스튜(brown stew)와 색이 연한 스튜(light stew)가 있는데 갈색 스튜는 고기를 먼저 노릇노릇 익힌 후 물을 붓고 끓이는 것이고, 연한 스튜는 그대로 물을 넣고 익히는 것이다. 고기를 익힌 후 채소와 토마토 또는 토마토 페이스트 등을 넣는다.

토마토는 고기의 pH를 약 산성으로 만들어 근육의 수화능력을 증가시키므로 고기를 연하게 만든다.

(5) 브레이징(braising)

결체조직이 많은 부위의 고기를 이용하며, 기름에 지지거나 구워서 고기 표면을 먼저 갈색으로 한 다음 물을 조금 가하여 브레이징한다. 이때 물은 콜라겐이 가수분해하는데 필요하다.

팬은 뚜껑을 덮고 약한 불에서 고기가 부드러워질 때까지 조리한다.

2) 건열조리

불고기나 스테이크, 로스트 같이 물을 사용하지 않고 열에 의하여 고기를 조리하는 방법이다. 직접가열 또는 간접가열로 조리하는 것으로 결합조직인 콜라겐이 젤라틴으로 변할 수 있는 수분이 없으므로 연한 부위의 고기만을 조리에 이용한다.

등심, 안심, 갈비 등 살이 연하고 지방이 적당히 분포되어 있고 결합조직이 없는 고기를 건열조리에 이용한다.

(1) 구이(broiling, pan broiling)

숯불구이, 오븐구이, 팬구이 등이 있다. 구이는 열에 의하여 고기표면의 단백질이 응고되어 내부 육즙의 용출이 적으며, 캐러멜(caramel)화가 되어 특유의 풍미와 맛을 내는 조리법이다.

구이에는 안심, 등심, 염통, 콩팥, 간, 제육 등이 이용된다. 육류 단백질은 40℃를 전후하여 응고되기 시작하며 고기의 맛은 단백질 응고점 전후가 가장 좋다. 양념한 고기를 구울 때 맛있는 냄새는 당과 단백질, 아미노산 등의 반응으로 생기는 물질의 냄새 때문이다.

(2) 로스팅(roasting)

로스팅은 큰 덩어리의 고기를 오븐 속의 뜨거운 열로 익히는 방법이다.

기름 칠 한 팬에 기름기가 많은 쪽의 고기를 위로 하여 163℃ 정도의 오븐에서 속이 익을 때까지 서서히 굽는다. 이 방법은 콜라겐이 물과 열에 의하여 젤라틴화 할 수 없기 때문에 어깨살, 갈비, 우둔살 등 비교적 연한 부위의 고기에 이용되는 방법이다.

10

우유 및 유제품

1. 우유의 성분
2. 우유의 특성
3. 우유의 조리
4. 우유의 응고
5. 유제품
6. 우유의 처리

제10장 우유 및 유제품

우유는 영양학적으로 거의 모든 영양소가 들어있는 완전한 식품 중 하나이며, 소화 · 흡수도 잘되는 알카리성 식품이다. 우리 인간이 생명을 유지하고 활동하는데 필요한 모든 영양소를 골고루 함유한 우수한 식품이다.

1. 우유의 성분

우유는 수용액에 여러 화합물들이 분포되어 있는 복잡한 액체식품으로 염, 유당(젖당), 수용성 비타민, 무기질 등은 수분에 완전 용해되어 진용액 상태로 존재한다.

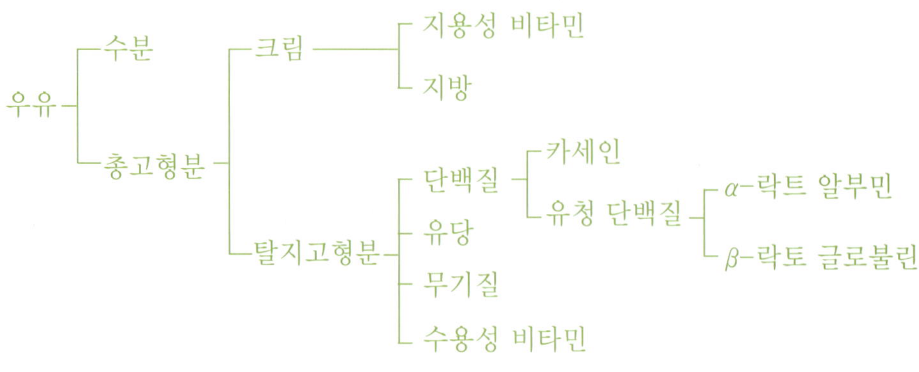

1) 단백질

우유의 단백질은 우유를 조리하거나 가공할때 가장 큰 영향을 미치는 물질이다. 우유단백질은 산이나 레닌을 가하면 응고 되는 카세인(casein) 단백질과 가열에 응고되는 유청 단백질(whey protein)로 나눈다.

[표 10-1] 우유류 및 유제품의 일반 성분(가식부 100g 중)

식품명	열량 (kcal)	수분 (%)	단백질 (g)	지질 (g)	탄수화물		무기질				비타민					폐기율 (%)
					당질 (g)	섬유소 (g)	회분 (mg)	칼슘 (mg)	인 (mg)	철 (mg)	A (RE)	B_1 (mg)	B_2 (mg)	니아신 (mg)	C (mg)	
탈지우유	33	91.1	3.4	0.1	4.7	-	0.7	100	95	0.1	∅	0.04	0.15	0.1	2	0
우유 (보통우유)	61	88.4	2.8	3.3	5.0	0	0.5	91	83	0.1	52	0.06	0.05	0.4	0	0
인유(모유)	65	88.0	1.1	3.5	7.2	-	0.2	27	14	∅	46	0.01	0.03	0.2	5	0
산양우유 (염소유)	63	88.0	3.1	3.6	4.5	-	0.8	120	90	0.1	36	0.04	0.14	0.3	1	0
요구르트 (액상)	65	83.2	1.5	0.1	14.9	0	0.3	39	28	0.1	0	0.01	0.12	0	0	0
전지분유	504	2.9	26.0	27.0	38.0	0	6.1	880	720	0.4	171	0.23	1.20	0.8	5	0
조제분유 (2단계)	353	11.3	11.2	1.9	74.6	0	1	15	226	2.8	0	0.42	0.09	2.9	0	0
탈지분유	359	3.8	34.5	1.0	52.7	0	8.0	1250	1014	0.4	8	0.50	1.75	0.9	1	0
연유(가당)	327	25.6	7.9	8.1	56.6	0	1.8	258	226	0.1	27	0.08	0.31	0.3	3	0
무당연유	135	74.1	8.0	7.3	9.0	0	1.6	225	189	0.1	41	0.08	0.46	0.3	2	0
크림 (38%유지방)	380	55.3	2.0	39.2	3.1	0	0.4	64	48	0.4	274	0.13	0.11	0.6	0	0
아이스크림 (12%유지방)	212	61.3	3.5	12.0	22.4	-	0.8	130	110	0.1	100	0.06	0.18	0.1	∅	0
치즈(가공)	320	47.6	18.3	24.2	5.5	0	4.4	503	844	0.3	238	0.07	0.30	0.1	0	0
자연치즈	326	46.6	26.3	22.8	1.7	0	2.6	633	403	0.2	259	0.04	0.20	0.1	0	0
버터	778	12.6	0.5	84.5	0.5	0	1.9	22	22	0.1	418	0.01	0.03	0	0	0

- : 표시는 수치가 애매하거나 측정되지 않음　　　∅ : 식품성분함량이 미량존재
자료: 농촌진흥청 농촌자원개발연구소(2011), 식품성분표 제8차 개정.

(1) 카세인(casein)

카세인은 우유단백질의 약 80%를 차지하며 α, β, κ, γ 카세인으로 구성되고, 대부분 미셀(micelle)형태로서 우유 중에 콜로이드화 되어있다.

카세인은 산이나 레닌에 의해 쉽게 침전되는데 이것을 이용하여 치즈를 제조한다. 그러나 가열에 의해서는 응고되지 않는다.

(2) 유청단백질

유청단백질은 우유단백질의 약 20%를 차지하고 있으며 α-락트알부민, β-락토글로불린, 혈청알부민 등으로 구성되고 열을 가하면 쉽게 응고되어 침전된다. 우유를 냄비에 넣고 가열하면 냄비 바닥에 눌어붙는 것이 있는데 이것은 유청단백질이 응고 침전된 것이다.

[표 10-2] 우유 단백질의 종류 및 특성

종류		비율(%)	특성
카세인	α-카세인 β-카세인 γ-카세인 κ-카세인	75~80	• 응유효소 레닌을 가하면 함유된 칼슘과 결합-칼슘 카제네이트 - 인산칼슘과 복합화합물을 만들어서 침전된다. • 카세인은 등전점이 pH 4.6이므로 우유에 산을 가하면 백색 침전된다. • 우유 산과 레닌에 의한 응고 성질을 이용하여 치즈를 만든다. • 열에 비교적 안정하여 보통 조리 온도에서는 응고하지 않는다.
유청단백질	α-락트알부민 β-락토글로불린 혈청알부민 면역글로불린 락토페린 라이소자임	20~25	• 유청 단백질에는 락트알부민, 락토글로불린, 혈청알부민, 면역글로불린, 효소, 프로테오스, 펩톤 등이 있다. • 락트알부민은 물에 녹고 산에는 응고하지 않는다. • 락트알부민과 락토글로불린은 60℃ 이상의 온도에서 변성 응고된다. • 우유를 냄비에 넣고 직접 불 위에서 가열하면 쉽게 침전물이 생겨 밑바닥에 가라앉는다.

2) 지방

대부분 중성지방이고 소량의 인지질, 당지질, 스테롤(sterol), 미량의 지용성 비타민 그리고 유리지방산 등이 있다. 탄소수가 적은 포화지방산으로 대부분 구성되고 지방산에 의해 특징적인 풍미를 주며 변패취를 발생하기도 한다.

3) 탄수화물

우유의 주된 탄수화물은 대부분이 유당(lactose)이며 이외에 포도당, 갈락토오스 등이 소량 존재한다. 유당은 용해도가 낮아 유가공품내에서의 유당 결정체가 문제가 된다. 예를 들면 아이스크림이나 가당연유 제조 시 문제가 되기도 하며, 분유를 저장하는 경우에는 결정화가 일어나 덩어리지게 된다.

2. 우유의 특성

1) 색

우유의 유백색은 카세인과 인산칼슘이 콜로이드용액으로 분산된 것이 광선에 반사되어 형성된다. 또한 유백색 이외의 황색은 카로티노이드색소와 리보플라빈이 함유되어 있기 때문이다.

2) 향미성분

신선한 우유는 유당을 함유하고 있으므로 약간의 감미를 띠며, 저급 지방산 같은 저분자량 화합물과 휘발성 화합물들에 의한 독특한 향을 갖는다. 가열처리를 하면 풍미에 여러가지 영향을 미친다. 우유가 햇빛에 노출되면 우유 중에 있는 리보플라빈은 광분해를 일으키고 지방은 자동산화되어 좋지 않은 맛을 낸다.

3. 우유의 조리

우유는 음료 뿐 아니라 여러 가지 음식을 조리하는데 사용하면 많은 효과를 얻을 수 있다.

① 조리식품을 희게 해준다 : 화이트소스에 넣어주면 희고 노릇노릇한 색을 준다. 쿠키, 캔디류에 설탕 외에 우유를 넣으면 색이 좋아진다. 이는 우유의 아미노산과 환원당이 반응해서 갈색의 물질을 형성하기 때문이다.

② 단백질의 겔 강도를 높이면서 탈취효과도 있다 : 달걀에 우유를 넣

으면 겔은 단단해지고 달걀의 비린 맛도 흡착된다. 우유에는 미세한 지방구와 카세인 입자가 많아서 여러 가지 냄새를 흡착한다. 이런 성질을 이용하여 생선을 요리하기 전에 우유에 담가두면 비린내를 감소시킬 수 있다.

③ 유동성이 있어 다른 재료와 잘 섞인다.

④ 음식에 매끄럽고 부드러운 질감과 맛, 그리고 향을 준다.

1) 가열에 의한 변화

(1) 응고

우유 단백질 중 락트알부민과 락토글로불린은 열에 불안정하여 응고가 잘 된다. 즉, 우유를 냄비에 넣고 직접 불 위에서 가열하면 쉽게 냄비 바닥에 침전물이 가라앉는다. 카세인은 칼슘이나 마그네슘과 결합하여 콜로이드 상태로 극히 안정되어 있어 열에 대하여 비교적 예민하지 않다.

카세인은 100℃에서 12시간, 135℃에서 1시간, 155℃에서 3분간 가열해야 응고가 되므로 보통의 조리과정에는 카세인 응고 손실은 거의 없다.

(2) 피막형성

우유는 뚜껑을 덮지 않고 가열하면 표면에 피막이 생기는데,이것은 제거해도 또 다시 계속 생긴다. 피막은 우유에 분산되어 있는 지방구가 가열에 의해서 응고된 단백질, 소량의 유당과 무기질 및 염 등과 서로 혼합 응고하여 얇은 막을 형성하는 것이다. 우유의 피막은 가열시간과 온도가 증가함에 따라 두꺼워지는데 우유를 저어가면서 가열하면 피막형성을 방지할 수 있다.

(3) 갈변현상

우유를 장시간 가열하면 우유의 단백질과 유당에 의해 갈변된다. 우유 단백질의 아미노(amino)기를 가진 카세인과 카르보닐(carbonyl)기를 가진 유당 사이에서 아미노-카르보닐 반응(amino-carbonyl reaction), 즉 메일라아드(maillard) 반응이 일어나기 때문이다.

우유의 갈변 현상은 바람직하지 않은 현상이며 영양가의 저하를 가져오므로 주의해야 한다.

(4) 냄새 생성

우유를 74℃ 이상으로 가열하면 익은 냄새(cooked flavor)가 난다. 이것은 우유 단백질 중 유청 단백질인 β-락토글로불린이 열 변성에 의해 휘발성 황화물이나 황화수소를 생성하기 때문이다.

4. 우유의 응고

1) 산에 의한 응고

우유단백질 카세인은 우유 자체에서 생성된 산이나 첨가된 산에 의해 응고가 된다. 이것은 카세인의 등전점이 pH 4.6~4.7이므로 우유에 산을 넣어 등전점 부근이 되면 카세인이 침전하기 때문이다. 이러한 성질은 치즈나 요구르트 제조에 이용되고 있다.

채소나 과일을 우유와 함께 조리하면 채소·과일의 유기산이 우유의 응고를 촉진시킨다. 딸기에 우유를 넣거나 토마토 크림수프를 만들 때 우유를 넣어주면 쉽게 응고되는데 이러한 현상은 토마토의 산도가 pH 4.4~4.6정도로 카세인 등전점에 가깝기 때문이다.

방지하는 방법으로는 우유를 교반하면서 토마토를 조금씩 넣어주어 한꺼번에 우유와 산의 반응이 일어나지 않도록 하거나, 토마토를 먼저 가열하여 산을 휘발시킨 후 우유와 혼합해야 한다. 우유에 과일을 첨가하려면 먹기 직전에 넣는 것이 바람직하다.

2) 레닌에 의한 응고

레닌(rennin)은 포유동물의 위 점막에 존재하는 응유효소로서 우유의 카세인을 응고시키며, 레닌의 최적온도는 40~42℃이다. 레닌에 의한 응고물은 산에 의한 응고물보다 칼슘을 더 많이 함유하며 더 단단하고 질기다. 또한 반응 온도에 따라 응고물의 형태가 다르며, 낮은 온도(15℃ 이하)에서는 반응이 서서히 일어나 응고물이 부드러우나, 높은 온도(60℃ 이상)에서는 단단한 응고물이 형성된다.

카세인에는 α-카세인, β-카세인, γ-카세인, κ-카세인이 있다. α-카세인과 β-카세인은 칼슘에 예민하기 때문에 κ-카세인의 방어역할이 없으면 콜로이드 분산을 유지하기 어렵다.

3) 폴리페놀 물질에 의한 응고

채소나 과일에는 카테킨(catechin), 갈릭산(gallic acid), 루코안토시아닌(leucoanthocyanin)과 같은 탄닌을 함유하고 있다. 이는 쓰고 떫은 맛 성분의 폴리페놀 화합물로서 카세인을 응고시키므로 채소에 우유를 첨가하면 응고물이 생긴다.

4) 염류에 의한 응고

우유를 첨가한 식품이 응고할 때는 염류에 의한 경우도 있다. 소금은 카세인이나 알부민을 응고시키고 이러한 응고 작용은 고온에서 촉진된다.

우유에 햄을 넣고 가열하면 응고된다.

5. 유제품

유제품은 우유를 저장하는 방법으로 가공하여 여러 가지 제품을 만든다.

1) 발효유

발효유(fermented milk)는 포유동물의 유즙에 유산균을 배양 · 발효시킨 것으로 적당한 풍미가 있다. 유산균에 의해 유당이 분해되어 젖산이 생성되는 원리로 만들어져서 보존성이 좋을 뿐 아니라, 맛과 풍미도 좋고 정장작용과 소화액 분비로 촉진한다.

요구르트(yogurt) 제조에는 전유, 저지방유, 탈지유가 이용된다. 스트렙토코커스 테모필러스(*Streptococus thermophilus*)와 락토바실레스 불가리커스(*Lactobocillus bulgaricus*)균을 첨가하여 42~46℃에서 발효 시키면 적당한 향미가 생성되고, 산도 0.9~1.0%가 되도록 발효시킨다. 요구르트는 액상과 호상의 두 가지 형태로 제조 시판되고 있다.

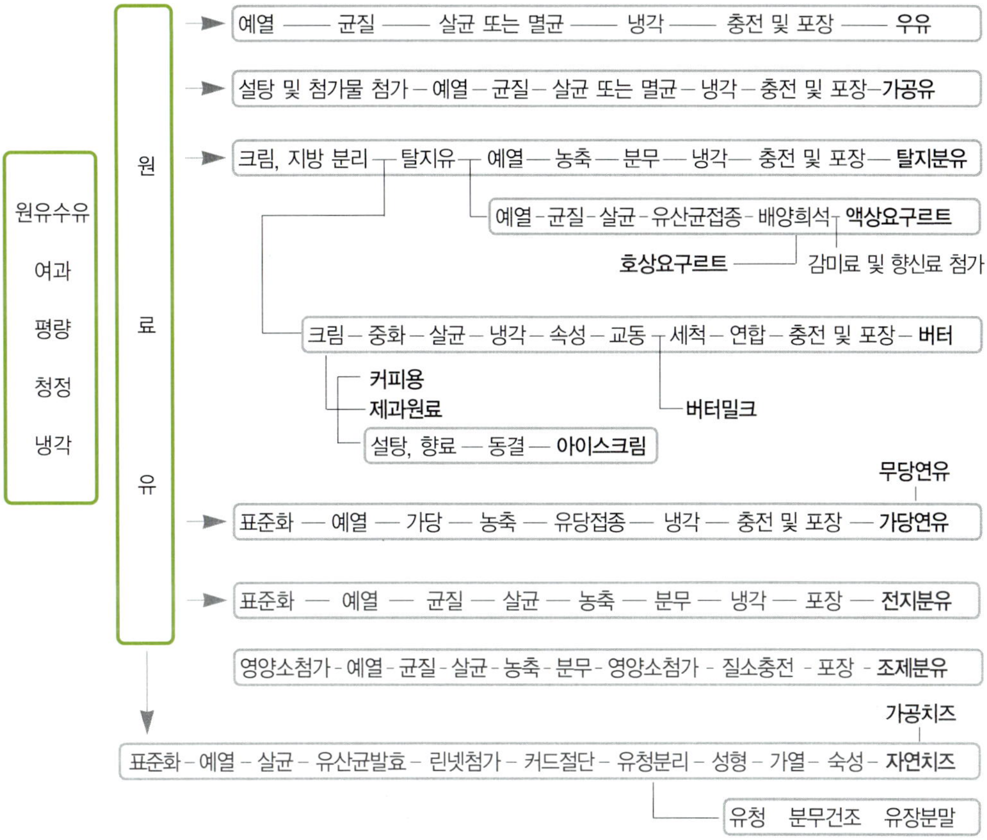

[그림 10-1] 유제품의 가공과정

자료 : 조신호 외(2011) 식품학.

2) 크림

크림은 우유를 방치하거나 원심분리하면 얻어지는 지방이 많은 부분으로 유지방이 18% 이상인 것을 말하며, 지방 함량에 따라 다양하게 이용된다. 즉, 버터, 아이스크림의 원료, 조리용 및 제과용으로 사용한다.

크림은 지방함량에 따라 라이트크림, 휘핑크림, 플라스틱크림으로 분류하는데 라이트크림(light cream)은 유지방 함량이 18~30%로, 커피크림 또는 테이블크림이라 하고 커피의 온화한 풍미와 옅은 색을 위한 용도이고, 휘핑크림은 유지방이 30~36%로, 제과와 서양요리의 장식 및 디저트로 사용한다.

플라스틱크림은 유지방이 79~80%로 상온에서 고체상태이므로 플라스틱크림이라 한다. 아이스크림이나 버터의 원료로 이용한다.

[표 10-3] 크림의 종류

종 류	유지방(%)	특 성
사우어크림 (sour cream)	18정도	소스, 제빵, 제과등 젖산에 의해 신맛이 난다.
커피크림 (coffee cream)	18~20	커피(테이블크림이라고도 함)
휘핑크림 (whipping cream)	30~36	생크림 케이크 장식, 과일과 함께 디저트로 사용, 서양 요리의 장식
분말크림 (cream powder)	50 이상	제빵, 제과
플라스틱크림 (plastic powder)	79~80	아이스크림, 버터의 원료

3) 치즈

치즈는 우유의 단백질을 응고시킨 식품으로 영양이 풍부하다. 치즈는 우유에 비하여 유당이 적어서 유당 분해 효소인 락타제의 분비력이 약한 사람도 쉽게 먹을 수 있다. 칼슘이나 인의 함량이 높은 유제품이며, 숙성도에 따라 독특한 풍미가 생성되고 소화도 잘된다. 치즈는 전채요리에서 후식까지 다양하게 이용되는데 그대로 먹거나 술안주나 샐러드 등에도 이용된다.

치즈는 단백질과 지방의 함량이 높기 때문에 열에 민감하다. 육류 또는 달걀 단백질과 같이 높은 온도에서 응고되고 딱딱해지거나 질겨진다. 높은 온도로 장시간 가열조리하면 응고되어 딱딱해지거나 질겨지며 수분이 감소하여 단단해진다.

치즈의 종류는 자연치즈와 가공치즈가 있다. 자연치즈(natural cheese)는 수분함량과 지방함량에 따라 구분되나 맛을 결정하는 것은 숙성방법이다. 수분함량에 따라 초경질치즈, 경질치즈, 반경질치즈, 연질치즈로 나눈다. 자연치즈는 발효가 계속되나 가공치즈는 발효가 더이상 진행되지 않는다.

가공치즈는(processed cheese)는 미국에서 가장 대중적인 형태의 치즈이다 가공치즈는 보통 2종 이상의 자연치즈를 가열하여 인산염과 같은 유화제를 가하여 단단하게 한 것으로 가열에 의하여 미생물 번식 및 발효도 일어나지 않게 하므로 항상 일정한 품질을 유지하게 되며 저장성이 높다.

또한 일반적으로 부드러운 질감과 온화한 풍미의 가공 치즈는 개별포장으로 이용에 편리하여 소비가 많고 햄버거나 샌드위치 등에도 많이 이용되고 있다.

[표 10-4] 수분함량에 따른 치즈의 종류

종 류	수분함량(%)	대표적치즈
초경질치즈	30~35	파마산 치즈(parmesan) 그라나 치즈(grana) 로마노(romano) 삽사고(sapsago)
경질치즈	30~40	체다(cheddar) 고다(gouda) 에멘탈(emmenthal) 삼소에(samoe) 프로볼로네(provolone)
반경질치즈	40~50	로크포트(roquefort) 블루(blue) 브릭(brick) 에담(edam) 문스터(munster) 스틸톤(stilton)
연질치즈	50~75	크림(cream) 브리(brie) 까망메르(camembert) 코티지(cottage) 모짜렐라(mozzarella) 에파에즈(elpaese)

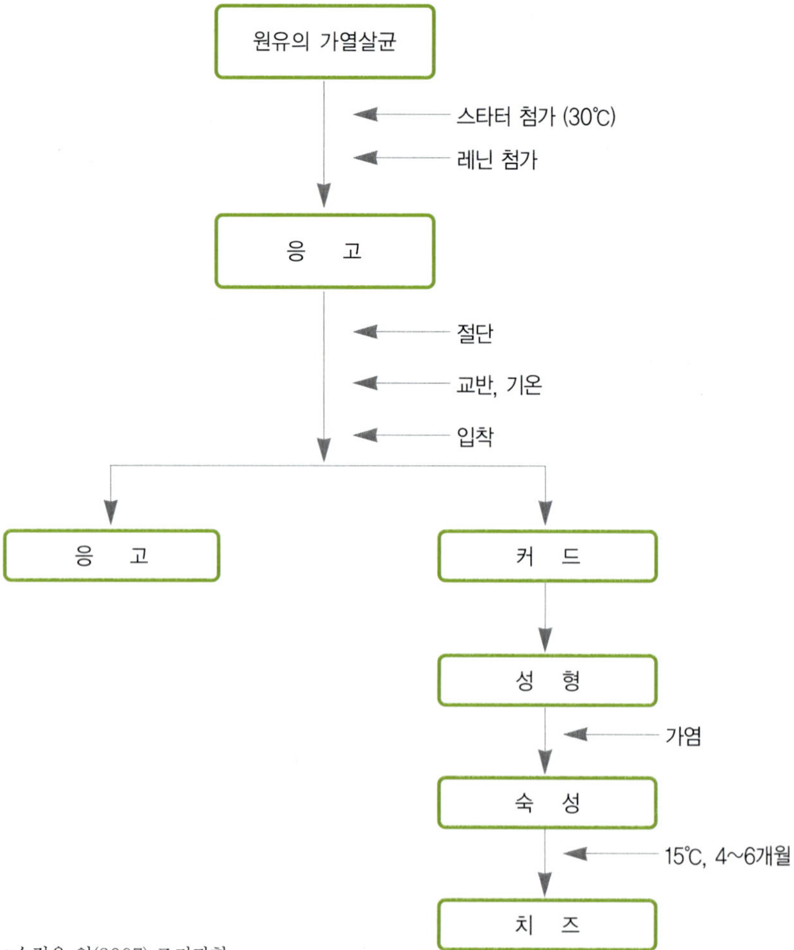

자료 : 손정우 외(2007) 조리과학.

[그림 10-2] 치즈의 제조과정

6. 우유의 처리

1) 살균처리

살균(pasteurization)은 원유의 영양소 손실을 최소화하며 오염된 미생물을 사멸시키고 우유의 보존성을 증진시키며 좋은 품질 유지를 위한 것이다. 살균 방법에 따라 맛은 약간 차이는 있으나 영양의 차이는 거의 없다. 저온으로 장시간 살균하는 방법(LTLT법)은 간편한 방법으로 색 · 풍미의 변화가 가장 적다.

고온 단시간 살균법(HTST법)은 살균을 밀폐식으로 처리하여 세균의 오염이 적고 위생적 효과가 높다. 초고온살균법(UHT법)은 우유의 성질 변화를 최소화하면서 연속적으로 대량 우유를 살균처리하며 가장 많이 이용되는 방법이다.

[표 10-5] 우유 살균 방법의 종류

종 류	살균온도와 시간	특 성
저온장시간 살균법 low temperature long time pasterurization (LTLT)	63~65℃ 30분	최초로 사용한 우유살균방법
고온 단시간 살균 high temperature short time pasteurization (HTST)	72~75℃ 12~30초	대량우유를 연속적 처리 위생적 효과 높다.
초고온 살균법 ultra high temperature pasteurization (UHT)	120~135℃ 2~3초	우유의 성질 변화를 최소화하고 살균효과 극대화 방법

2) 균질처리(homogenization)

원유에 있는 지방구는 그 크기가 커서 유화상태가 불안정하고 지방구는 비중이 가벼워서 그대로 방치하면 떠올라 분리된다. 이를 방지하기 위하여 우유에 압력을 가하여 극히 작은 구멍을 통과시켜 지방구를 1㎛ 전후로 쪼갠다. 균질화된 우유는 더 희게 보이고 점성이 증가되며 우유의 촉감이 부드러워 더욱 고소한 맛을 느낄 수 있다. 소화 흡수가 잘 되지만 지방의 가수분해에 의한 산패가 쉽게 일어난다.

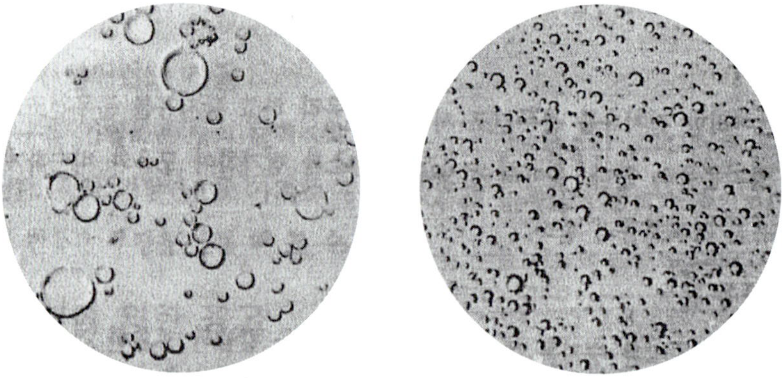

[그림 10-3] 우유의 균질화

3) 강화처리

우유는 영양적으로 우수한 식품이지만 인체에 필요한 영양소를 첨가하거나 성분 조성을 보강한 우유를 강화우유라고 한다. 우유는 칼슘(Ca)과 인(P)의 함량이 높으므로 이들의 체내 이용률을 높이기 위해 비타민 D를 첨가한다. 탈지우유나 저지방우유에도 비타민 A, 비타민 D를 강화시키고 유아용 조제분유에도 비타민의 강화가 필요하다.

철분(Fe)을 강화한 우유, 뇌성분인 DHA를 첨가한 우유, 항산화 효소의 구성성분인 셀레늄(Se) 등이 강화된 우유가 있다.

11

어패류

1. 어패류의 분류
2. 어패류의 구조
3. 어패류의 구성성분
4. 어패류의 사후경직과 숙성 및 부패
5. 어패류의 신선도 판정법
6. 어패류의 조리
7. 어패류의 조리 방법

제11장 어패류

요즈음은 영양과 건강에 관한 지식이 널리 보급되어 어패류가 저지방, 고단백의 건강식품이라고 인식되고 있어 소비가 계속 증가하고 있는 추세이다. 어패류는 수조육류에 비해 결합조직이 적고 조직이 연하며 특유의 감칠맛이 있으면서 지방산 조성이 우수하나 세균의 침입이 쉬워 부패가 잘 되므로 조리과정 중에 특히 위생적으로 취급해야 한다.

[표 11-1] 어패류의 분류

어패류	**어류** (지느러미와 척추가 있는 것)	서식지에 따라	해수어		바다에 사는 어류
			담수어		강, 호수, 저수지 등에서 사는 민물생선
		지방의 함량에 따라	흰살 생선		해저 가까이 서식을 하며 운동성이 크지 않은 생선으로 지방함량이 5% 이하로 낮은 편이다. 대구, 가자미, 명태
			붉은살 생선		바다 표면에 살며 활동이 많은 생선으로 지방함량이 5~20% 정도로 높은 편이다. 꽁치, 고등어, 참치, 연어
	패류 (지느러미와 척추가 없는 것)	마디의 유무에 따라	갑각류 (마디가 있다)		외부에 단단한 껍질이 여러 조각으로 마디가 있고 내부에 부드러운 근육이 있다. 게, 가재, 새우
			연체류 (마디가 없다)	조개류	쌍각류(2개의 껍질) 대합, 조가비, 굴, 홍합 단각류(1개의 껍질) 전복, 소라, 달팽이
				두족류	문어, 오징어, 낙지, 해삼, 해파리

1. 어패류의 분류

어패류의 종류는 아주 다양하며 일반적으로 어류나 패류로 분류된다. 어류는 지느러미가 있으며 뼈로 구성된 골격을 가지고 있는 것을 말하고 패류는 마디의 유무에 따라 갑각류와 연체류로 나눈다(표 11-1).

2. 어패류의 구조

1) 어류

(1) 혈합육

어류의 가식부는 등뼈 양쪽에 대칭적으로 결합된 근육으로 등쪽의 근육은 두꺼우나 배쪽의 근육은 얇다. 등근육과 배근육의 경계에는 적갈색을 띠는 근육인 혈합육(dark meat 또는 red meat)이 있는데 이는 고등어나 꽁치 등의 붉은살 생선에는 양이 많으나 도미와 같은 흰살 생선에서는 체표면 부분에만 분포되어 있다.

(2) 근절

근육은 근절로 되어 있는데 이는 근섬유가 모인 다발이 근육을 이루어 머리뼈에서 꼬리뼈의 측근으로 붙어 있고 척추뼈의 수와 같은 근절이 겹쳐져서 근육을 구성한다. 근절과 근절은 얇은 격막으로 접합되어 있고 이

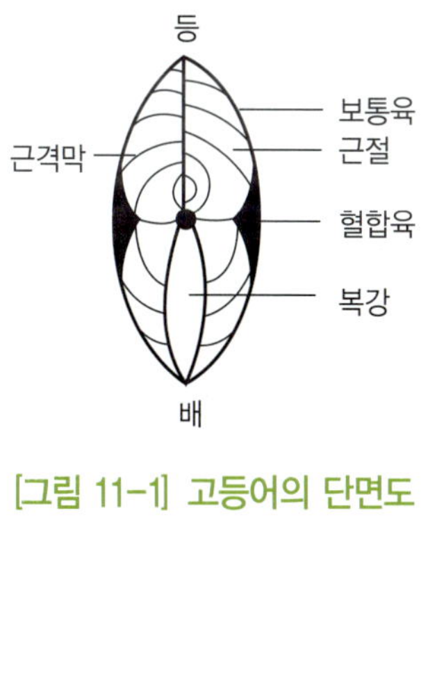

[그림 11-1] 고등어의 단면도

격막은 가열에 의해 젤라틴으로 변하므로 조리된 어육은 근절이 하나씩 떨어지게 되고 부스러지기 쉽다. 육류에 비하여 근섬유의 길이는 짧고 결합단백질의 양이 적어 육류보다 연하다.

2) 오징어

오징어의 근육은 가늘고 횡문이 없는 평활근 섬유로 구성되어 있고 몸통과는 평행하고 몸길이와는 직각방향으로 되어 있기 때문에, 말린 오징어는 옆으로 잘 찢어진다. 이렇게 가로로 형성되어 있는 근육섬유는 콜라겐 섬유로 되어 있으며 열을 가하면 수축한다.

오징어의 표피는 4개의 층으로 형성되어 있는데 제 1층과 2층 사이에 색소포가 있다. 보통 오징어의 껍질을 벗기면 제 2층과 3층 사이가 분리되므로 색소포가 제거되어 오징어를 익히면 백색으로 익는다. 제 3층과 4층은 잘 벗겨지지 않는다. 제 4층의 콜라겐 섬유는 가늘기는 하나 질기고 몸의 길이 방향으로 존재하고 있어 근육섬유와는 직각으로 교차하며 근육을 고정시키고 있다. 오징어를 삶았을 때 둥글게 오그라드는 것은 근육섬유와 콜라겐섬유가 수축하기 때문이다. 그렇지만 가열시 오징어 몸길이 방향으로 더 오그라드는 것은 몸길이와 평행한 방향으로 자리잡은 콜라겐 섬유가 근육섬유보다 더 강하게 수축하기 때문이다.

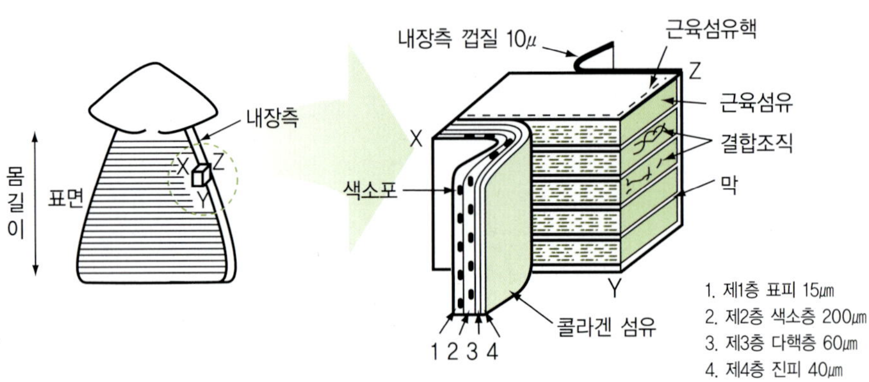

[그림 11-2] 오징어의 근육조직

[표 11-2] 어류의 일반 성분(가식부 100g 중)

식품명	열량 (kcal)	수분 (%)	단백질 (g)	지질 (g)	탄수화물		회분 (mg)	칼슘 (mg)	인 (mg)	철 (mg)	비타민					폐기율 (%)
					당질 (g)	섬유소 (g)					A (RE)	B_1 (mg)	B_2 (mg)	니아신 (mg)	C (mg)	
꽁치	165	70.5	19.5	8.7	0.1	0	1.2	54	234	1.8	21	0.02	0.28	6.4	1	43
정어리	171	69.2	20.0	9.1	0.2	0	1.5	94	224	1.9	21	0.03	0.35	8.1	1	45
청어	163	70.6	19.3	8.5	0.3	0	1.3	87	225	2.3	69	0.03	0.25	6.3	1	46
연어	106	75.8	20.6	1.9	0.2	0	1.5	24	243	1.1	18	0.19	0.15	7.5	1	39
송어	121	73.8	21.0	3.4	0.1	0	1.7	35	263	1.3	26	0.46	0.12	9.8	1	46
참도미	109	75.0	21.6	1.8	0.1	0	1.5	66	256	0.9	9	0.26	0.15	4.8	1	52
가다랑어	127	70.3	25.9	1.8	0.3	0	1.7	15	282	1.8	12	0.21	0.17	15.3	1	34
방어(성어)	155	68.6	23.9	5.8	0.2	0	1.5	53	203	1.5	14	0.15	0.16	7.8	1	45
고등어	183	68.1	20.2	10.4	0	0	1.3	26	232	1.6	23	0.18	0.46	8.2	1	41
전갱이(생것)	133	72.6	20.7	4.8	0.1	0	1.8	24	208	0.9	6	0.14	0.20	5.3	1	43
새우(대하)	82	80.0	18.1	0.6	0.1	0	1.2	74	210	1.4	Ø	0.02	0.06	1.9	1	46
게(꽃게)	74	81.4	13.7	0.8	2.0	0	2.1	118	182	3.0	Ø	0.04	0.07	2.6	Ø	61
농어	96	78.5	18.2	1.9	0.2	0	1.2	58	196	1.5	36	0.18	0.13	3.1	1	48
갈치	149	72.7	18.5	7.5	0.1	0	1.2	46	191	1.0	20	0.13	0.11	2.3	1	33
명태	80	80.3	17.5	0.7	0	0	1.5	109	202	1.5	17	0.04	0.13	2.3	Ø	61
대구	80	80.5	17.6	0.5	0.2	0	1.2	64	197	0.6	23	0.12	0.16	2.4	1	54
삼치	137	73.6	18.9	6.1	Ø	0	1.4	24	214	0.8	9	0.08	0.29	8.9	1	36
상어(지느러미)	341	18.4	80.7	0	0	0	0.9	64	24	2.4	0	0	0	0.5	0	0
북어(까치복)	85	78.6	19.3	0.2	0.5	0	1.4	10	238	4.4	3	0.08	0.15	6.2	1	57
조기(참조기)	93	78.7	18.3	1.7	0	0	1.3	36	175	0.9	8	0.05	0.21	4.4	1	48
전어	107	75.7	19.2	2.7	0.2	0	2.2	141	311	1.2	0	0.02	0.29	6.1	0	48
메기	114	78.4	15.1	5.3	0.1	0	1.1	26	190	0.8	48	0.2	0.07	2.3	1	54
미꾸리	96	78.6	16.2	2.8	0.2	0	2.2	736	437	8.0	189	0.1	0.65	7.9	2	0
뱀장어	223	67.1	14.4	17.1	0.3	0	1.1	157	193	1.6	1050	0.66	0.48	4.5	1	14
칠성장어	259	60.0	21.0	18.0	0.3	0	0.7	9	117	18.0	7508	0.85	6.00	4.7	0	20
붕어	94	78.9	18.1	1.8	0.1	0	1.1	56	193	2.4	7	0.31	0.15	2.6	1	57
메기	114	78.4	15.1	5.3	0.1	0	1.1	26	190	0.8	48	0.2	0.07	0.3	1	54
은어(자연산)	114	77.0	16.7	4.5	0.2	0	1.6	31	276	1.3	27	0.12	0.15	3.1	2	44
잉어	113	76.9	17.5	4.0	0.3	0	1.3	50	225	1.4	11	0.35	0.12	3.3	1	52

－ : 수치가 애매하거나 측정되지 않음　　Ø : 식품성분함량이 미량존재　　( ): 타 분석 자료에서 인용

자료: 농촌진흥청 농촌자원개발연구소(2011), 식품성분표 제8차 개정.

3. 어패류의 구성성분

1) 일반성분

어패류의 일반 성분은 수분 66~81%, 지방 0.5~22%, 단백질 15~26%, 무기질 0.8~2% 정도이다. 일반적으로 성분 조성은 종류, 연령, 성별, 부위, 계절, 서식처 등에 따라 차이가 있다.

(1) 단백질

단백질은 수조육류와 같이 필수 아미노산의 모든 것을 함유하며 어류의 종류에 따른 구성 아미노산 조성에도 큰 차이는 없다. 섬유상 단백질인 미오신과 액틴, 구상 단백질인 미오겐, 그리고 결합 단백질인 콜라겐으로 구성된다. 섬유상 단백질이 70~75%로 많은 것이 특징이며 구상 단백질은 15~20%, 결합 단백질이 5~10% 정도이다. 미오신은 물에 잘 용해되지 않으나 2~6%의 소금물에 용해되고, 미오겐은 물이나 희석된 소금물에 용해된다. 육류에 비해 결합 단백질의 양이 적어서 육질이 연하며 더 낮은 온도에서도 젤라틴으로 바뀐다.

[표 11-3] 어육 단백질

종 류	근장단백질	근원 단백질	결합단백질
방 어	32	60~65	3
상 어	17	73	10
대 합	41	57	2
우 육	17	68	15

(2) 지방

지방의 함량은 생선의 맛에 가장 큰 영향을 미치는데 계절에 따라 변동이 있으며 생선의 산란기 직전이 가장 높아 맛은 좋아지나 불포화도가 높기 때문에 산화되기가 쉽다. 어류에는 육류에 비해 적은 양의 지방이 함유되어 있으나 DHA나 EPA 등의 ω-3지방산이 함유되어 있어 심장혈관계 질환을 감소시켜 주는 효과가 있다. 이러한 지방산은 참치, 고등어, 청어와 같은 등푸른 생선에 많이 함유되어 있다.

(3) 탄수화물

탄수화물의 함량은 1%로 낮은 편이나, 패류는 글리코겐 형태로 2~5% 정도 함유하고 있으며 계절에 따라 함량이 변한다.

굴, 전복 등 조개류가 단맛을 내는 것은 효소에 의해 글리코겐이 포도당으로 변하기 때문이다. 게, 새우 등의 껍질에는 다당류의 일종인 키틴과 키토산이 있다.

(4) 비타민 및 무기질

뼈째먹는 생선은 칼슘과 인, 그리고 패류는 철, 아연, 구리의 좋은 급원이 되며 해수어는 요오드의 훌륭한 급원으로 굴, 조개, 가재 등에서도 많은 양이 발견된다.

대부분의 어류는 비타민 B군의 좋은 급원이다. 그러나 날것에는 티아미나아제(thiaminase)라는 효소가 들어있어 티아민을 파괴시켜 흡수되지 못하게 하므로 생선회와 같이 날것으로 먹는 경우에는 티아민이 체내에서 이용될 수 없다. 그러나 가열하면 변성되어 불활성화된다.

2) 맛성분

어패류의 근육성분 중 유리 아미노산 및 저분자 질소화합물, 핵산물질, 유기산 등의 추출물은 맛성분으로 중요하다. 어패류의 종류에 따라 추출물의 종류와 함량에 큰 차이가 있는데 어류는 2~5%, 연체류는 5~7%, 갑각류는 10~12% 함유되어 있다. 유리 아미노산 중 생선의 감칠맛에 영향을 주는 아미노산은 글리신, 알라닌, 프롤린, 글루탐산 등이다. 이들 아미노산은 단백질을 구성하나 타우린, 오르니틴 등과 같이 단백질을 구성하지 않는 것들도 있다.

해수어에 있는 트리메틸아민 옥시드(trimethylamine oxide, TMAO)는 살아있는 생선 조직에 있으며 강한 단맛을 낸다. 베타인은 어패류의 대사물질이면서 상쾌한 단맛과 감칠맛을 내는 성분으로 새우나 오징어 같은 연체동물과 꽃게같은 갑각류에 많이 함유되어 있으며 패류 특유의 맛을 내는 원인 물질이다. 어류 중에 함유되어 있는 뉴클레오타이드들은 감칠맛과 관계가 있는 것으로 ATP, AMP, IMP 등이 있는데 이들 성분은 맛을 단독으로 내는 것보다 유리 아미노산 중 글루탐산과 섞이면 강력한 맛의 상승효과를 낸다.

조개류의 감칠맛은 호박산이 원인이며 글루탐산, 뉴클레오타이드와 섞이면 맛의 상승효과를 낼 수 있다. 갑각류와 두족류는 지방이 적고 글리코겐이 다량 함유되어 있으면서 호박산과 글리신, 알라닌, 프롤린 등의 유리 아미노산에 의해 특유의 맛을 낸다.

3) 냄새성분

어패류는 트리메틸아민 옥시드(trimethylamine oxide, TMAO)을 함유하고 있는데 이는 단맛이 있으며 신선한 생선의 냄새성분이 된다. 그러나 시간이 경과함에 따라 세균의 번식이나 효소의 작용으로 아미노산 또는 여러 가지 성분들이 분해되어 비린내를 나게 한다. 비린내의 성분은 주로 트리메틸아민(trimethylamine, TMA)이며 이 외에도 아미노산이 분해되어 아민류, 탄산가스, 유기산, 지방산, 암모니아 등을 생성하는데 이들은 자극적이고 매운맛과 부패취의 원인이 되며 유독성 아민류를 생성한다.

해수어의 비린내는 주로 TMA, δ-aminovaleric acid, δ-aminovaleral이 혼합되어 있고, 담수어의 비린내는 주로 piperidine, acetaldehyde, methylmercaptane 등의 축합에 의한 것이다. 어류의 지방도 불포화 지방산이 대부분이어서 불안정하기 때문에 저분자 화합물이 되어 악취를 내는 원인이 된다.

TMAO　　　　TMA

[그림 11-3] 어류의 냄새 성분

4) 색소

붉은살 생선은 생선의 근육에 미오글로빈(myoglobin)이 0.5% 정도 함유되어 있기 때문이고 흰살 생선에는 미오글로빈이 거의 없다. 연어는 주황색의 색소를 가지고 있는데 이는 미오글로빈 때문이 아니고 카로티노이드(carotenoid) 색소인 아스타잔신(astaxanthin)으로 물에 녹지 않는 지용성 색소로서 연어를 조리하여도 색의 변화는 거의 없다. 갑각류의 껍질은 회색을 띠고 있는데 가열하면 붉은색으로 변한다. 이는 단백질과 결합되어 있던 아스타잔신이 열에 의해 적색의 아스타신(astacin)으로 분해되기 때문이다.

싱싱한 오징어나 낙지 표면에 존재하는 갈색의 색소포의 성분은 오모크롬(ommochrome)이고 어피의 흑색이나 먹물은 멜라닌(melanin)색소 때문이다.

갈치의 껍질은 구아닌(guanine)과 요산이 섞인 침전물이 빛을 반사하여 은색을 띤다.

4. 어패류의 사후경직과 숙성 및 부패

어패류도 수조육류와 같이 잡은 후 일정한 시간이 지나면 근육이 단단해지면서 경직상태가 된다. 어패류의 근육은 사후경직, 자기소화 과정과 초기부패 과정이 거의 동시에 일어나므로 사후경직 상태에서 조리해야 한다. 어류는 10분이 지나면 경직이 시작되는데 붉은살 생선은 흰살 생선에 비해 경직이 빨리 시작되고 지속시간도 짧다. 경직 중에는 육류와 마찬가지로 pH가 저하되는데 붉은살 생선은 pH 5.6~5.8, 흰살 생선은 pH 6.0~6.2이다. 육류와는 달리 근원섬유의 길이가 짧아 질기지 않고 근육의 탄력이 있어서 사후경직 상태에서 오히려 식감이 좋다.

사후경직이 시작되어 얼마동안 지속되면 조직 중에 존재하는 각종 효소의 작용에 의하여 어육은 분해가 일어난다. 이것을 자기소화(autolysis)라고 하며 자기소화는 pH, 온도 등의 영향을 받는다. 어패류가 죽은 뒤 호흡이 정지되면 산소공급이 차단되어 어육 중의 글리코겐은 혐기적 해당작용에 의하여 젖산으로 분해되어 축적된다. 젖산의 축적으로 인한 어육의

pH 저하는 자기소화를 가져와 근육이 물러지게 되면서 맛이 향상되는 것이 아니라 오히려 저하되는 것이 보통이다. 따라서 어육에서는 자기소화를 가능한 한 일어나지 않도록 방지하는 것이 원칙이다.

어육의 자기소화는 부패균 생육에 필요한 영양분인 아미노산과 저분자 질소화합물들을 생성하므로 부패세균의 생장과 증식을 촉진시켜 어류 표피의 점질물, 아가미, 내장 등에 부착한다. 따라서 근육보다는 아가미, 내장 등의 변질속도가 빠르며 보통 근육보다 혈합육이, 흰살 생선보다 붉은살 생선이, 해수어보다는 담수어의 변질이 더욱 빠르다. 어패류가 육류보다 쉽게 부패되는 이유는 수분이 많고 지방이 적어 세균발육이 쉽기 때문이며 육류에 비하여 근섬유 단백질이 많고 결합조직이 적으므로 조직이 연약하여 세균침입이 쉽고 근섬유의 길이가 짧고 작으므로 사후경직과 숙성기간이 짧아서 조직의 연화가 더욱 빨리 일어나기 때문이다.

5. 어패류의 신선도 판정법

어패류의 신선도를 판정하는 방법은 관능적인 방법, 화학적인 방법, 물리적인 방법 및 세균수 검사법이 있는데 일반적으로 소비자가 구매할 때는 관능적인 방법으로 감별한다.

[표 11-4] 어류의 선도 관능판정법

특 성	신선한 생선	신선하지 않은 생선
표피	탄력이 있고, 특유의 색과 광택이 있다.	색과 광택이 흐리다.
비늘	윤택, 단단히 붙어 있다.	군데군데 떨어져 있다.
눈	맑고, 아름다우며 밖으로 튀어나온 듯하다.	혼탁하며 속으로 함몰하며 흐리다.
아가미	선홍색, 단단한 조직으로 되어 있다.	회녹색, 점착성, 부패취가 있다.
냄새	해수나 담수의 갯내음이 난다.	비린내, 악취가 난다.
복부	제 위치에 있고 탄력이 좋다.	항문에서 장의 내용물이 침출되어 있다.
근육	탄력, 투명감, 광택이 있으며 뼈와 껍질이 단단히 붙어 있다.	눌렀을 때 자국이 오래 남고 뼈에서 쉽게 분리된다.

1) 관능 검사법

어류의 신선도의 일반적인 검사항목은 표 9-4와 같다. 조개류는 항상 살아있는 상태로 구입해야 한다. 살아있는 것은 껍질이 꽉 닫혀있거나 또는 가볍게 탁탁 치거나 얼음으로 차게하면 닫힌다.

2) 화학적 검사법

① TMA(트리메틸아민, trimethylamine) 검사법

어류에 존재하는 TMA를 측정하는 것으로 1~5mg% 이상이면 초기부패 단계로 판정한다.

② 휘발성 염기질소 측정법

TMA나 암모니아로부터 생성되는 휘발성 염기질소를 측정하는 것으로 30mg% 이상이면 초기부패 단계로 판정한다.

③ ATP 분해 생성물 측정법

ATP 분해 생성물의 양을 측정하는 방법이다.

$$K = \frac{(\text{inosine}) + (\text{hypoxanthin})\text{양}}{(\text{ATP} + \text{ADP} + \text{AMP} + \text{IMP} + \text{inosine} + \text{hypoxanthin})\text{양}} \times 100$$

K값이 적을수록 신선한 것이며 30% 까지는 익히지 않고 먹는 한계점으로 한다.

3) 물리적인 방법

경도 측정법, 어체 압착즙의 점도 측정법, pH 측정법 등이 있다.

4) 세균수 검사법

어패류의 세균수를 측정하여 그 번식 정도에 따라서 선도 판정을 하는 방법이다. 1g의 근육 내에 세균수가 10^3 이하이면 신선하나 10^5~10^6이면 초기부패 상태로 판정한다.

6. 어패류의 조리

1) 어패류의 전처리

(1) 어류의 전처리

해수어 비린내의 원인물질인 TMA와 담수어의 비린내 성분인 피페리딘(piperidine)은 표피부분에 많으며 수용성이므로 표피, 아가미, 내장 순으로 손질하여 흐르는 물에 손으로 살살 문지르면서 씻는다. 물기를 제거하고 생선을 용도에 따라 자른 뒤에는 단백질인 미오겐이나 이노신산과 같은 맛성분이 유출되지 않도록 물로 씻지 않아야 한다.

(2) 어취의 제거방법

생선을 조리할 때 생선비린내를 제거하기 위하여 여러가지 방법을 이용한다. 비린내의 주요 원인물질인 트리메틸아민(TMA)을 제거하거나 약화시키는 방법이 있다.

[표 11-5] 어취제거 방법

방 법	효 과
생선 표피를 물로 씻음	수용성인 트리메틸아민을 제거
술 사용	생선 어취가 술의 알코올 성분과 같이 휘발하여 제거
무 사용	무의 머스타드 멀캅탄(mustard mercaptan)과 겨자유(mustard oil)가 어취를 억제하여 회나 조림, 찌개에 많이 사용
생강 사용	생강의 진저론(zingeron)과 쇼가올(shogaol)이 미뢰를 둔화시켜 어취를 약화하며 트리메틸아민을 변화시켜 어취 감소
우유에 담가둠	콜로이드용액인 우유가 비린내를 흡착하여 어취 제거
마늘, 파, 양파 첨가	황화아릴류의 황화합물을 함유하고 있어 어취 감소
간장, 된장, 고추장 사용	된장, 고추장의 콜로이드성이 어취성분을 흡착하여 어취 제거
레몬즙, 식초, 산 첨가	트리메틸아민과 결합하여 어취 감소, 음식에 향을 돋움
샐러리, 파슬리, 깻잎, 미나리, 쑥갓 사용	강한 향을 함유하고 있으므로 어취를 약화시킴
고추냉이(와사비), 고추, 후추, 겨자 사용	고추냉이의 알릴이소티오시아네이트(allyl isothiocyanate), 고추의 캡사이신(capsaicine), 후추의 채비신(chavicine), 겨자의 겨자유(mustard oil) 등의 매운맛이 미뢰를 마비시켜 어취 약화

① 물

생선의 비린내 성분인 트리메틸아민은 생선의 표면에 점액질 중에 있고 수용성물질이므로 여러번 씻어주면 된다.

② 식초

식초나 레몬즙은 비린내를 제거할 뿐만 아니라 어육을 단단하게 하고, 식초에 절이면 오래 보관이 가능하면서 독특한 질감을 준다. 어육에 함유된 어취성분인 아민(amine)류는 산과 결합하면 약화되고 암모니아 냄새는 산과 결합하면 소멸된다.

③ 우유

생선을 우유에 담갔다가 조리하면 생선의 비린내가 약하게 된다. 이는 우유 중 콜로이드 상태로 분산되어 있는 단백질이 비린내 성분을 흡착하기 때문이다.

④ 장류

간장의 염분은 단백질 응고를 촉진하여 질감을 좋게 하며 비린내를 제거할 수 있고 된장이나 고추장은 독특한 향미와 맛을 가지고 있어서 비린내 억제효과가 크다.

⑤ 술이나 미림

술에 함유되어 있는 호박산(sucinic acid)은 어취를 제거하고 생선의 맛을 향상시키며 알코올은 조리과정에서 휘발될 때 어취성분과 함께 휘발되므로 어취 제거가 가능하다. 백포도주는 고온에서 생선을 구울 때 넣어주면 비린내를 없앨 수 있고 정종이나 미림은 비린내를 제거할 뿐만 아니라 생선조림을 윤기나게 해 준다.

⑥ 향신료와 방향채소

마늘, 양파, 파 등은 황화합물을 함유하고 있어서 비린내를 감소시키고 생강은 미뢰를 둔화시켜 맛을 느끼지 못하게 하는 동시에 트리메틸아민을 변화시켜 비린내를 감소시킨다. 고추, 후추, 고추냉이, 겨자도 미뢰를 둔화시켜 생선냄새를 약화시킨다. 그 외 피망, 샐러리, 무, 파슬리 등도 함황물질로 인해 생선냄새를 약화시키는 효과가 있다.

(3) 패류의 전처리

조개류는 껍질을 깨끗이 씻은 다음 주위를 어둡게 하여 바닷물의 염도인 2~3%의 소금물에 담가두면 스스로 해감하는데, 이때 소금의 농도가 더 높으면 오히려 조개가 탈수되어 질기고 맛이 없다. 재첩과 같은 민물조개는 맹물에 해감한다.

새우는 내장이 등쪽에 있으므로 등쪽 두 번째 마디 사이로 꼬지를 넣어 검은 실같은 내장을 빼낸다. 또한 새우는 가열하면 배를 구부리듯 둥글게 수축하는데, 이를 방지하기 위해 꼬챙이를 머리부터 꼬리쪽으로 끼우거나 배쪽에 잔칼집을 넣어 조리한다. 또 새우 튀김시에는 꼬리 가운데 삼각뿔처럼 뾰족한 물주머니를 제거하면 기름이 심하게 튀는 것을 방지할 수 있다.

2) 소금에 의한 변화

생선에 소금을 가하면 간을 맞추는 동시에 단백질을 변성시킨다. 소금에 의한 변화는 소금의 농도에 따라 달라진다. 1% 이하의 저염도인 경우는 미오겐이 용출되지만 용액에 용출되는 단백질 양이 적어서 용액은 점도가 낮고 투명하다.

생선 소금구이에 2%의 소금을 사용하면 적당하게 간을 맞출 수 있다. 2~6% 정도의 중염도인 경우 단백질 중 염용성인 미오신과 액틴이 용액으로 용출되는 양이 증가하고 미오신과 액틴은 용출되면 액토미오신을 형성하므로 단백질의 수화력이 증가하여 점성이 있는 용액을 만든다. 이것은 생선묵의 제조에 이용된다. 10~15% 정도의 고염도인 경우는 단백질의 용

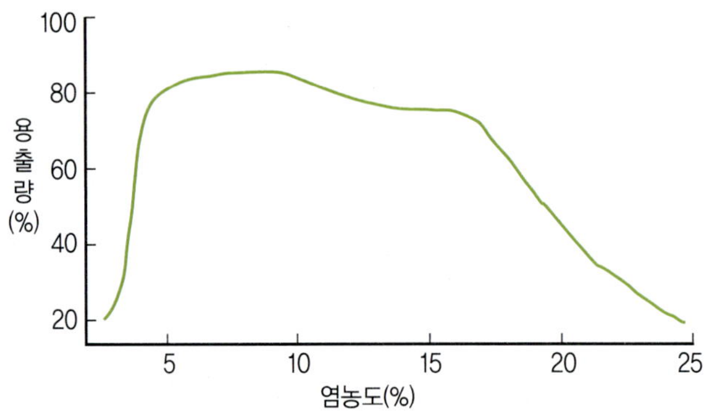

[그림 11-4] 소금농도에 따른 근육단백질 용출량

해도가 감소하고 과잉의 염이온은 단백질에 탈수제로 작용하여 육질이 단단해지고 육즙도 제거되며 효소도 변성되어 저장성이 향상된다. 고염도에 절였던 생선은 변성되어 물에 담가 염분을 제거하여도 날생선의 조직과는 차이가 나타난다.

3) 산에 의한 변화

생선에 식초를 첨가하면 산미가 가해지므로 맛을 돋구기도 하고 비린내를 감소시키기도 하며 단백질을 응고시켜 생선살이 단단하게 된다. 살아있는 어육의 pH는 7 부근이나 사후경직이 일어나면 pH는 급속히 저하하면서 pH가 5.5 부근으로 되면 근원섬유 단백질의 등전점과 거의 같게 되어 생선이 단단해지는 것이다.

4) 가열에 의한 변화

(1) 응고, 탈수

생선을 가열조리하면 근원섬유 단백질이 응고되고 보수력이 감소되며 육즙의 분리가 일어난다. 생선의 가열조리시 근원섬유 단백질은 40~50℃에서 응고하고 근형질 단백질은 62℃에서 응고하며 또한 수축이 일어나 탈수되어 중량이 감소한다. 가열에 의한 중량의 감소는 어패류의 종류에 따라 각각 다르나 일반적으로 어류는 15~20%, 연체류는 약 35~40%의 중량감소가 나타난다.

(2) 콜라겐(collagen)의 젤라틴(gellatin)화

생선을 가열하면 근절마다 분리되기 쉽게 되는데 이것은 근절을 접합하고 있던 콜라겐이 젤라틴화 되기 때문이다. 껍질과 근육섬유를 둘러싸고 있는 콜라겐을 물속에서 계속 가열하면 수용성인 젤라틴으로 변하여 용출되므로 가열된 생선살이 부서지기 쉽고 연하다. 소량의 국물로 생선조림을 할 경우 국물이 식으면 용출된 젤라틴이 겔화 되어 굳는다.

(3) 열응착성

어육을 프라이팬이나 석쇠에 가열할 경우 미오겐의 단백질 결합이 가열에 의해 끊어져서 펩타이드 결합이 풀어지고 분자 표면의 노출된 반응기가 금속이온과 반응하여 프라이팬이나 석쇠에 붙게 되는 열응착성이 생긴다. 이때 프라이팬이나 석쇠에 기름칠을 하여 기름막을 형성해 주거나 실리콘 프라이팬을 사용할 경우 열응착성이 방지된다.

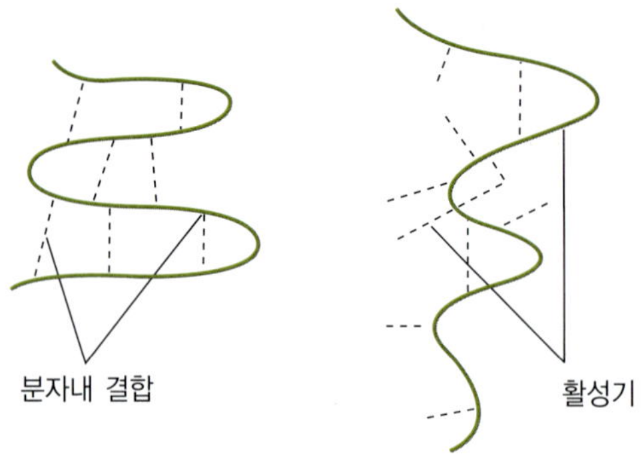

[그림 11-5] 열에 의한 활성기의 생성

(4) 껍질의 수축과 지방의 용출

생선을 껍질채로 가열하면 근섬유 단백질과 껍질을 이루는 콜라겐의 열응고 온도의 차이로 인하여 껍질 부위가 먼저 수축되어 모양이 구부러지거나 껍질이 찢어지는 수가 있다. 그러므로 생선을 통째로 조리할 경우 군데군데 칼집을 넣주어야 모양이 바로 잡혀서 보기 좋다.

오징어육도 가열에 의해 많이 수축되는데 몸통보다 몸길이 방향으로 더 많이 수축되는 원인도 몸길이 방향의 콜라겐이 더 수축하는 성질을 가지기 때문이다. 생선은 진피층 밑에 지방층이 있는데 가열에 의해 껍질이 수축하면 지방층의 조직이 흩어지고 열에 의해 지방이 용해되어 외부로 녹아 나와 생선의 맛을 돋우어 준다.

7. 어패류와 조리 방법

1) 조림

생선조림을 할 때는 살이 희고 담백한 생선에는 간장, 설탕, 파, 마늘, 생강 등을 넣어 조리고 붉은살 생선은 고추장이나 고춧가루를 넣어 조리면 좋다. 조림을 할 때는 반드시 양념장을 끓이다가 생선토막을 넣어서 표면이 먼저 응고되어야 살이 부서지지 않는다. 생선을 간장으로만 조리면 수분이 부족하여 간이 골고루 들지 않으므로 간장에 같은 양의 물을 합하여 양념장을 만들어 조린다.

북어와 같은 마른 생선은 충분히 미리 물에 불려서 토막내어 조림을 하도록 한다. 또한 약한 불에 오랫동안 조릴 경우에는 살이 부드러워서 부서지거나 공기와의 접촉으로 표면이 마르면서 주름이 생길 수 있으므로 반드시 뚜껑을 덮고 조리하여야 한다. 또 너무 오래 가열하면 단백질의 응고가 지나쳐서 근육의 수축이 강하게 되고 양념의 삼투압작용으로 어육에서 수분이 빠져나와 조직도 굳어지고 맛도 떨어진다.

2) 찌개

찌개나 탕의 재료는 가능한 한 신선한 재료를 사용하며 건더기는 국물의 2/3 정도가 좋다. 된장찌개에는 조갯살과 같은 패류가 잘 어울리고 고추장찌개에는 명태, 민어, 대구, 복어 등이 좋으며 새우젓으로 간을 맞추는 젓국찌개에는 대구, 조기, 굴, 새우, 명란젓 등이 잘 어울린다.

생선의 양이 많을 때는 한꺼번에 넣으면 찌개국물의 온도가 내려가 비린내가 나므로 여러 번에 나누어 반드시 국물이 끓을 때 넣도록 한다.

3) 구이

고온에서 열처리 하므로 맛성분이 용출되어 나오지 않고 단백질의 응고, 수분의 감소, 지방의 용해 등 성분의 변화와 함께 조미료의 성분이나 연기 등에 반응하여 생선구이의 독특한 맛이 생성된다. 생선구이에는 석쇠를 사용하거나 쇠꼬치에 끼워서 직접 굽는 직화구이와 오븐이나 프라이팬에 굽는 간접구이가 있다.

단백질은 금속과 접촉된 채로 가열하면 금속에 달라붙는 성질이 있어 생선을 석쇠에 구우면 달라붙어 살이 부서지기 쉬우므로 석쇠에 기름을 발라 뜨겁게 한 후에 생선을 올려 굽는 것이 좋다. 이는 기름이 석쇠와 생선과의 사이에 막을 형성하므로 달라붙지 않게 되기 때문이다.

생선을 구울 때 소금을 뿌려주면 단백질의 응고를 촉진하여 표면이 먼저 응고되어 구워지므로 속에서 맛있는 성분이 밖으로 흘러나오는 것이 방지된다. 생선에 뿌리는 소금의 적당한 양은 재료 무게의 2%이다. 그러나 소금을 뿌려 오래 두면 식품 속의 수분이 빠져 나오면서 맛있는 성분도 용출되므로 소금을 뿌린 뒤 너무 오래 두지 말고 빨리 굽는 것이 좋다.

4) 전

전에 사용하는 생선은 비린내가 적은 흰살 생선을 이용한다. 대구, 명태, 가자미 등을 얇게 포를 뜬 뒤 소금과 후춧가루를 뿌려 간이 배이게 한 후 밀가루를 입히고 달걀을 입혀 기름을 두른 프라이팬에서 약한 불에 지져낸다. 지질 때 자주 뒤집으면 생선살이 부서지므로 주의해야 한다.

5) 튀김

튀김은 기름을 달구어 단시간 가열하므로 식품 특유의 맛이나 색의 형태를 그대로 유지하므로 생선의 향미가 잘 유지된다. 새우나 굴 또는 지방이 적은 담백한 생선을 이용한다.

6) 생선회

생선회는 신선한 생선을 얇게 편으로 떠서 생것으로 먹는 생회와 끓는 물에 살짝 데치거나 끓는 물을 생선에 끼얹어서 먹는 숙회가 있다. 이 때에는 초고추장이나 고추냉이 등과 함께 먹는다. 회를 먹을 때 레몬을 곁들이면 살이 단단해지는 식감을 느낄수 있으나 오래 뿌려 놓으면 단백질이 변성되어 조직이 변화되므로 먹기 직전에 뿌리는 것이 좋다.

위생적으로 취급하지 않으면 기생충에 감염의 위험이 있는 담수어나 강의 하류 가까이 서식하는 물고기는 피하는 것이 좋고 가능한한 먹기 직전에 손질해야 한다. 어류와 조직이 다른 오징어 숙회를 할 때는 단시간에 조리하며 수축이 되는 방향을 고려하여야 한다. 예를 들면 오징어의 모양을 솔방울 모양으로 완전히 둥글게 만들려면 오징어의 내장쪽에 칼집을 넣어야 하고 약간 둥글게 만들려면 껍질쪽에 칼집을 넣어야 한다.

7) 수산발효식품

수산발효식품은 크게 젓갈, 젓국, 식해로 나눈다.

(1) 젓갈

생선전체, 껍데기를 제거한 조갯살, 껍질을 제거하지 않은 새우 등을 염장하는 조리법이다. 주로 수산물을 20% 내외의 소금과 버무려 토기항아리와 같은 광선이 차단되는 용기에 채워 넣고 윗부분을 2~3cm 두께의 소금을 덮은 다음 공기가 차단되는 뚜껑을 덮어 2~3개월 상온에서 저장한다. 내염성 세균과 효소의 작용으로 생선 비린내가 없어지면서 아미노산 발효로 구수한 맛을 낸다. 이것에 양념을 하여 조미젓갈로 만들어 먹기도 한다.

(2) 젓국

젓갈을 6~12개월 상온에서 발효시켜 육질이 모두 분해되도록 한 후 저어서 마쇄하고 체에 거른 후 끓여 살균하면 된다.

(3) 식해

생선에 6~8%의 소금을 가해 하룻밤 절인 후 미리 삶아서 식힌 조밥이나 쌀밥에 고춧가루, 마늘 등과 합쳐 2~3일간 삭혀 조리한 것이다. 발효 2주 후에는 단백질의 분해로 구수한 맛과 유기산 생성으로 신맛도 발생한다. 뼈도 연해져서 뼈째 먹을 수 있게 된다.

8) 가공품

생선은 육류에 비해 저장하기가 까다롭고 상하기가 쉽기 때문에 가공품이 많이 이용된다. 수리미(surimi)라고 불리는 다진 생선육은 기계로 발라낸 생선의 살코기를 세척한 후 저장기간을 늘리기 위해서 냉동변성 방지제를 섞어 얼린 다음 게맛살, 새우맛살, 가마보꼬(kamabako) 등을 가공할때 원료육으로 이용한다. 이는 주로 명태로 만들지만 고등어류와 같은 생선으로도 만들어진다.

12

난류

제12장 난 류

달걀은 영양적으로 우수한 양질의 단백질 급원식품이며 각종 비타민과 무기질을 골고루 함유한 완전식품이라고 알려져 있다. 식생활에서 이용하는 알의 종류는 달걀, 메추리알, 오리알 등이 있지만 주로 달걀을 가장 많이 이용하고 있다.

1. 달걀의 구조

달걀의 모양은 타원형이나 한쪽은 뾰족하고 한쪽은 약간 넓적하다. 외부에 단단한 껍질이 있고 그 안에 두 겹의 속껍질이 있다. 그리고 그 안에 난백이 있고 중심부에 난황이 알끈(chalaza)에 의하여 고정되어 있는데 난백이 56%, 난황이 32%, 껍질이 12%로 가식부는 약 88%를 차지한다.

1) 난각 및 난각막

달걀껍질은 두께가 약 0.3㎜의 다공질로서 약 94%의 탄산칼슘으로 구성되어 있으며 기공을 통하여 수분의 증발, 탄산가스의 배출, 세균의 침입이 일어난다. 신선한 달걀의 표면은 큐티클(cuticle)이라고 불리는 얇은 물질로 덮여 있어 꺼끌꺼끌하나 물로 씻거나 마찰에 의해서 벗겨진다.

달걀껍질 내부에는 두 겹의 속껍질, 즉 난각막이 존재하는데 이 막들은 주로 케라틴(keratin)과 뮤신(mucin)이라는 단백질로 형성되어 있다.

두 겹의 내외 난각막은 박테리아가 달걀 내부로 침투하는 것을 막고 달걀 내용물을 보호한다. 외난각막은 겉껍질에 단단하게 부착되어 있는데 시간이 경과하면서 달걀 내용물이 냉각수축하면서 공기와 수증기로 채워지게 된다. 그래서 달걀의 둥근부분 끝쪽에 두 층의 껍질막이 떨어져 공간을 만들게 되는데 이 부분을 기실(air cell)이라고 한다. 기실은 산란 직후에는 잘 형성되지 않으나 시일이 경과함에 따라 기실이 증대하므로 기실의 크기는 달걀의 신선도 감정에 이용된다.

2) 난백

난백은 난황 주위에 있는 반투명하고 점도가 높은 액체로서 약 88%의 수분을 포함하고 있는데 수분을 제외한 주성분은 단백질이며 소량의 당질, 지질, 회분을 함유하고 있다. 난백은 단단한 껍질과 난황 사이에 존재하여 외부로부터의 기계적 진동이나 습도의 변화를 배아가 받지 않도록 보호하는 역할을 하며, 알부민이라고도 한다.

난백은 점도가 낮은 수양난백과 점도가 높은 농후난백으로 구성되어 있다. 농후난백과 수양난백은 성분의 차이는 없고 단백질의 구조가 다를 뿐인데 수양난백에서는 단백질이 섬유상으로 존재하고 농후난백에서는 특수한 망상구조를 형성하고 있다.

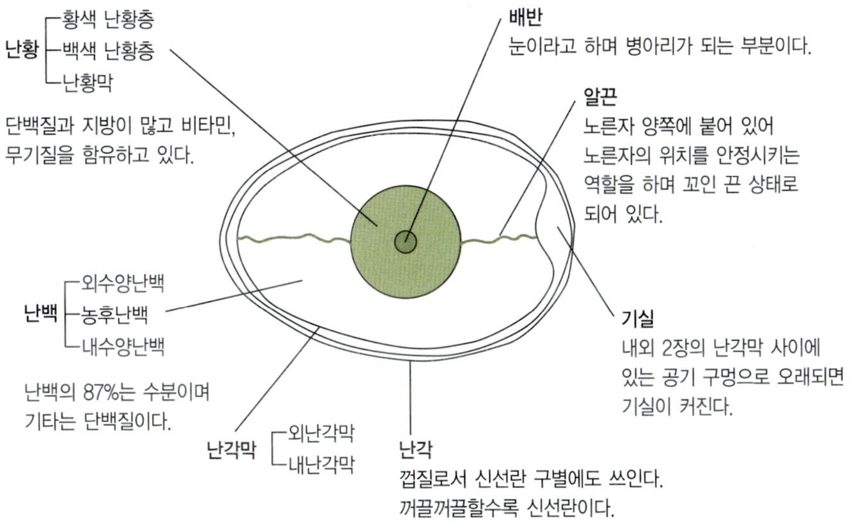

[그림 12-1] 달걀의 구조

난백이 유탁상태로 불투명한 것은 난백 중에 탄산가스가 용해되어 pH가 낮아졌기 때문인데 pH가 상승하면 담황색은 투명하게 된다.

달걀은 신선하고 품질이 좋을수록 농후난백이 많으며 오래될수록 난백이 묽어진다. 또 난백의 일부에는 알끈이 있어서 난황을 달걀의 중심에 고정시키는 역할을 하고 있다. 알끈은 나선상의 구조를 하고 있는 달걀 난백의 변성물인데 알끈이 단단한 것은 신선한 달걀의 지표가 된다.

3) 난황

난황은 달걀의 약 36%를 차지하는데 약 50%가 수분을 포함하고 고형분 중 지질이 2/3, 단백질은 1/3을 차지한다. 난황을 현미경으로 관찰하면 소량의 '알갱이(granule)' 라고 불리는 비교적 큰 둥근 물체와 수없이 많은 '미립자(micelle)' 라는 작은 물체를 볼 수 있다.

삶은 달걀의 난황이 부스러지기 쉬운 것은 난황이 구상의 알갱이 혹은 미립자로 구성되어 있기 때문이다. 난황은 탄력성 있는 비텔린 막(vitelline membrane)에 의해 둘러싸여 있다. 난황은 중심부에 색이 엷은 난황이 있고 그 외부를 색이 진한 난황이 둘러싸고 있다. 신선한 달걀은 중앙에 위치하고 양 끝은 난백의 일부인 꼬여진 알끈에 매달려 난황이 자유로이 회전되고 달걀이 움직여도 난황의 위치를 안정하게 유지하도록 되어 있다. 난황의 황색은 카로티노이드 색소의 일종인 루테인(lutein)과 제아크산틴(zeaxanthin)이 대부분이다. 난황색의 진하고 엷은 정도는 주로 사료에 존재하는 색의 양과 종류에 따라 달라진다.

2. 달걀의 성분

난백은 약 88% 정도가 수분이고 약 10%가 단백질로 이루어져 있으며 난황은 약 52%가 수분이고 그 밖에 지질과 단백질로 구성되어 있다.

달걀의 단백질은 단백가가 100인 영양가 높은 완전단백질로 필수아미노산과 메티오닌, 시스틴 같은 함황아미노산의 함량이 높다.

난백 단백질은 오브알부민(ovalbumin)이 약 59%를 차지하며, 콘알부민(conalbumin)이 약 14%, 오보뮤코이드(ovomucoid)가 약 12%, 오보글로불린(ovoglobulin)이 약 8%, 그 밖에 오보뮤신(ovomucin), 아비딘(avidin),

[표 12-1] 달걀의 일반 성분(가식부 100g 중)

식품명	열량 (kcal)	수분 (%)	단백질 (g)	지질 (g)	탄수화물		무기질				비타민					폐기율 (%)
					당질 (g)	섬유소 (g)	회분 (mg)	칼슘 (mg)	인 (mg)	철 (mg)	A (RE)	B_1 (mg)	B_2 (mg)	니아신 (mg)	C (mg)	
달걀	139	76	11.4	8.2	3.3	0	1.0	52	185	1.7	87	0.21	0.69	0.6	0	13
난황	353	51.4	15.3	29.8	1.8	0	1.7	139	530	5.4	463	0.22	0.44	0.1	0	0
난백	49	87.7	9.8	0	1.8	0	0.7	3	13	0.3	0	0.02	0.44	0.6	0	0

－ : 표시는 수치가 애매하거나 측정되지 않음 Ø : 식품성분함량이 미량존재

자료: 농촌진흥청 농촌자원개발연구소(2011), 식품성분표 제8차 개정.

라이소자임(lysozyme)이 나머지를 차지하고 있다.

난황에는 고형분 중 단백질이 약 33%, 지질이 약 63%를 차지하며 인단백질인 비텔린(vitellin), 비텔레닌(vitellenin)에 지질이 결합한 형태인

리포비텔린(lipovitellin), 리포비텔레닌(lipovitellenin)과 수용성 단백질인 리베틴(livetin)과 인단백질인 포스비틴(phosvitin)으로 구성되어 있다.

난황에 포함된 지질의 약 33%가 인지질이며 그 중 레시틴(lecithin)이 58%, 세파린(cephalin)이 42%를 차지한다. 인지질은 유화성이 매우 크고 난황의 지질은 소화율이 98%에 달한다고 한다.

달걀에는 각종 무기질이 고루 함유되어 있으며 특히 인(P)과 황(S)이 풍부하고 철(Fe)의 우수한 급원이다. 난황 중에 존재하는 철은 소화, 흡수되기 쉬워 거의 100%가 이용되고 있다. 난황에는 수용성인 비타민 B군과 지용성인 비타민 A, D, E, K가 존재하고 난백에도 비타민 B군이 함유되어 있다.

[표 12-2] 난백단백질의 종류 및 특성

종 류	특 성
오브알부민 (ovalbumin)	전체 단백질의 2/3를 차지하는 당단백질로서 약 65℃의 열에 의해 쉽게 응고한다.
콘알부민 (conalbumin)	전체 단백질의 약 10%를 차지하고 철, 구리와 결합력이 강하다. 약 55~60℃의 열에 응고하며 난백 단백질 중 가장 불안정한 단백질로 변성되면 기포성이 약화된다.
오보뮤코이드 (ovomucoid)	단백질의 분해효소인 트립신의 활성을 방해하는 트립신 저해작용이 있다. 열에 의해 응고하지 않는다. 난백의 기포성 인자가 된다.
오보뮤신 (ovomucin)	물에 잘 녹지 않고 농후단백의 텍스쳐에 관여하는 당단백질로 라이소자임(lysozyme)과 함께 난백의 골격을 이룬다. 난백의 기포성과 관계가 있어 거품을 안정화시키는 역할이 있다.
오보글로불린 (ovoglobulin)	약 65℃에서 응고하며 거품형성에 중요한 역할을 한다.
라이소자임 (lysozyme)	ovoglobulin G_1을 라이소자임이라 부른다. 세균의 용균작용이 있어 달걀의 신선도를 유지시켜준다. 오보뮤신과 함께 난백에서 망상구조를 형성한다.
아비딘 (avidin)	비오틴과 결합하여 비오틴의 활성을 감소시킨다. 가열에 의해 결합이 약해지고 아비딘은 불활성화된다.

3. 달걀의 신선도 판정법

1) 투시검사법

어두운 방에서 검란기를 사용하여 알을 깨지 않고 내용 검사를 실시하는 방법이다.

기실의 크기, 난백의 유동상태, 난황의 위치 등으로 신선란을 판정한다.

2) 할란검사법

알을 깨어 직접 난백과 난황의 상태를 판정하는 것이다. 알을 깨어 평면상에 놓고 난백계수와 난황계수를 구해서 신선란을 판정한다. 난황계수는 난황이 얼마나 넓게 퍼졌는가의 정도를 판정하는 것으로 난황의 높이를 난황의 지름으로 나눈 값이다.

신선한 달걀의 난황계수는 0.44~0.36이지만 오래될수록 난황계수가 작아진다. 난황계수가 0.25 이하인 것은 달걀을 깨뜨릴 때 난황막이 터지기 쉬우므로 주의해야 한다. 난백계수는 난백의 높이를 난백의 지름으로 나눈 값으로 신선한 달걀의 경우 0.14~0.17 정도를 나타낸다.

3) 간이검사법

(1) 외관법

신선한 것은 표면이 까칠까칠하면서 광택이 없고 오래된 것은 껍질이 반들반들하며 광택이 있다.

(2) 진음법

달걀을 통째로 흔들어 보면 신선한 것은 내용물이 꽉차 있어서 소리가 나지 않으나 오래된 것은 난황막이 얇아지고 수분이 증발되어 내용물이 감소되어 출렁거리는 진동음을 낸다.

(3) 설감법

신선한 것은 기실이 있는 쪽에 혀를 대면 따뜻한 감촉이 있다.

(4) 비중법

신선한 달걀은 비중이 1.08~1.09이며 신선도가 저하됨에 따라 비중이 감소되므로 10%의 소금물에 담가서 위로 뜨는 것은 아주 오래된 달걀이거나 부패된 달걀이다.

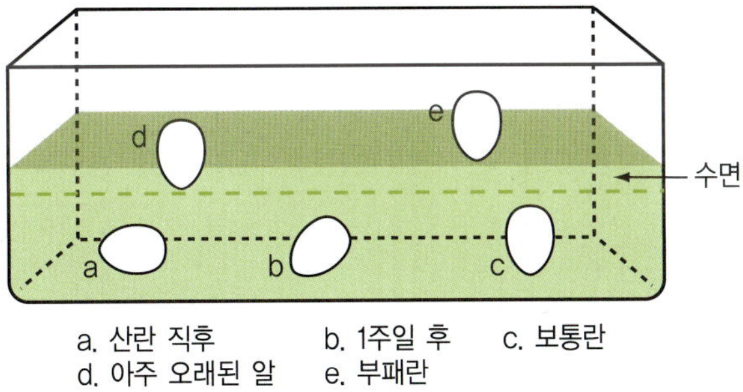

[그림 12-2] 비중에 의한 달걀의 선도판정

4) 호우단위(Haugh unit)

달걀의 무게와 농후난백의 높이와의 관계를 수치상으로 계산하여 달걀의 선도를 판단하는 방법이다.

$$HU = 100 \log(H - 1.7 W^{0.37} + 7.6)$$

H : 농후난백의 높이(mm)
W : 달걀의 무게(g)

신선한 달걀의 HU는 85 이상이어야 하며 시간이 경과됨에 따라 HU 값은 낮아진다.

4. 달걀의 저장 중 변화

달걀은 산란 직후 무균상태에 가깝고 미생물의 침입이나 증식에 대한 자연의 저항력을 지니고 있다. 그러나 시간이 경과함에 따라 달걀은 다양한 변화를 나타내게 된다.

달걀은 저장 중에 난각의 기공을 통하여 수분이 증발되기 때문에 무게가 감소하고 기실의 크기는 점차 증가된다. 또한 난백에 기체상태로 녹아 있던 탄산가스가 증발해 버리면 pH가 현저하게 상승한다. 산란 직후에는 난백의 pH가 7.3~7.5였으나 시간이 경과함에 따라 난백의 pH는 알칼리화 된다. 난황은 농도가 높아 난백의 수분이 난황으로 이동하는 현상도 나타난다. 따라서 난황막이 약화되고 난황의 크기가 증가하여 달걀을 깨뜨릴 때 난황이 터지기 쉽게 된다.

달걀의 저장기간이 길어지면 농후난백이 수양난백으로 변화되는데 농후난백 중에 함유된 당단백질 오보뮤신(ovomucin)에 존재하는 디설파이드결합(-S-S-)이 감소되어 오보뮤신 분자가 파괴됨으로써 점성이 감소되기 때문이다.

5. 달걀의 조리

1) 열 응고성

달걀은 상온에서 액체인데 고온이 됨에 따라 반숙 상태를 거쳐 완숙이 될 때까지 여러 가지 상태로 변성, 응고하는데 달걀을 조리할 때 가장 잘 이용되는 성질이다.

달걀이 열에 의하여 응고되는 현상은 주로 달걀을 구성하고 있는 단백질의 변성에 의해 일어나는 현상인데 열에너지에 의하여 단백질 분자 내에서 폴리펩타이드(polypeptide)사슬의 재배열이 일어나기 때문이다.

생달걀 단백질의 분자는 폴리펩타이드사슬로 구성되어 있는데 이 사슬들은 S-S결합, 수소결합, 이온결합 등에 의하여 단단하게 고정되어 있고 전체는 원모양이다. 달걀 단백질을 표면에 물이 흡착되어 있는 상태에서 가열하면 결합이 끊어져서 직선형으로 펴지고 다음 단계로 다른 폴리펩타이드사슬들과 결합되어 교차결합(cross linkage)이 생겨서 큰 덩어리가 되어 더 단단해진다. 달걀의 응고성은 여러가지 요인에 의해 영향을 받는다.

(1) 달걀의 농도

난백은 60℃ 부근에서 응고를 시작하여 65℃에서 완전히 응고하며, 난황은 65℃ 부근에서 응고를 시작하여 70℃에서 완전히 응고된다.

난백이 난황보다 낮은 온도에서 응고하는 이유는 구성되어 있는 단백질 조성에 차이가 있기 때문이며 난백의 수분함량이 난황보다 높아 열전달력이 우수하기 때문이다. 온도가 80℃ 이상으로 상승하면 단단하게 응고된다. 달걀을 물로 희석하면 응고성이 감소하여 응고온도는 높아지고 질감은 부드러워진다. 예를 들면 달걀농도 50%일때는 74℃ 부근에서 응고하지만 달걀농도가 20%일때는 78℃ 부근에 응고한다.

[표 12-3] 농도에 따른 달걀찜의 응고온도

달걀의 농도	응고온도
20%	78℃
30~40%	76℃
50%	74℃

(2) 가열시간과 온도

달걀의 응고 속도는 온도가 높을수록 증가하는데 고온에서 가열할수록 보다 단단하고 질겨지고 기공이 생기기 쉬우나 응고하는데 걸리는 시간은 단축된다.

저온에서 서서히 가열하면 부드럽고 연하지만 응고에 소요되는 시간은 길어진다. 고온의 기름 철판이나 펄펄 끓는 물에서와 같은 높은 온도에서 달걀을 익히면 응고물은 고무같이 딱딱해지고 심하게 수축이 된다. 달걀을 단시간 80℃ 이상을 유지시키면 난백은 응고해도 중심부에 있는 난황은 시간이 짧아서 응고하지 않는 반숙란이 된다. 또한 반숙란은 끓여서 내려놓은 물에 3~4분간 두어도 만들 수 있다.

달걀을 완숙시키려면 98~100℃에서 12분, 85~90℃에서 25~35분, 70℃에서 90분이 필요하다.

[표 12-4] 달걀의 응고온도와 가열시간

응고온도(℃)	시간(분)
98~100	12
85~90	25~35
70	90

(3) 첨가물

① 산

산이나 산성식품을 같이 넣었을 때는 응고온도가 낮아지는데 이는 달걀 단백질이 등전점 부근에서 열 응고성이 최대로 되기 때문이다. 난백의 단백질인 오브알부민의 등전점이 pH 4.8이므로 수란을 만들때 식초를 넣으면 응고가 촉진되어 흐트러지지 않으며 모양이 좋아진다.

② 염

염이 존재하면 열 응고성은 증가된다. 소금은 물속에서 해리되어 반대의 이온을 흡착하여 전기적으로 중화시켜 응고를 쉽게 해주고 응고 온도도 저하시켜 준다. 달걀찜을 할 때 소금을 첨가하면 저온에서도 응고가 잘 일어나고 커스터드 혼합물에 우유를 넣으면 우유 중의 칼슘 이온에 의해 응고가 촉진되어 단단한 겔이 형성된다. 양이온가가 높을수록 응고가 잘되게 한다.

③ 설탕

설탕을 넣으면 연화작용 때문에 열 응고를 지연시키므로 응고온도는 올라간다. 설탕의 첨가량에 비례하여 응고온도가 높아지며 형성된 응고물을 연하고 기공이 적어 부드럽게 만들어준다.

2) 기포성

난백을 거품기로 교반하면 공기가 액체 속으로 들어가 기포가 형성된다. 난백 단백질이 교반에 의해 폴리펩타이드 결합내의 교차결합이 끊어지고 풀어지면서 변성이 일어나 얇은 막이 형성되어 공기를 함유하게 된다. 기포는 분산된 콜로이드의 일종인데 난백을 거품기로 계속 저으면 거품막은 두꺼워지면서 경화되어 거품이 안정된다. 그러나 지나치게 교반하면 너무 많은 공기를 함유하게 되어 단백질막이 얇아지고 신축성이 떨어지면서 불안정해서 이액현상이 일어난다.

난백의 기포성은 기포가 생기기 쉬운 정도인 기포형성력과 형성된 기포가 유지되는 기포안정성으로 나눌 수 있으며 기포형성력과 안정성 모두를 갖추어야 좋은 기포성을 지녔다고 한다. 이와 같은 성질은 스폰지케이크나 엔젤케이크, 머랭에서와 같이 여러 가지 식품을 팽창시키거나 음식의 질감에 변화를 주는데 널리 이용되고 있다.

난백의 기포 형성에 영향을 주는 요인은 다음과 같다.

(1) 달걀의 신선도

난백의 기포성은 난백의 점도가 농후한 것보다 묽은 것이 더 좋으며 거품의 양도 많이 형성된다. 그러므로 신선한 달걀보다 저장한 달걀이 수양난백이 많으므로 기포성이 좋다. 그러나 농후난백은 거품이 생성되기는 어려우나 일단 거품이 생성되고 나면 안정성은 더 높아진다.

(2) 온도

봄과 가을에 산란한 달걀이 여름에 산란한 것보다 기포성이 좋고 양도 훨씬 더 많이 생긴다. 30℃ 전후에서 기포성이 좋으므로 냉장고의 달걀은 밖에 내 놓아 실온으로 온도를 높인 후 사용한다. 온도가 높아지면 표면장력이 낮아지고 점도가 떨어지기 때문에 기포력은 증진된다.

(3) 교반기의 종류

난백 단백질을 끊어주어 기포를 생성시키기 위해서 교반기가 사용되며 수동교반기, 전동교반기의 2가지 종류가 있는데 회전속도가 빠른 전동식이 같은 시간에서의 기포력이 크다.

교반기의 종류와 칼날의 상태는 기포의 크기 형성에 영향을 주는 조건이 된다. 칼날의 면적이 좁거나 가는 것이 굵은 것보다 공기방울을 미세하게 만들어주어 고운 기포가 된다. 손으로 교반기를 사용하여 기포를 생성시키면 부피는 크게 일지만 약간 묽어진다. 전기로 교반기를 돌려 기포를 만들면 부피는 약간 작지만 수동교반보다 기포가 더 많이 일어난다. 농후난백이 많은 신선한 달걀은 전동교반기를 사용할 경우 힘이 강하기 때문에 쉽게 기포를 만들 수 있으며 안정성도 높다.

(4) 용기

그릇은 거품이 일어날 경우를 위하여 충분히 커야 한다. 난백의 거품을 낼때 사용하는 용기에 따라 거품의 양이 달라진다. 난백의 거품을 내는 용기로는 밑면이 편편한 것보다 좁고 둥글며 윗부분이 넓은 용기가 적합하다.

(5) 첨가물

① 설탕

난백으로 기포를 낼 때 설탕을 첨가하면 기포의 안정성이 좋아지고 결이 곱고 미세하여 이액현상이 감소한다. 그러나 설탕을 너무 일찍 넣으면 난백의 수분이 설탕을 용해하는데 사용되어 기포형성을 방해한다. 설탕을 첨가하면 기포형성 시간이 2배 이상 걸리므로 먼저 난백을 교반하여 기포를 형성시킨 후에 서서히 첨가해야 부드럽고 광택이 있고 안정성도 높은 기포를 얻는데 효과적이다.

② 염

소금을 소량 첨가하면 단백질의 수화성을 높여 기포형성에 도움을 준다. 그러나 많이 첨가하면 탄력성이 저하되어 방해를 준다.

③ 식초

난백으로 기포를 낼 때 레몬즙이나 주석산을 첨가하면 pH가 낮아져 난백 단백질의 등전점과 가까워지고 표면장력과 점도가 저하되어 난백의 기포형성력은 향상되고, 과량 첨가되면 응고가 일어나 기포형성력이 오히려 나빠진다.

④ 지방

지방은 기포형성을 저하시킨다. 기포를 내기 전에 기름이 섞여 있으면 기포가 잘 만들어지지 않는다. 스폰지 케이크를 만들 때 설탕을 첨가한 안정된 난백 기포를 함유한 반죽에 소량의 유지를 가하여 수분증발을 억제하면 케이크가 촉촉하게 된다.

⑤ 물

난백에 전체 양의 40% 정도의 물을 첨가하면 기포의 용적은 증가하지만 안정성은 떨어진다.

3) 유화성

난황은 자연적으로 유화상태로 있으므로 각종 조리의 유화제로 이용된다. 마요네즈 제조시 유화제로서 난황을 흔히 사용하는 이유는 난황 중 리포프로테인(lipoprotein)이나 레시틴(lecithin)의 단백질이 분자 중에 소수기와 친수기를 함께 가지고 있기 때문에 기름과 물로 형성된 유화액을 안정시킨다. 난백 역시 유화력이 있으나 난황의 약 1/4 정도이다.

전란으로 마요네즈를 만들 때 유화력은 난황과 난백의 중간 정도가 된다. 이 밖에 달걀은 케이크, 아이스크림, 크림퍼프 등의 조리에서 유화 역할을 한다.

신선한 달걀의 난황을 사용하면 유화속도가 빠르고 유화량이 크고 유화액의 점도와 안정성이 높아지는데 교반시간이 길수록 기름방울의 크기가 적어지며 점도가 높고 단단한 마요네즈가 만들어진다. 마요네즈의 기름

함량은 약 70% 정도이지만 기름기를 별로 느끼지 않는 것은 O/W형이기 때문이다.

4) 가열에 의한 달걀의 변색

달걀을 오랜시간 가열하면 달걀 외부로부터 열이 가해지므로 외부의 압력은 높고 중심부의 압력은 낮아져서 난백에서 생성된 황화수소(H_2S)가 난황 쪽으로 이동하여 난황 중의 풍부한 철과 결합하여 불용성인 황화 제1철(FeS)을 생성하여 난황의 표면이 암녹색으로 된다.

황화 제1철의 생성량은 달걀의 pH 즉 신선도, 가열의 온도와 시간, 달걀을 삶은 후 냉수에 담갔는가의 여부 등에 따라 달라지는데 가열온도가 높고 가열시간이 길수록 황화 제1철이 많이 생긴다. 오래된 달걀은 신선한 것보다 pH가 상승되어 알칼리화가 되기 때문에 황화수소가 쉽게 발생한다. 예를 들어 달걀을 70℃에서 1시간, 85℃에서 30분간 가열해도 녹변이 안되지만 100℃에서 15분 이상 가열하면 녹변현상이 일어난다.

삶은 달걀을 즉시 냉수에 담그면 난백 쪽의 압력이 저하되므로 생성된 황화수소가 외부로 이동하여 황화 제1철이 거의 생성되지 않는다. 이때 내부 부피도 수축되면서 외부로 향한 압력이 내난각막의 껍질도 잘 벗겨지게 한다.

6. 조리시 달걀의 용도

달걀은 열에 의한 응고성, 기포성, 유화성 등의 기능성을 가지고 있어 조리에 이용될 때 여러 가지 역할을 한다.

1) 청정제

육수를 끓일 때나 맑은 스프를 조리할 때 난백을 풀어 넣어서 끓이면 난백이 응고할 때 육수 내의 부유 물질을 흡착하므로 이것을 여과하여 맑은 국물을 얻을 수 있다.

2) 농후제

조리 중에 달걀을 넣으면 응고성으로 요리를 걸쭉하게 하는 역할을 해서 달걀찜, 커스터드 푸딩, 소스 등을 만들 때 사용한다.

3) 결합제

달걀은 점성이 높아 식품에 잘 부착되고 열에 의해 응고되므로 결합제로서의 기능을 한다.

만두소, 고기완자, 햄버거패티 등을 만들 때 달걀을 넣으면 재료들을 잘 결착되게 한다. 또한 생선전, 크로켓, 커틀렛 등에서 달걀은 밀가루나 빵가루를 잘 묻도록 해주는 역할을 해 주기도 하며 반죽에 달걀을 넣어 튀김옷으로 사용하기도 한다.

4) 유화제

난황 중의 인지질은 유화제로 작용하기 때문에, 마요네즈, 케이크, 아이스크림 등을 만들때 첨가한다.

5) 팽창제

달걀을 잘 저어주면 기포가 형성된다. 밀가루 반죽이나 다른 재료의 혼합물에 섞으면 공기를 품게 되어 식품을 팽창시키거나 부피를 증가시켜 음식의 질감을 부드럽게 만들어 준다. 머랭, 스펀지케이크, 엔젤케이크 등을 예로 들 수 있다.

6) 간섭제

캔디나 샤벳을 만들 때 난백의 기포를 만들어 넣어주면, 결정 형성을 방해하므로 미세한 결정의 부드러운 질감이 된다.

7) 장식으로 이용

달걀을 완숙으로 삶아서 여러 가지 모양으로 잘라서 장식에 쓰며 달걀을 난황과 난백으로 분리하여 황색, 백색 지단을 부쳐 음식의 고명으로 사용한다.

[표 12-5] 달걀의 기능성의 이용

기능성	역　할	조리의 이용
응고성	청정제	콘소메, 커피, 맑은 장국
	농후제	커스터드, 푸딩, 알찜
	결합제	전, 크로켓, 만두속, 알쌈
기포성	팽창제	머랭, 엔젤케이크, 컴포트, 마시멜로
	간섭제	캔디, 셔벗, 아이스크림
	내열제	아이스크림튀김
유화성	유화제	마요네즈, 케이크 반죽
기타	색	지단

7. 달걀의 조리

1) 완숙란

물의 온도는 끓는점 이하로 유지되는 것이 좋으며 조리시간은 난백과 난황이 응고되는데 필요한 시간보다 더 길게 하지 않는다. 다 익으면 즉시 찬물에 넣어 식힌다.

완숙시키는 방법의 예로는 찬물에 달걀을 넣어 용기의 뚜껑을 덮은 후 물을 끓인다. 끓기 시작하면 불을 끄고 25분 정도 익힌다. 또 다른 방법으로는 끓는 물에 달걀을 조심스럽게 넣고 85℃ 정도에서 약 18분 동안 유지시킨다. 달걀을 익히는 물에는 소금을 조금 넣어주는 것이 좋다. 달걀껍질에 금이 생겨 흘러나온다 하더라도 소금으로 인하여 빨리 응고될 수 있다. 잘된 완숙란은 난황까지 완전히 응고된 상태이며 응고된 난백은 연해야 한다.

2) 반숙란

반숙란은 난백이 부드럽게 응고되고 난황이 반고체로 익은 것이다. 이렇게 만들기 위해서는 물을 끓여 달걀을 넣기 직전에 불을 끄고 달걀을 넣은 후 4~6분간 둔다. 반숙이 다 되면 완숙 때와 같은 방법으로 곧 냉수에 담근다.

3) 수란

수란은 뜨거운 물이나 액체에 껍질을 벗긴 달걀을 통째 넣어 익힌 것이다. 신선한 달걀이라야 좋은 모양이 될 수 있다. 끓는 물에 달걀을 넣은 다음 85℃ 정도로 유지하여 완숙 또는 반숙의 원하는 상태로 익히면 된다. 이때 물에 소금이나 식초를 조금 넣어주면 난백의 응고를 돕는다.

4) 달걀찜

잘된 달걀찜은 달걀을 잘 풀어 중탕하여 쪄낸 것으로 크림색을 나타내며 표면에 기공이 없이 매끈하고 먹었을 때 부드러워야 한다.

중탕하는 물의 온도는 85~90℃가 좋으며 달걀을 풀 때 가능한 한 거품을 일으키지 않도록 하고 기호에 따라 소금 또는 새우젓국을 넣는다. 이러한 염의 첨가는 맛을 좋게 할 뿐만 아니라 달걀 단백질의 응고를 촉진한다. 첨가하는 물의 양은 원하는 질감에 따라 다른데 달걀과 물의 양을 같은 양으로 하면 찜이 잘 부서지지 않는 상태로 되며 달걀의 2배의 물을 넣으면 연해서 좋으나 다른 그릇에 옮기기가 어렵다.

5) 커스타드

커스타드(custard)는 달걀에 우유와 설탕을 넣어 중탕으로 찌거나 180℃ 정도의 오븐에서 구워낸 것으로 달걀찜과 같은 원리로 만들어야 한다.

6) 스크램블드에그

달걀을 잘 풀어 달걀 한 개당 우유 한 큰술 정도와 소금과 후춧가루를 조금 넣어 기름 바른 팬에서 저으며 익혀낸 것이다.

잘된 스크램블드에그는 촉촉하고 부드러워야 한다. 이러한 상태로 익히려면 팬의 온도를 너무 뜨겁지 않도록 한다. 잘게 썬 베이컨이나 셀러리, 당근, 양파와 같은 채소 또는 사과를 넣어주면 향미를 더 좋게 할 수 있다.

7) 오믈렛

오믈렛(omelet)은 달걀에 우유, 크림 또는 과즙을 넣어 만드는데 거품을 일으키지 않는 것과 거품을 많이 일으켜 만드는 것이 있다. 어느 경우에나 다른 달걀음식과 단백질 응고원리는 같다. 치즈나 채소류를 속에 넣어도 좋다.

8) 머랭

난백을 부드러운 기포가 생기도록 저은 후 설탕을 조금씩 넣으면서 계속 저어 적당히 굳은 거품이 되도록 한 것을 머랭(meringue)이라 한다. 이렇게 만든 것을 그대로 또는 레몬파이와 같은 음식 위에 올려 오븐에서 구워낸다.

9) 피단

피단은 중국에서 많이 만드는 것인데 보통 오리알로 만든다. 석회수, 목회, 식염, 홍차, 점토 등을 물로 반죽한 다음 달걀껍질에 두껍게 발라서 겨에 굴려 통속에 넣고 약 6개월간 숙성시키면 만들어진다.

일종의 발효와 알칼리의 작용에 의하여 겔화되는 것으로서, 암모니아나 황화수소가 생기므로 특이한 향기와 맛이 있다.

13

유 지

1. 유지의 성질
2. 유지의 조리
3. 유지의 변화
4. 유지식품
5. 가공처리

제13장 유 지

유지의 기능은 영양학적으로는 단백질, 탄수화물과 함께 열량원의 기능과 필수지방산으로서 체내 모든 막조직(membrane system)의 구성분인 인지질의 필수성분이 된다. 유지는 식품의 가열과 튀김에 사용되어 윤기를 주고 피막제의 역할을 하며, 빵, 케이크, 비스켓 등의 제과 제빵에 사용될 때는 연화작용 및 부드러운 맛을 제공해 준다.

1. 유지의 성질

유지는 형태적으로 액체인 기름(oil)과 고체인 지방(fat)이 있으며, 이들은 가수분해되면 지방산(fatty acid)과 글리세롤(glycerol)로 된다.

사람이 먹는 유지류는 대부분 중성지질(triglgceride,TG)이며, 중성지질은 1분자의 글리세롤과 3분자의 지방산이 에스테르 결합한 것이다.

한편 유지의 성분은, 식물성 유지의 경우는 품종, 토양, 기후 등의 영향을 받으며, 동물성 지방의 경우에는 동물의 종자, 사료의 종류, 영양상태, 계절 등의 영향을 받기 때문에 개별적인 차이가 크다.

유지의 성질은 크게 물리적 성질(physical properties)과 화학적 성질(chemical properties)로 나눌 수 있으며, 물리적 성질에는 발연점, 융점, 비중, 용해성, 인화점, 연소점으로 나눌 수 있고, 화학적 성질은 산가, 비누화가, 요오드가, 과산화물가 등이 있다. 유지의 발연점이 유지의 조리성에 영향을 주며 유지의 품질 평가의 한 요인이 된다.

1) 유지의 발연점(smoke point)

유지를 높은 온도로 가열하면 열분해를 일으켜서 지방산과 글리세롤로 분해되어 엷은 푸른색 연기가 발생하는데, 이 때의 온도를 발연점 또는 열분해 온도라 한다.

연푸른 연기는 지방분해로 인한 글리세롤의 계속적인 분해에 의해 아크롤레인(acrolein)을 생성한다. 아크롤레인은 눈이 따갑고 목의 점막을 자극한다. 발연점이 높은 식물성 기름이 튀김에 적당하며, 한 번 사용한 기름은 발연점이 떨어진다. 발연점이 낮은 기름은 자극성 냄새를 내서 튀김에 적합하지 않으며, 대두유, 옥수수유, 면실유는 발연점이 높아서 튀김에 사용하기에 좋다.

글리세롤 —가열→ 아크롤레인+물

발연점에 영향을 주는 요인으로서는,

유지가 분해되어,

유리지방산의 함량이 높을수록
노출된 유지의 표면적이 클수록
기름 이외의 이물질이 많을수록
여러 번 반복해서 사용할수록
→ 발연점이 낮아서 튀김에 부적당하다.

표 13-1은 각종 유지의 발연점과 유리지방산의 함량 비교이다.

[표 13-1] 각종 유지의 발연점

기름의 종류	발연점(℃)	유리지방산(%)
면실유	230	0.07
올리브유	175	0.92
땅콩유	162	1.10
라드	190	0.51
버터	208	0.28
코코넛유	138	1.90

또한 여러번 사용한 기름의 경우에는 기포형성과 점성증가, 가열에 의한 착색, 발연점의 저하 등의 현상이 나타나며, 기름의 품질을 유지하기 위하여 가능한 저장과 안정성에 유의해야 한다.

2) 융점(melting point)

유지는 구성지방산의 종류에 따라 녹는점이 달라진다. 포화지방산은 탄소의 수가 증가할수록 융점이 높아지고, 불포화지방산은 이중결합의 수가 증가할수록 융점이 낮아진다. 식물성유지는 동물성유지보다 융점이 낮으나 식물성 유지인 코코넛유와 팜유는 포화지방산 함량이 높아 상온에서 고체 형태이다. 융점이 낮은 유지는 입 속에서 쉽게 녹기 때문에 맛을 느낄 수 있고 소화 되기도 쉽다.

3) 비중(specific gravity)

일반적으로 0.92~0.94로서 물보다 낮다. 저급 지방산의 함량이 많을수록, 지방의 불포화도가 높을수록 비중은 커진다.

4) 비열(specific heat)

유지의 비열은 0.47㎈/g℃로 작아 온도 상승과 저하가 쉽다.

5) 용해성(solubility)

유지는 유기용매인 에테르, 클로로포름, 벤젠 등에 잘 녹고 물에는 녹지 않는다.

6) 검화가(saponification value, S.V)

유지를 알카리로 가수분해 하면 글리세롤과 비누가 생성되는데 이것을 검화 또는 비누화라고 한다.

검화가는 1g의 유지를 검화하는데 필요한 KOH(NaOH)의 ㎎수로 나타낸다.

7) 요오드가(iodine value)

유지 100g 중에 흡수되는 요오드의 g수로서 지방산 중에 이중결합이 많을수록 요오드가 높아지며 유지의 불포화도를 나타내는 척도이다. 불포화지방산을 많이 함유한 유지의 요오드가가 크다.

8) 산가(acid value)

유지 1g 중에 함유되어 있는 유리지방산을 중화하는데 필요한 KOH의 mg수로 나타낸다. 유지의 정제가 불충분하거나 조리에 사용된 횟수가 많거나 오래된 기름은 산가가 높다.

정제 식용유에서는 산가가 대체로 1.0 이하이며, 이보다 높은 것은 변질되었거나 정제정도가 낮은 것을 말한다.

2. 유지의 조리

1) 쇼트닝 효과(쇼트닝 성)

밀가루 반죽에 유지를 넣으면 지방이 글루텐 표면을 둘러싸서 글루텐 망이 형성되는 것을 방해하기 때문에 반죽이 연하고 부드럽게 된다. 이와 같은 효과를 쇼트닝효과(연화작용, shortening power)라 한다. 약과, 파이 등이 그 예이며 쇼트닝 효과에 영향을 주는 요인은 다음과 같다.

(1) 유지의 종류

① 불포화 지방산이 같은 길이의 포화 지방산보다 더 넓은 표면적을 덮는다. 불포화 지방산 함량이 많은 액체유지가 고체유지보다 쇼트닝 파워가 크다.

② 가소성(plasticity)이 큰 유지가 밀가루 표면에 더 잘 분산되어 쇼트닝 효과가 크다. 쇼트닝가(shortening value)는 고체유지에서 라드, 쇼트닝, 버터, 마가린 순서로 작아진다.

(2) 유지의 양

유지의 양이 증가하면 쇼트닝 파워도 증가한다. 파이 반죽에 유지가 많으면 연하고 층이 많이 생긴다. 반면에, 도넛이나 약과 같이 기름에 튀기는 식품에서 반죽에 유지의 양이 너무 많으면 밀가루 제품이 부서지는 원인이 된다.

(3) 유지의 온도

저온에서 고체 지방의 유연성이 적어져서 쇼트닝효과가 낮고 온도가 올라가면 퍼짐성이 좋아져 쇼트닝 효과가 커진다. 부드러운 쿠키를 위해서는 온도를 높여서 녹인 버터를 넣고, 폭신한 파운드 케익의 질감을 원하면 상온에서 녹인 버터를 사용하고 켜가 만들어져야하는 패스트리 반죽에는 유지를 냉장 보관한 후 사용한다.

(4) 반죽의 정도

밀가루 반죽에 액체(물, 우유)를 넣은 후 젓는 것은 쇼트닝 능력을 감소시킨다. 유지를 설탕과 함께 크리밍 시킨 후 사용하거나 미리 녹여서 사용하면 유지가 반죽에 잘 퍼지므로 쇼트닝 효과가 커져서 반죽이 연해진다.

(5) 달걀, 우유 첨가

밀가루 반죽에 달걀, 우유가 첨가되면 유지가 유화 형성을 위하여 일부 사용되어 쇼트닝효과가 떨어진다. 액체 유지는 유동성이 커서 고체유지를 사용할 때 보다 첨가물에 의한 쇼트닝 효과가 더 많이 떨어진다.

2) 크리밍성

유지를 교반하여 안으로 공기가 들어가는 것을 크리밍성이라 한다. 아이스크림, 생크림, 버터, 마가린, 쇼트닝 등을 교반하면 공기를 함유하여 부피가 증가되며, 부드럽고 하얗게 변한다. 이것을 크리밍성이라 하는데, 쇼트닝이 가장 크리밍성이 높고, 다음이 마가린이며, 버터가 가장 낮다. 또

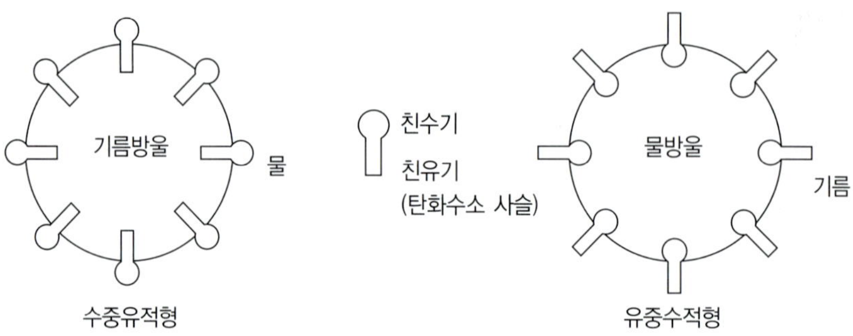

[그림 13-1] 유화 형태

한 버터는 교반을 계속하면 점점 크리밍성이 저하된다.

크리밍가는 크리밍성의 정도를 나타내는 값으로 유지 100g을 크리밍 할 때 들어가는 공기의 ㎖수로 표시한다.

3) 거품성

생크림에 설탕을 넣고 저어주면 공기가 들어가서 거품이 형성되어 커피, 케이크에 이용된다.

4) 유화성

물과 유지는 혼합되지 않으나 친수기와 소수기를 함께 갖고 있는 유화제를 사용하면 물과 유지가 혼합되는데 이것을 유화(emulsification)라 한다.

(1) 유화액의 유형

유화액에는 수중유적형(oil in water, O/W)과 유중수적형(water in oil, W/O)의 2가지가 있다. O/W형은 물속에 기름이 분산입자로 떠있는 유화액으로 우유, 마요네즈, 아이스크림 등이 이에 속한다. W/O는 분산매가 기름이고 분산질이 물인 유화액으로, 버터와 마가린 등이 이에 속한다.

(2) 유화액의 안정성

수중 유적형의 유화액에서 영구적, 반영구적, 일시적 유화액으로 나눌 수 있다.

① 영구적 유화액 : 대표적인 것은 마요네즈로 오랜기간 분리되지 않고 저장할 수 있다.

② 반영구적 유화액 : 샐러드 드레싱이 여기에 속하며 진한 크림정도의 점도로 유화액의 분리가 지연된다.

③ 일시적 유화액 : 대표적인 것은 프렌치 드레싱(french dressing)으로 기름과 물을 연결시킬 수 있는 유화제가 없어 기름과 물이 분리되어 있으므로 사용하기 전에 흔들어야 한다. 점도는 낮고 묽은 용액이다.

(3) 유화제

유화제의 필요조건은 표면장력을 저하시키고 유화액을 안정시켜야 한다. 유화제의 양은 유화액을 안정시키기 위한 충분한 양이 필요하다. 분산입자 주위를 충분히 감싸 줄 수 있는 양이어야 하며, 불충분 하면 조리과 정시에 분리 되는 경우가 있다.

식품에 사용되는 일반적인 유화제는 난황, 전란, 우유 및 젤라틴 등이다. 이 중 난황은 유화력이 뛰어난 유화제로 난백보다 4배의 유화력이 있다고 알려져 있다.

(4) 마요네즈(mayonnaise)

마요네즈는 식물성기름, 식초, 난황으로 제조된 반고체의 유화제 식품이다. 이 식품은 중량으로 하여 65% 이상의 기름을 함유하고 있다. 난황이 유효한 유화제이기는 하지만 마요네즈는 상품으로 제조하여 판매할 때는 인공 유화제를 소량 첨가하기도 한다.

① 온도

냉각된 기름은 더운 기름보다 기름 입자가 작은 입자로 쪼개지는데 시간이 걸려서 유화가 더디나 일단 유화액을 형성하면 점성이 높은 안정된 유화액을 얻을 수 있다.

② 재료 및 비율

난백이나 전란보다 난황이 우수한 유화제이며 신선한 것이 보다 안전한 유화액을 만들어 준다. 냉동된 난황은 물리적 특성이 변화되어서 해동되면 점성이 매우 증가하여 신선한 난황보다 더 많은 양이 요구된다.

소금, 겨자, 후추등은 맛 이외에 유화액을 안정시키는데 도움이 된다. 기름의 양은 65~75%, 난황 1개에 3/4~1C 정도이다.

유화제에 비하여 기름의 양이 많으면 분리되기 쉽다.

③ 혼합방법

여러 가지 방법으로 혼합할 수 있으며 유의점은 처음에 기름을 한 방울씩 떨어뜨려 2~3Ts 정도 혼합한 후 기름의 양을 증가시키며 젓는다. 산은 유화액을 묽게 만드는 경향이 있다.

[표 13-2] 마요네즈를 응용한 드레싱과 소스

종 류	재료(마요네즈 100g에 대한 %)	요 리
사우전드 아일랜드 드레싱 (thousand island dressing)	토마토 케첩 30%, 양파 20%, 셀러리 10%, 피클 10%, 피망 10%, 삶은 달걀 25%, 파슬리 1%를 곱게 다져서 마요네즈에 첨가.	샐러드, 채소요리
타르타르 소스 (tartar sauce)	삶은 달걀 20%, 양파 20%, 피클 20%, 파슬리를 곱게 다져서 마요네즈에 첨가.	생선, 튀김요리
크림 마요네즈 (cream mayonnaise)	생크림 40~50%의 분량을 거품을 내서 레몬즙과 함께 마요네즈에 첨가.	채소요리(콜리플라워, 아스파라거스)
홀스래디시 마요네즈 (horse-radish mayonnaise)	시판 와사비 또는 서양 와사비를 갈아서 10% 정도를 마요네즈에 첨가.	토마토, 샐러리, 오이 등의 채소와 생선요리(참치)
토마토 마요네즈 (tomato mayonnaise)	토마토 케첩 또는 토마토 소스 농축한 것을 10~20%를 마요네즈에 첨가.	채소요리, 샐러드

특히 처음 단계는 신속하게 충분히 저어주면 분리가 잘 일어나지 않고 점성이 있는 마요네즈를 만들 수 있다.

④ 마요네즈의 분리

유화액이 형성되는 동안에 분리되는 경우는 초기 유화액 형성이 불완전하거나, 기름을 너무 빨리 넣거나, 유화제에 비해 기름이 너무 많거나, 젓는 방법이 부적당해서 분리가 된다.

또 저장 중에 분리되는 경우는 마요네즈를 얼렸을 때에 지방입자를 싸고 있는 유화제의 피막이 터져서 유화액이 분리된다. 반대로 고온에 저장했을 때도 물과 기름의 팽창계수가 다르므로 분리된다.

⑤ 분리된 마요네즈의 재생

분리된 마요네즈를 재생시키는 방법은 난황을 다시 준비하고 분리된 마요네즈를 조금씩 넣어주면서 저으면 된다.

⑥ 마요네즈를 응용한 드레싱과 소스는 표 13-2와 같다.

[표 13-3] 프렌치 드레싱을 응용한 드레싱과 소스

종 류	재료(마요네즈 100 g에 대한 %)	요 리
토마토 프렌치 드레싱 (tomato french dressing)	토마토 삶은 것을 체로 걸러서 30% 정도를 첨가	생선, 삶은 달걀
홀스래디시 프렌치 드레싱 (horse-radish french dressing)	일본 와사비 또는 서양 와사비 10% 첨가	채소 샐러드 (오이, 샐러리)
진저 프렌치 드레싱 (ginger french dressing)	곱게 갈은 생강 10% 첨가	생선요리 (정어리, 고등어)
라비고트 소스 (ravigote sauce)	곱게 다진 양파, 파슬리, 피망 20% 첨가. 신맛이 나고 녹색을 띤다.	샐러드, 육류, 어류의 차가운 음식
마늘 프렌치 드레싱 (garlic french dressing)	곱게 간 마늘을 10% 첨가	육류, 어류의 차가운 음식, 샐러드,

(5) 프렌치 드레싱(french dressing)

프렌치 드레싱은 식물성 기름, 식초가 주 재료이며 시판용 프렌치 드레싱에는 유화제를 첨가하기 때문에 유화 상태를 유지하나 가정에서 만들 때는 기름과 식초가 분리되므로 세게 흔들어서 사용해야 유화상태를 형성한다. 기름과 식초의 비율은 3 : 1, 2 : 1, 3 : 2 등이 있다. 프렌치 드레싱을 응용한 드레싱과 소스는 표 11-3과 같다.

5) 가소성

버터, 라드, 쇼트닝과 같은 고체지방은 외부에서 가해지는 힘에 의하여 자유롭게 변하는 가소성이 있어 제과 반죽에서 여러가지 모양을 만들 수 있다. 가소성(plasticity)을 나타내는 온도범위는 쇠기름 30~40℃, 라드 10~25℃, 버터 13~18℃이며 온도 범위가 넓으면 모양을 자유롭게 변화시키기 쉬우나 버터는 가소성의 온도 범위가 좁아 여름에는 사용하기 어렵다.

6) 튀김

(1) 튀김용 기름

튀김을 할 때 사용되는 기름은 발연점이 높은 액체유를 사용하는 것이 좋다. 수소를 첨가한 고체유를 사용할 때에는 유화제를 첨가하지 않은 것을 선택해야 하는데, 유화제 첨가로 발연점을 낮추기 때문에 튀김에 부적합하다. 대두유, 옥수수유가 발연점이 높아 튀김용 기름으로 사용하기에 좋다. 발연점은 기름을 한번 튀길때 10~15℃ 정도 낮아져서 튀김에는 신선한 기름을 사용하는 것이 바람직하며 식품을 튀겨낸 기름은 열에 의한 분해로 유지지방산과 과산화물이 생성된다. 또한 중합체를 형성하여 점도가 증가하고 산패현상이 생긴다. 튀김기름의 산패 현상에는 거품형성, 낮아지는 발연점, 색상의 짙어짐으로 품질이 나빠진다.

(2) 가열온도와 시간

기름은 비열이 낮아 쉽게 온도가 상승하고 쉽게 저하한다. 그러므로 기름의 온도에 주의해야 한다.

튀김 할 때 온도의 변화를 막기 위해서는 두꺼운 금속 용기로 직경이 좁은 팬을 사용하고 많은 양의 기름을 넣어서 튀길 때 기름의 온도변화를 적게 해야 한다. 그러나 얇은 용기에 적은 양의 기름을 넣고 식품을 넣으면 온도 변화가 심하여 일정한 온도로 회복하는데 시간이 걸린다.

냉동식품을 튀길때는 튀김옷을 입힌 것은 냉동상태에서 튀기고, 옷을 입히지 않은 것은 반해동 상태에서 튀기는 것이 좋다.

(3) 튀김기름의 감소

튀기는 동안에 기름의 양이 감소하는데 그 원인은 대부분이 식품재료에 흡수되고 가열하는 동안 기름이 분해하여 휘발성 물질을 생성하며 수분이 증발 할 때 기름도 같이 증발하여 손실된다.

(4) 기름의 흡수

흡유량이 많으면 입 안에서의 느낌이나 맛이 나빠지고 소화속도가 느려진다.

기름의 흡수에 영향을 주는 요인에는 다음과 같다.

① 낮은 기름 온도로 튀김시간이 길어지면 흡유량이 많아진다.
② 식품재료의 표면적이 클수록 흡유량이 증가한다.
③ 식품 재료의 당, 수분, 유지 함량이 많을 때 흡유량이 증가한다.

④ gluten이 많으면 흡유량은 감소한다 : 박력분이 강력분보다 흡유량이 더 많다.
⑤ 레시틴등 유화제가 첨가되면 흡유량이 증가한다.
⑥ 약과는 140~150℃ 정도의 낮은 온도에서 튀겨야 기름의 흡수가 많아서 부드럽고 바삭하다. 보통은 180℃ 전후에서 튀긴다.

(5) 튀김음식할 때의 주의점
① 한꺼번에 너무 많은 식품을 넣지 않는다. 온도상승의 회복이 느려서 흡유량이 늘어난다.
② 수분이 많은 식품은 어느 정도의 수분을 제거시킨다. 수분함량이 많은 식품은 기름온도를 저하시킨다.
③ frying basket을 사용하는 것이 이물질을 쉽게 제거시킬 수 있어서 좋다.
④ 튀긴 후에 과도하게 흡수된 기름을 제거하기 위하여 반드시 기름흡수종이를 사용하도록 한다.

(6) 튀김에 사용한 기름의 보관
식힌 후에 이물질이 있으면 걸러서 공기나 광선의 접촉면적이 적도록 하며 갈색병에 담아 서늘한 곳에 보관하고 한번 사용했던 기름은 단시일내에 사용하도록 한다.
이물질이 있는 채로 넓은 팬에 그대로 보관 하는 것은 기름의 산화를 촉진하고 발연점을 낮게 한다.
특히 철제 팬에 동물성 식품을 튀긴 후에는 곧 다른 그릇에 옮겨야 한다. 식품중에 포함된 hemoglobin과 철화합물이 산화 촉매 작용을 하여 산패가 촉진되기 때문이다.

(7) 튀김옷
튀김옷의 반죽은 글루텐의 형성이 적은 것이 좋다. 튀김을 할때 그 자리에서 튀김옷 반죽을 한다. 반죽을 미리 해두면 글루텐의 생성으로 튀김이 질겨진다.
튀김옷의 반죽을 저어서 밀가루 덩어리가 약간 남아 있는 정도로 물과 밀가루를 섞는다. 반죽이 잘 섞여져 밀가루가 안 보일 정도가 되면 글루텐 형성으로 튀김이 질겨지기 쉽다.

튀김옷에 사용되는 재료는 다음과 같다.

① 밀가루

글루텐 함량이 적은 박력분을 사용하는 것이 좋다. 글루텐 함량이 많으면 튀김옷이 질겨지고 두꺼워서, 튀기는 식품의 수분이 증발하지 못하므로 튀김이 바삭하지 않다. 중력분은 전분을 10~15% 섞어서 글루텐 함량을 낮추어서 사용한다.

② 물

물의 온도가 밀가루 반죽에서 글루텐의 형성에 영향을 준다. 물의 온도가 약 15℃일 때가 튀김옷으로 적당하다. 물의 온도가 15℃일 때 글루텐이 잘 형성되지 않아 튀김이 연하다.

③ 달걀

튀김옷의 밀가루 반죽에서 물의 양의 1/3~1/4을 달걀로 대체하여 반죽하면 튀김옷의 질감이 연해지고 맛도 좋아진다.

달걀에는 단백질과 지질이 있어 글루텐의 형성이 잘 안 되고 열을 받으면 달걀 단백질이 응고하면서 수분을 방출하여 바삭하게 튀겨진다.

④ 중조(식소오다, 중탄산나트륨, 탄산수소나트륨)

튀김옷에서 밀가루에 중조를 0.01~0.2% 정도 첨가하면 튀김 중 이산화탄소 발생과 함께 수분도 증발하여 튀김옷의 수분이 적어진다. 그러므로 튀김이 가볍게 튀겨진다. 중조는 다량 사용하면 튀김옷이 오히려 단단해진다.

⑤ 설탕

설탕의 첨가는 가열 중 캐러멜화 반응이 일어나 튀김옷이 갈색으로 변하고, 설탕이 글루텐을 군데군데 끊어서 물의 증발을 쉽게 하여 튀김옷이 연하고 바삭하게 된다.

⑥ 튀김옷을 사용한 튀김기름의 온도 측정

튀김 기름의 온도 측정은 온도계를 사용하는 것이 정확하나 튀김옷을 사용하여 대략적인 온도를 추정한다.

끓는 기름에 튀김옷을 조금 넣어 떠오르는 상태를 보고 판단할 수 있다. 튀김옷이 팬 밑바닥에 닿은 후 떠오르면 150~160℃, 튀김옷이 일단 기름의 1/3 정도의 깊이에 가라앉았다가 떠오르면 170~180℃이다. 튀김옷이 가라앉지 않고 바로 기름의 표면에서 분산되면 약 190℃이다.

(8) 튀김옷의 종류

① 중국조리의 튀김옷

녹말가루를 첨가하여 글루텐의 형성을 감소시키고 달걀을 넣어 단백질의 응고로 탈수를 용이하게 한다.

i) 밀가루, 녹말가루, 전란, 물을 혼합

ii) 난백을 거품 낸 후 녹말가루 혼합…튀김옷이 부드럽다.

iii) 녹말가루에 물을 넣어 둔 후 윗물을 따라버리고 가라앉은 앙금을 튀김옷으로 사용…튀김옷이 아삭하다.

② 일본조리의 튀김옷

밀가루와 물을 튀김옷으로 사용한다.

주로 박력분을 사용하며, 얼음물을 사용하여 글루텐의 형성을 적게한다.

박력분 : 물=1 : 1.5(중량기준)

중력분 : 물=1 : 1.7~1.8(중량기준)

③ 서양조리의 튀김옷

i)프리터(fritter) : 주로 과일을 튀길 때의 튀김옷을 프리터라한다. 난백 거품에 밀가루, 우유, 버터, 소금, 베이킹파우더를 넣고 반죽한 후, 파인애플, 바나나, 오렌지, 사과 등의 과일을 튀김옷 반죽에 담그었다가 튀긴다.

ii) 프라잉(frying) : 육류나 어패류를 튀길 때는 밀가루 → 풀어놓은 달걀 → 빵가루의 순서로 옷을 입혀서 튀긴다.

빵가루는 구운지 2일 정도 지난 식빵을 사용하는 것이 좋으며 튀기기 직전에 빵가루를 묻힌다.

7) 조리할 때 유지의 역할

(1) 부드러운 맛의 증가

볶음, 구이, 튀김을 할때 기름의 사용과 상추에 참기름을 떨어뜨려 상추쌈을 먹을 때, 나물에 기름을 넣으면 부드럽고 매끄러운 맛을 낸다.

(2) 향미의 증가

버터와 참기름은 향미를 갖고 있어 소량의 사용이라도 음식의 향미를 증가시킨다. 버터는 빵에 바르거나 서양조리에서 채소를 볶을 때 사용하며, 참기름을 사용할 때도 참기름의 향미 성분은 휘발성이므로 조리 과정의 끝에 첨가해야 좋다.

(3) 음식물의 용기에 부착 방지

식품의 전분, 단백질이 가열되면서 용기에 음식물이 붙기 쉽다. 프라이팬 등의 용기 안쪽에 기름을 바르면 기름막이 있어 용기에 음식물이 달라붙지 않는다.

(4) 열전도체의 기능

정제된 기름은 발연점이 200℃가 넘는데 기름을 사용한 조리는 100℃에서 끓는 물에서의 조리보다 훨씬 높은 온도에서 식품을 조리하게 된다. 그러므로 200℃ 이하의 온도에서 식품을 조리하면 조리시간의 단축으로 유지는 좋은 열의 전도체로서의 기능를 한다.

3. 유지의 변화

유지의 가장 중요한 품질의 저하는 지방질 성분의 산패에 의한다.

산패(rancidity)는 유지를 오랜기간 저장할 때 산소, 광선, 효소, 물, 미생물 등의 작용으로 색이 변하고 불쾌한 냄새가 발생하며 품질의 저하를 초래하는 현상을 말한다.

1) 냄새의 흡수

유지는 주변의 냄새를 잘 흡수하여 냄새를 가진 기체를 쉽게 용해시키는 성질을 가지고 있다. 유지를 많이 함유하고 있는 음식을 뚜껑을 덮지 않은 그릇에 담아서 냉장고에 저장했을 때 냄새를 흡수하여 맛이 떨어진다. 냉장고에 비린내 나는 생선을 버터와 함께 둘 때 버터에 비린내가 나는 경우가 있다.

2) 유지의 산패

(1) 산화에 의한 산패

유지를 저장하는 동안 공기중의 산소와 결합해서 나타나는 변화로 오랫동안 방치할 때 불쾌한 냄새가 난다. 지방분자 내에 불포화지방산을 많이 가진 것일수록 산패를 일으키기 쉽다. 경화처리된 지방이나 포화지방산으로 구성된 자연지방은 산화 작용을 비교적 적게 받는다. 이러한 산화분해는 온도, 습기, 광선, 지방분해효소, 금속촉매제, 산소, 산 등에 의해서 촉진된다.

(2) 가수분해에 의한 산패

우유제품, 육류제품, 곡류, 냉동식품에서 많이 일어나는 산패로, 식품중의 lipase 또는 미생물에 존재하는 lipase에 의한다. 지방이 물과 접촉하는 동안 구성성분인 triglyceride가 화학적으로 가수분해되거나 효소에 의하여 가수분해 되는 경우이다.

미생물이 생산하는 lipase에 의해서 유지가 분해되어 저급지방산인 butyric acid, caproic acid, capric acid 등 휘발성 지방산을 생성하기 때문에 나쁜 냄새가 난다.

(3) 가열 산화에 의한 산패

고온에서 유지를 오랜시간 가열하였을 때 일어나는 산패이다. 유지를 오래 가열하면 에스테르 결합의 분해로 유리지방산이 증가하고 분해된 유지분자들이 서로 결합하여 중합체를 형성한다.

중합체가 형성되면 기름의 점도 증가, 영양가 감소, 풍미 손실이 일어난다. 반복하여 사용한 튀김 기름과 불포화도가 높은 기름은 중합이 잘 일어난다. 유지의 가열로 인해 아클로레인이 생성되는데 이로 인하여 기름에 거품이 생기고 색이 진해지며 나쁜 냄새가 난다.

3) 산패방지

유지의 산패를 막기 위해서는 저온에 저장, 산소 접촉 방지를 위한 진공포장, 경화처리 금속에 의한 오염방지, 불투명한 용기의 포장으로 광선차단, 항산화제 첨가 등을 들 수 있다.

(1) 산패에 영향을 주는 요인

① 유지의 불포화도 : 이중결합을 갖고 있는 불포화지방산은 포화지방산보다 산화가 잘 된다.
② 효소 : 지질 가수분해 효소에 의하여 지질은 유리지방산을 생성하여, 산화를 촉진한다. 지질 가수분해 효소에는 리파아제, 에스테라아제, 포스포리파아제가 있다. 리폭시다아제는 리놀레산, 리놀렌산, 아라키돈산에 작용하여 과산화물을 만든다.
③ 광선 : 자외선은 과산화물의 분해를 촉진한다.
④ 온도 : 온도의 상승은 산패속도를 높인다.
⑤ 금속이온 : 니켈(Ni), 철(Fe), 망간(Mn), 구리(Cu), 코발트(Co) 등의 중금속은 산화의 반응을 촉진한다.
⑥ 헤마틴 화합물 : 시토크롬, 헤모글로빈, 미오글로빈 등의 헤마틴 화합물은 유지의 산화를 촉진한다.
⑦ 산소 : 공기와의 접촉은 산화를 촉진한다.

(2) 항산화제(antioxidant)

유지의 산패를 억제하고 보존기간을 연장시키는 물질을 항산화제 또는 산화 방지제라 부른다.

① 천연 항산화제

식물성 유지에 많으며 두종류 이상 사용하면 효과가 커지는데 이것을 상승효과라 한다.

천연 항산화제에는 참기름 중의 세사몰(sesamol), 목화씨 중의 고시폴(gossypol), 플라보노이드 화합물(flavonoids), 수지물질인 구아이악 수지(gum guaiac), 콩제품의 레시틴, 안토시안의 폴리페놀화합물 등이 있다.

향신료로 쓰이는 정향, 계피, 세이지, 생강 등도 항산화력이 있어 식품의 저장성을 증가 시킨다.

② 합성 항산화제

합성 항산화제에는 BHA(Butylated Hydroxy Anisole, 부틸 히드록시 아니솔), BHT(Butylated Hydroxy Toluene, 부틸 히드록시 톨루엔), EDTA(Ethylene Diamine Tetra Acetate, 에틸렌디아민사초산), TBHQ(Tertiary Butyl Hydro Quinone, 제3기 부틸 히드로 퀴논) 등이 있다.

③ 상승제

스스로는 항산화력이 약하거나 없지만 다른 항산화제와 함께 사용하면 항산화력을 증대시키는 것을 상승제라 한다.

구연산(citric acid), 주석산(tartaric acid), 인산(phosphoric acid), 사과산(malic acid), 비타민(ascorbic acid) 등의 상승제가 있다.

4. 유지식품

1) 동물성 유지

(1) 버터(butter)

우유를 원심분리하여 우유의 지방층(크림층)을 분리한 후 이 우유지방을 발효하여 버터를 만든다. 버터를 만들려면 크림을 저온살균한 후 발효균을 넣고 약 21℃의 온도로 발효시킨다. 발효가 진행되면 특유의 방향이 생기고 lactic acid와 소량의 propionic acid, acetic acid 등이 형성되어 맛을 돕는다. 크림은 우유를 원심분리하여 비중이 작아 위에 뜨는 층을 말한다.

이렇게 만들어진 버터는 약 80% 이상의 우유지방을 함유하고 있다. 버터는 우유지방을 주성분으로 하기 때문에 열량의 급원으로서 가치있는 동시에 비타민A의 좋은 급원이다(표 13-4).

[표 13-4] 버터의 비타민 함량(100g 중)

비타민A	비타민B_1	비타민B_2	비타민C
2,400IU	100㎍	30㎍	0㎍

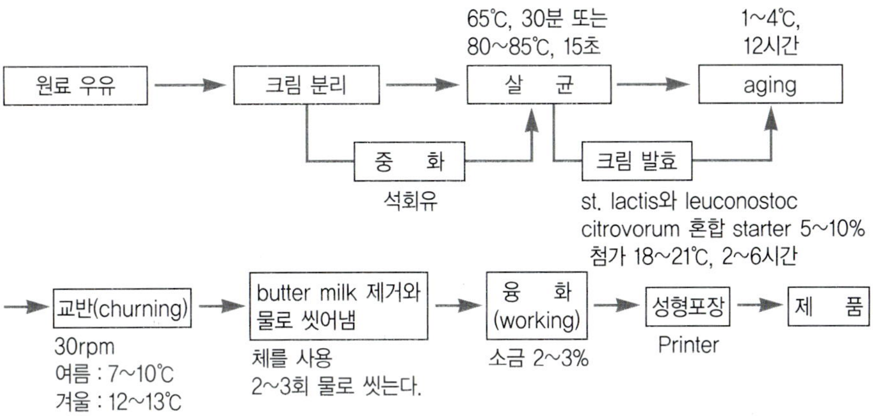

[그림 13-2] 버터 제조과정

(2) 돼지기름(라드, lard)

라드(lard)는 돼지의 지방조직에서부터 분리한 고체지방으로 좋은 품질의 라드는 냄새가 없고 색깔이 희다. 융점이 28~40℃로 쇠기름(우지)보다 낮다. 라드는 특유의 풍미가 있어서 중화요리, 일반 가정요리, 즉석 면의 조리에 이용되며, 크림성이 약하므로 제과용으로 쓸 때는 쇼트닝, 마가린과 혼합하여 사용하면 좋다.

(3) 어유(fish oil)

고도 불포화지방산인 EPA, DHA가 많이 함유되어 있는 물고기에서 얻는 유지이다. 어유는 자동산화가 쉽게 일어나므로 식용유지 보다는 수소(H_2)를 첨가하여 경화유를 만들어 사용한다.

쇼트닝, 마가린 제조에 이용된다.

2) 식물성 유지

(1) 대두유(콩기름, soybean oil)

콩에는 약 20% 정도의 지방을 함유하고 있으며, 정제과정을 거쳐 냄새 없는 담황색의 식용유를 얻는다.

리놀레산(linoleic acid) 54%, 올레산(oleic acid) 28%, 팔미트산(palmitic acid) 8%, 리놀렌산(linolenic acid) 5%, 스테아르산(stearic acid) 4% 등의 지방산을 함유하고 있다.

(2) 참기름(sesame oil)

참깨에는 갈색, 백색, 황색의 세 종류가 있는데 백색과 황색의 참깨는 지방이 많아 식용유로 많이 이용되고 , 갈색 참깨는 볶아서 깨소금으로 쓰인다. 참기름은 참깨를 볶은 후 압착, 착유, 여과하여 얻는 기름이다.

올레산(oleic acid) 45%, 리놀레산(linoleic acid) 40%, 팔미트산(palmitic acid) 9% 등의 지방산을 함유하고 있다. 항산화제인 토코페롤(tocopherol)과 세사몰(sesamol)이 들어 있다.

(3) 옥수수유(corn oil)

옥배유라고도 하며 옥수수의 배아를 짜서 얻은 기름이다. 배아에는 33~40%의 지방을 함유한다.

리놀레산, 올레산, 팔미트산 등의 지방산을 함유한다.

(4) 미강유(rice bran oil)

쌀겨(미강)에 약 15~25%의 지방을 함유하는데 미강은 도정 중에 생산되는 부산물이다. 다른 식물성 기름에 비하여 유리지방산과 불순물이 많다.

(5) 유채유(rape seed oil, canola oil)

채종유라고도 한다. 유채의 종실을 압착, 추출하여 얻는다. 샐러드기름, 튀김기름, 쇼트닝, 마가린 가공에 이용된다.

(6) 면실유(cotton seed oil)

목화의 종실에서 추출한 기름이다. 목화의 종실에는 15~20%의 지방을 함유하며 주로 쇼트닝, 마가린 가공에 이용된다.

(7) 팜유(palm oil)

야자과에 속하는 팜나무의 과실에서 얻어지는 식물성 고체기름으로 말레이지아와 인도네시아가 주산지이다. 우리 나라에서는 라면 튀김유로 많이 사용되고 있다. 과육에서 얻는 기름을 팜유, 씨에서 얻는 기름을 팜 핵유라 한다.

(8) 올리브 유(olive oil)

올리브의 지방을 압착 및 추출하여 얻는 기름이다. 올레산이 많이 함유되어 있다. 올리브유 중에서 엑스트라 버진(extra virgin)은 올리브 열매의 기름을 짤 때 처음 나오는 기름이며 정제하지 않아서, 발연점이 낮아 튀김 기름으로는 적당하지 않다. 올리브유는 유통기한이 다른 식물성 유지보다 짧아 개봉 후 빨리 사용하는 것이 좋다.

(9) 땅콩유(낙화생유, peanut oil)

껍질을 깐 땅콩을 압착하여 얻는 기름이다. 정제하지 않은 것은 튀김기름으로 부적당하다. 정제하면 튀김용, 샐러드유로 이용될 수 있다.

(10) 야자유(coconut oil)

야자나무 열매의 핵을 압착한 후 채취하여 얻는 기름이며, 상온에서 고체이나 입안에서는 잘 녹는다.

(11) 카카오유(cacao butter)

카카오 나무(코코아나무, 초콜릿 나무)의 열매에 있는 씨를 발효시킨 후 건조, 압착하여 기름을 짠 것을 카카오유라 한다. 탈지박을 분쇄한 것을 코코아라 한다.

종자를 탈지하기 전에 가루로 만든 카카오페이스트(cacao paste)에 설탕, 우유, 바닐라, 카카오유, 유화제 등을 첨가해서 50~80℃에서 24~48시간 정도 반죽한 후 29~31℃에서 1시간 정도 온도 조절(tempering)한 후 모양을 만들고 냉각한 것이 초콜릿이다. 초콜릿의 원료, 제과, 피복재료 등에 쓰인다.

3) 가공유지

(1) 마가린(margarine)

마가린을 제조할 때는 마가린의 색과 맛을 향상시키기 위하여 식물성 유지를 탈취, 정제하여 수소를 첨가한 후 니켈을 촉매로 하여 부분적으로 경화시켜 적당한 경도를 가진 고체 지방으로 만든다.

마가린은 천연 버터와 같이 약 80%의 지방을 함유하고, 버터와 비슷한 맛, 향기, 점성을 갖고 있다. 버터나 마가린을 보관시 냉장고에 보관하는 것이 좋다.

(2) 쇼트닝

라드의 대용품으로 만들어진 쇼트닝은 미국에서 만들어졌다. 쇼트닝은 정제된 식물성 기름에 수소를 첨가하여 부분적으로 경화시켜 고체 기름을 만든 것이다. 무취·무미·무색이고 쇼트닝성, 크리밍성이 커서 쿠키, 케이크 등에 많이 이용된다.

쇼트닝의 원료 유지로는 정제한 야자유, 라드, 우지, 대두유, 면실유, 어유, 고래유 등의 경화유 또는 이들의 혼합물이 쓰인다. 순수한 식물성 유지에 수소를 첨가한 것은 발연점이 높아 튀김용으로 쓰인다. 쇼트닝과 대부분의 식물성 유는 어두운 장소에서 실온에 보관하다.

5. 가공처리

1) 용출처리(rendering)

동·식물 조직에서 유지를 추출하여 채유하는 방법으로 채유법에는 증기 처리법(steam rendering)과 건열 처리법(dry rendering), 압착법(pressing method), 추출법(extracting method)등이 있다.

(1) 증기 처리법

지방 조직을 잘게 썰어서 다량의 물과 함께 40~60파운드의 증기압으로 처리하는 방법으로, 오늘날 동물조직 지방처리에 주로 쓰이며 채유량도 많다.

(2) 건열 처리법

잘게 썰은 지방조직을 솥에 넣고 볶아서 처리하는 방법이다. 맛이 좋은 기름을 얻으나 채유량이 적다.

(3) 압착법

식물의 종자에서 얻는 방법으로 원료에 고도의 압력을 가하여 짜내는 방법이다.

(4) 추출법

원료중의 유지에 용제를 사용하여 추출하는 방법이다.

2) 정제처리(refining)

지방성분이외의 지방산, 단백질, 단백질 분해물, 당질의 유도체등을 제거하여 제품의 질을 좋게 하는 방법이다.

(1) 알칼리 처리법

알카리를 첨가하고 가열하여 유리지방산을 제거하는 방법이다. 알카리를 넣고 가열하면 중성비누를 형성하고 다른 불순물이 흡착, 침전한다. 이런 과정을 거치면 유리 지방산을 0.01~0.05%까지 감소 시킬 수 있다.

(2) 탈색처리

활성백토를 첨가하여 진공 하에서 가열하고 식힌 후 여과하는데 대부분의 색소가 탈색된다.

(3) 탈취처리

진공 하에서 증류하여 휘발성 물질을 제거하면 기름 특유의 냄새가 없어진다.

3) 동유처리(wintering)

동유처리는 융점이 높은 지방을 제거시키는 것으로 샐러드유에는 필수적인 처리과정이다. 면실유, 옥수수유, 대두유 등 액체유를 7.2℃까지 냉각시켜 고체화한 지방을 제거한다.

융점이 높은 지방이 제거되었기 때문에, 동유처리한 기름은 냉장온도에서도 혼탁하지 않다.

4) 경화처리(hydrogenation)

액체유에 수소이온을 첨가하면 고체지방으로 변화한다. 유지를 100~200℃, 15기압에서 니켈을 촉매제로 하여 가열하면 수소를 쉽게 받아들여 결합한다. 이러한 처리를 거친 경화유로는 쇼트닝, 마가린이 있다.

5) 혼합처리(blending)

몇 가지 유지를 적당히 혼합해서 신속히 냉각시켜 잘 저어주면 성형력을 나타내는 온도 범위가 넓어질 수 있다.

14

채소와 과일

1. 채소의 성분
2. 채소의 조리에 의한 변화
3. 과일의 성분
4. 과일의 성분 변화
5. 과일의 조리에 의한 변화
6. 과일의 숙성
7. 과일의 갈변

제14장 채소와 과일

채소는 수분이 80~95%로 비타민, 무기질 함량이 많고 에너지 공급원이나 탄수화물, 지방, 단백질원으로는 부적당하다. 식이섬유소를 0.5~2% 정도 함유하고 있으며, 특수한 색소, 맛, 향기 등을 갖고 있다. 채소는 생식뿐 아니라 통조림 및 발효식품으로 널리 사용되고 있다.

채소의 가식부분은 식물의 뿌리, 줄기, 잎, 꽃, 열매 등이며, 채소의 종류에 따라 일부 또는 전체를 식용으로 사용하고 있다. 채소는 식용 부분과 모양에 따라 엽채류, 근채류, 과채류, 경채류, 화채류로 나눈다.

[표 14-1] 채소의 분류

분 류	섭취부분	
엽채류	잎	배추, 양배추, 상추, 쑥갓, 파슬리, 시금치
근채류	뿌리	무, 당근, 양파, 토란, 우엉, 감자, 고구마, 연근, 생강
과채류	열매	오이, 호박, 고추, 가지, 토마토, 파프리카
경채류	줄기	샐러리, 아스파라거스, 죽순, 두릅
화채류	꽃	커리플라워, 브로콜리

과일은 풍부한 당분과 유기산, 독특한 방향, 특유의 맛과 색에 있으며, 다른 재료와 달리 주로 신선한 것을 그대로 생식하고 있다. 또 비타민, 무기질의 공급원으로 알칼리성 식품이고 펙틴질이 풍부하므로 조리, 가공에 이를 이용, 젤리식품을 만들 수 있으며 건강 미용식으로도 많이 이용되고 있다.

특히 과육부에는 섬유소가 많기 때문에 장의 운동작용에도 좋다.

따라서 과실재료는 생식 이외에 주스, 잼, 통조림, 과실주 등의 각종 과실가공품 제조에 이용되고 있다.

[표 14-2] 오이, 고추, 호박의 종류

오이(cucumber)	
재래종 오이 (다대기 오이, 조선오이)	크기가 작고 색깔이 연하며 씨가 적은 것이 특징으로 맛이 좋아 오이소박이나 오이지 등에 주로 이용한다.
가시오이	표면에 돌기가 많이 돋아 있는 오이로 오이선, 오이무침, 냉채, 샐러드 등의 반찬으로 주로 이용한다.
취청오이	가시오이와 비슷하게 생겼으나 색이 조금 더 짙고 표면이 윤기가 나면서 매끈하며 육질이 단단해서 볶음용으로 좋다.
늙은 오이	완전히 성숙하여 누렇게 된 오이를 말한다. 노각무침은 늙은 오이의 겉껍질을 제거한 후 채를 썰어서 고추장에 무친 것으로 여름철에 맛볼 수 있는 별미이다.
고추(pepper)	
풋고추 (청고추)	완전히 성숙하지 않은 푸른색 고추다. 매끈하고 짙은 녹색을 띠며 두꺼우면서도 연한 것이 좋고 씨를 빼고 조리해야 음식이 깨끗하다. 날로 먹거나 찌개의 양념, 장아찌, 부각 등에 이용된다.
꽈리고추	풋고추보다는 크기가 작고 표면이 쭈글쭈글한 고추로, 조림이나 볶음 등의 요리에 이용된다.
청양고추	캅사이신(capsaicin)이 많아 매운맛이 강한 고추로 작고 끝이 뾰족하며 비타민 함량이 많다.
홍고추	풋고추가 익어서 된 것으로 조리나 고추장 제조에 사용한다. 밝은 적색으로 광택이 강하고 매끈하며 과피가 두껍고 통통하며 속씨가 적은 것이 좋다.
호박(pumpkin)	
애호박	껍질색이 연한 녹색으로 감촉이 부드러우며 육질이 치밀하고 단단한 것이 좋다. 전이나 선에 주로 이용된다.
돼지호박 (마디호박, 쥬키니 호박)	껍질색이 진한 녹색으로 선명하며 육질이 과숙되지 않고 씨가 적은 것이 좋다. 나물 등에 주로 이용된다.
단호박 (밤호박)	껍질색이 진한 녹색으로 잘랐을 때 과육의 색이 진하고 씨가 많은 것이 좋다. 전분과 카로틴 함량이 높고 비타민도 많아 영양가가 높다.
늙은 호박 (청둥호박)	껍질이 진한 주황색이고 카로티노이드 색소를 가지고 있다. 호박죽, 호박범벅 등으로 이용된다. 늙은 호박 말린 것을 호박고지라고도 한다.

자료 : 송태희 외. 조리과학. 교문사(2011).

1. 채소의 성분

1) 영양성분

채소는 수분함량이 많기 때문에 단백질, 지방, 탄수화물 함량은 상대적으로 적은 편이다. 단백질은 전체 가식 부분에 대하여 1.0~2.5% 내외로 필수아미노산이 적어 영양적 가치는 적으나, 채소의 어린 잎, 줄기 속에는 amide 류, aspartic acid, glutamic acid, asparagine 등 특유의 맛을 내는 아미노산이 약간 들어 있다.

지방함량도 전체 가식 부분에 대하여 0.1~0.5% 내외로 극히 적으며, 탄수화물도 전체 가식 부분에 대하여 2.0~9.0% 정도로 그 조성은 주로 전분을 비롯하여 포도당, 과당, 설탕 등의 당분과 cellulose, hemicellulose로 구성되어 있다. 그밖에 펙틴물질, pentosan, inulin, mannan, galactan 등도 소량 들어 있으며, 그 함량은 식물의 종류와 성숙도에 따라 다소 차이가 있다.

어린 채소의 세포벽은 대부분 섬유질로 되어 있다가 성장하면 상대적으로 hemicellulose 와 lignin 함량이 많아짐으로써 세포벽이 두껍고 질기게 되는데, 이러한 변화 때문에 채소류의 조직이 다소 거칠고 딱딱하게 느껴진다.

채소는 알칼리성 식품으로 무기질이 전체 가식부분 중 0.7~0.9% 정도 차지하며, 그 종류는 칼륨(K), 나트륨(Na), 칼슘(Ca), 마그네슘(Mg), 인(P), 철(Fe), 황(S) 등이다. 공통적으로 칼륨(K)이 많이 들어있고, 특히 엽채류는 칼륨 이외에 칼슘이나 인이 많으며, 근채류에는 마그네슘이 많다. 그리고 엷은 색을 가진 엽채류에는 철이 비교적 많이 들어 있다.

비타민은 다른 식품에 비해 다양하게 많이 들어있는데, 특히 비타민 A와 C가 많이 들어 있다. 황색 채소인 아스파라거스, 샐러리, 당근, 시금치 등은 카로티노이드계 색소를 함유하고 있으므로 provitamin을 많이 가지고 있으나 비타민 B 복합체는 0.1mg 이하로 많지 않은 편이다.

특히 마늘에는 비타민 B_1인 allithiamin이 들어 있다. 감귤류에는 비타민 C가 많이 들어 있는데, 토마토와 녹색 채소에도 비교적 많이 들어 있다.

2) 향기 성분

채소의 특유한 향기는 보통 휘발성인 aldehyde류, ketone류, alcohol류, ester류, 유기산, 휘발성 유황화합물, 유황화합물 분해생성물들에 의한다.

파, 양파, 마늘, 부추, 브로콜리, 양배추, 컬리플라워, 케일 등은 모두 황화합물을 함유하고 있다. 파, 양파, 마늘 등의 채소에는 함황물질인 알린(알리인, alliin)이 있으며 조직세포 내에는 알리나제(알리이네이스, allinase)가 있어 조직이 절단되면 효소가 노출되어 알린에 작용하여 알리신(allicin)을 형성한다.

알리신은 휘발성이며 불안정하므로 곧 분해하여 강한 냄새를 지닌 디아릴 디설파이드(diallyl disulfide, $CH=CH-CH_2-S-S-CH_2-CH=CH_2$)를 형성한다. 그러므로 음식에 마늘 향을 주기 위해서는 바로 다진 마늘을 사용하고 끓이는 경우에는 마늘은 가열하면 그 향미 성분이 없어지므로 가열을 끝내기 바로 전에 넣는 것이 좋다.

양파의 냄새성분은 n-프로필 머캅탄(n-propyl mercaptan, $CH_2-CH_2-CH_2-SH$)이다. 양파를 썰거나 다질 때의 자극적인 최루성분은 s-프로페닐 시스테인 설폭시드(s-propenyl cystein sulfoxide)가 효소작용을 받아 thioprophanal-S-oxide을 생성한다.

배추류의 조직 중에 존재하는 시니그린(sinigrin)이 미로시나제(myrosinase)에 의해 겨자유(allylisothiocyanate)를 형성한다. 이 성분은 배추를 썰 때의 향긋한 냄새이다. 그러나 시니그린 외에 S-메틸-L-시스테인 설폭시드(s-methyl-L-cystein sulfoxide)가 함유되어 있어 가열하면 디메틸 디설파이드를 형성하여 쿵큼한 냄새가 나게 한다.

2. 채소의 조리에 의한 변화

1) 조리의 목적

채소의 대부분은 생으로 먹지만 호박과 같이 전분이 많은 것, 우엉 같이 조직이 단단한 것, 또는 떫은맛을 포함한 채소는 가열조리하여 사용하게 된다. 생식을 할 때보다 조리하게 되면 채소의 맛이 향상되고 섬유소는 연화되며, 또 전분은 호화되어 소화되기 쉬운 상태가 된다.

가열에 의해 미생물이 사멸되며, 엽채류는 조리 중에 풀이 죽어 부피가 크게 감소되기도 한다. 그러므로 채소를 조리 하는 것은 소화를 쉽게 하고 채소 자체가 지니고 있는 향미성분을 향상시키는데 그 목적이 있다.

2) 영양성분의 변화

채소의 성분이나 영양소의 함량은 조리과정의 기계적 조작, 열처리, 물 또는 농도가 낮은 염용액의 용매작용, 공기와 접촉, 양념등과의 작용, 휘발성 물질의 증발 등으로 인해 여러 가지 변화를 일으킨다. 이러한 변화로 인해 채소 자체가 지니고 있는 성분의 손실을 보게 되므로 최대한의 성분 보유를 위해 적절한 조리방법을 강구함이 중요하다.

(1) 섬유질 및 pectin 물질

조리과정에 있어서 섬유소는 어느 정도 연화되고 반섬유소의 양은 감소된다. 사람은 섬유소를 소화할 능력이 없어 영양소로서의 가치는 없으나, 장을 자극하여 장의 활동을 원활히 한다.

섬유소가 많고 질긴 채소를 삶을 때 약간의 알칼리(중조)를 첨가하면 반 섬유소의 분해로 짧은 조리시간에도 섬유소가 연화되나, 시간이 너무 길어지면 섬유소의 분해가 지나쳐서 질감이 나빠진다. 그러나 산은 섬유소의 질감을 단단하게 만든다. 식물세포 사이를 접착하고 있는 시멘트 물질인 펙틴물질은 조리과정에서 용해되어 단단하였던 채소가 연해진다.

염화칼슘이나 수산화칼슘 등이 들어 있는 조리수에 채소를 데치거나 삶으면 채소의 질감이 연해지지 않고 단단한 채로 있는 것은 펙틴물질이 이들과 작용하여 불용해성 칼슘염을 형성하여 식물조직에 침체되기 때문이다. 그러므로 연수에 삶았을 때보다 경수에서 채소를 조리하면 섬유소가 잘 연해지지 않는다.

토마토를 통조림할 때는 약 0.7%의 염화칼슘을 첨가하면 토마토의 질감을 적당히 유지할 수 있다.

(2) 수분함량의 변화

조리과정에서 수분함량의 변화는 채소가 어떤 상태인가에 따라 좌우된다. 마른채소는 조리수를 흡수하나, 신선한 채소를 삶거나 찌면 수분은 다소 상실된다. 채소를 많은 물에서 오래 삶으면 물을 너무 흡수하여 채소의 질감이 지나치게 질척하게 된다.

(3) 당질의 영향

채소 내에 함유되어 있는 전분은 조리과정에서 전분입자가 팽윤상태를 거쳐 호화과정을 밟게 되며, 당분은 수분증발이 동반되면 캐러멜(caramel)화 현상이 일어난다.

(4) 비타민의 손실

조리과정을 통해 채소의 종류, 조리방법, 취급법에 따라 다소간의 손실을 보게 된다. 손실의 주원인은 산화에 의한 파괴와 조리용수에 수용성 비타민의 용해, 알칼리에 의한 분해 등이다.

조리과정에서 가장 손실되기 쉬운 비타민은 비타민 C이며, 이는 수용성이고 또한 쉽게 산화되기 때문에 조리 열에 의해 분해작용도 쉽게 일어나는 것이다. 비타민 A 또는 카로티노이드는 지용성이며, 조리 중에는 비교적 안정하나 산화에 의해 쉽게 파괴된다.

비타민 B 복합체인 티아민(thiamine)은 조리온도에 의해 불안정하나 리보플라빈(riboflavine)이나 나이아신은 비교적 안정하다. 조리수의 산, 알칼리에 의해서도 비타민의 손실을 가져오며, 특히 알칼리일 때 비타민 C, 티아민, 리보플라빈의 파괴가 일어난다. 채소를 삶을 때 색을 선명하게 유지하기 위하여 중조를 첨가할때가 있는데, 이는 리보플라빈, 티아민 및 비타민 C의 파괴를 촉진하는 요인이 된다. 또한 수용성 영양소의 손실은 절단면을 통하여도 용출되므로 씻는 과정이나 삶든지 찌는 동안에도 가능한 껍질째 또는 통째로 조리한 후 적당한 크기로 자르는 것이 좋다.

3) 색소의 변화

채소의 아름다운 색을 보여주는 식물성 색소는 클로로필(chlorophyll), 카로티노이드(carotenoid), 플라보노이드(flavonoid) 등으로 나누는데 플라보노이드는 넓은 의미에서는 안토잔틴(anthoxanthin), 안토시아닌(anthocyanin), 카테킨(catechin), 루코안토시아닌(leucoanthocyanin) 등이 모두 포함되나 좁은 의미로는 플라보노이드는 안토잔틴만을 의미하기도 한다.

(1) 클로로필(엽록소, chlorophyll)

채소에 있어서 대부분의 색소는 초록색 색소인 엽록체에 존재한다. 엽록체는 채소의 광합성, 즉 공기 중의 탄산가스와 빛을 에너지원으로 하여 탄수화물을 합성하는 곳이다.

클로로필에는 a와 b가 있는데 a는 청록색, b는 황록색으로 식물에 따라 클로로필의 a와 b의 함유비가 다르나 보통 3 : 1의 비율로 존재한다.

녹색채소의 녹색이 다양한 것은 클로로필의 두 가지 기본적인 형태와 다른 여러 가지 색소가 결합하는 비율이 다르기 때문이다. 클로로필 a는 메틸기(-CH_3)를 가지고 있으며 이 메틸기와 분자의 완전한 공명으로 청록색을 띠고 있다. 클로로필 b는 알데히드기(-CHO)를 가지고 있으며 녹황색을 띤다.

클로로필은 지용성으로서 지방이나 유기용매에 녹는다.

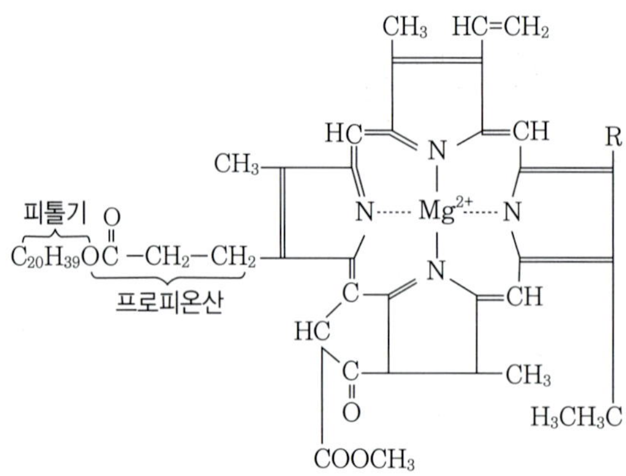

엽록소 a : R=CH_3
엽록소 b : R=CHO

[그림 14-1] 엽록소의 구조

① 산에 의한 변화

클로로필은 산성용액에서 클로로필의 마그네슘이온(Mg^{2+})이 수소이온(H^+)으로 치환되어 갈색의 페오피틴(pheophytin)이 형성된다. 클로로필 a는 페오피틴 a로 되어 옅은 회녹색이 되며 클로로필 b는 페오피틴 b로 변환되어 올리브색과 같이 된다.

클로로필 a는 b보다 페오피틴으로 빠르게 변한다. 이 페오피틴에 계속 산이 작용하면 클로로필에 존재하는 피톨(phytol)이 제거되어 갈색의 페오포비드(phehoporbide)가 형성된다.

엽록소는 여러 색소 중에서 조리온도와 조리 시에 침출된 유기산에 의해서 영향을 가장 많이 받는다. 푸른색 채소의 색을 가능한 한 선명하게 유지하고 섬유소를 알맞게 연화하도록 조리하여야 하므로 데칠 때에는 채소무게의 5배 정도의 다량의 물을 사용하되, 끓을 때 채소를 넣고 처음 2~3분 동안은 냄비의 뚜껑을 열어 놓아서 휘발성 유기산을 휘발시켜야 한다.

유기산이 다량의 물에 의하여 용출, 희석되어 엽록소와 반응을 제한할 수 있기 때문이다. 유기산은 채소에 염의 형태로 존재하며 휘발성과 비휘발성으로 나뉜다.

휘발성 유기산은 채소 가열시 증발하여 끓는물에 채소를 넣고 뚜껑을 열고 데칠 때 휘발성 유기산은 거의 증발한다. 비휘발성 유기산에는 수산(oxalic acid), 구연산(citric acid), 사과산(malic acid), 호박산(succinic acid), 주석산(tartaric acid)등이 있으며, 채소를 데칠 때, 비휘발성 유기산은 조리하는 물에 용해되어 조리수를 산성으로 변하게 함으로 녹색채소는 녹황색으로 변색이 된다.

푸른색 나물이나 오이생채를 양념할 때 식초를 넣는데, 이 때는 먹기 직전에 무치도록 하는 것이 좋다.

수산은 시금치에 많이 들어 있는데 시금치를 생으로 섭취하면 수산이 채내 칼슘과 결합하여 칼슘의 이용율을 저하시키고 요도나 신장 결석의 원인이 되기도 한다.

시금치를 데치면 수산은 물에 쉽게 용출됨으로 시금치 조리시 데쳐서 사용하면 칼슘 흡수를 방해하지 않는다.

오이김치의 오이의 녹색이 갈색으로 변하는 것은 발효에 의하여 생성된 젖산이나 초산이 클로로필을 페오피틴으로 변하게 한 것이며, 오이피클의 색이 갈색으로 변하는 것도 같은 원리이다.

채소를 순수한 물에 데칠 때 보다 1-2% 소금물에 데치면 채소가 선명한 색을 갖게 되는데 이것은 클로로필이 소금에 의하여 용출이 적게되어 녹색이 안정되었기 때문이다.

또한 소금물에 데치면 조리수 농도와 채소 세포액의 농도가 같아져서 채소의 수용성 성분의 용출이 적어진다.

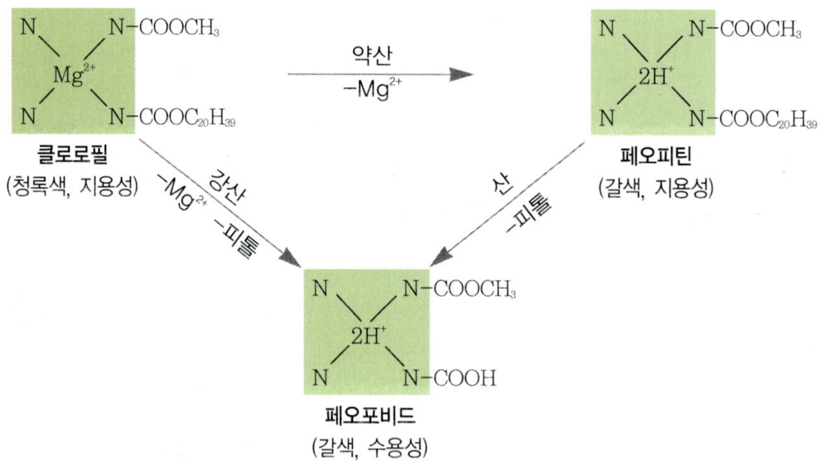

[그림 14-2] 산에 의한 엽록소의 변화

② 가열에 의한 변화

클로로필은 열에 의해 분자 중심부의 마그네슘 이온이 수소이온으로 치환되어 갈색의 페오피틴으로 변하는데 조리수가 산성일 때 더 빨리 일어난다.

③ 알칼리에 의한 변화

조리수가 약알칼리일 때 클로로필의 피톨은 떨어져 나가 녹색채소는 짙은 푸른색의 수용성 클로로필리드(chlorophyllide)가 되고 계속해서 클로로필의 메탄올이 떨어져 나가 비교적 안정되고 아름다운 짙은 청록색의 클로로필린(chlorophylline)이 된다.

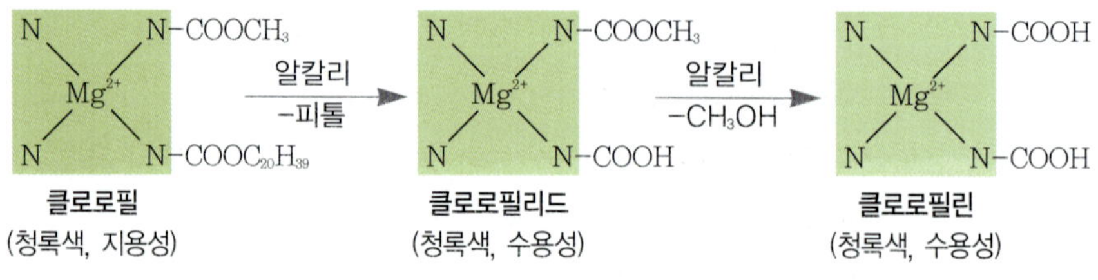

[그림 14-3] 알칼리에 의한 엽록소의 변화

알칼리 조리수(중조 : 탄산수소나트륨, $NaHCO_3$)에 녹색채소를 데치면 짙은 녹색이 되나 조리수는 알칼리성이므로 수용성 비타민인 비타민 B_1과 C가 파괴된다. 섬유소는 알칼리에 의해 쉽게 무르게 될 우려가 있어 잘 사용하지 않으나 마른 시래기, 마른 고사리 등과 같이 질긴 마른 나물을 데칠 때 중조를 사용하여 질감을 부드럽게 하기도 한다.

④ 효소에 의한 변화

클로로필라제(chlorophyllase)가 클로로필에 작용하면 피톨기가 제거되어 선명한 녹색인 수용성의 클로로필리드가 형성된다. 따라서 녹색채소를 물에 데치면 수용성인 클로로필리드가 침출되어 조리수가 푸르게 된다.

클로로필라제는 많은 채소에 들어 있는데 함유량은 채소에 따라 다르다. 채소를 강판에 갈게되면 조직이 파괴되어 클로로필라제가 유리된다. 시금치는 클로로필라제가 풍부하나 계절과 품종에 따라 차이가 있다. 이 효소는 66~75℃의 물에서 활성이 크나 끓이면 파괴된다.

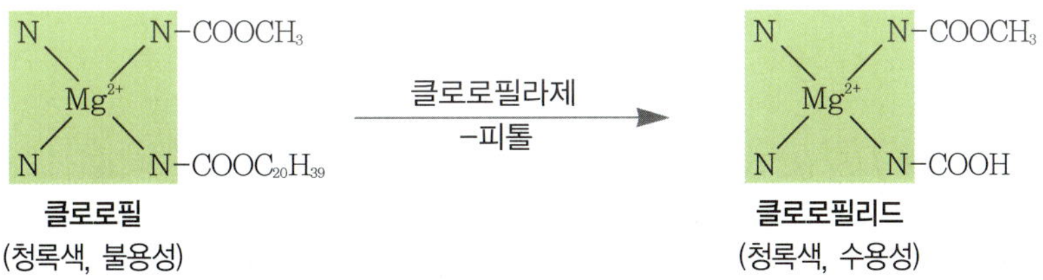

[그림 14-4] 효소에 의한 엽록소의 변화

⑤ 금속이온에 의한 변화

금속이온과 함께 클로로필이 가열되면, 클로로필의 마그네슘 이온(Mg^{2+})은 구리, 철, 아연 등의 금속이온과 치환되어 선명하고 안정된 구리-클로로필, 철-클로로필을 형성한다. 그러나 구리는 독성이 있을 수 있어서 이 방법은 좋지 않다.

완두콩 통조림에서 0.05% 황산구리($CuSO_4$)로 처리하면 클로로필이 안정적인 구리-클로로필이 되므로 가열에 의한 변색을 방지하고 녹색을 보존할 수 있다.

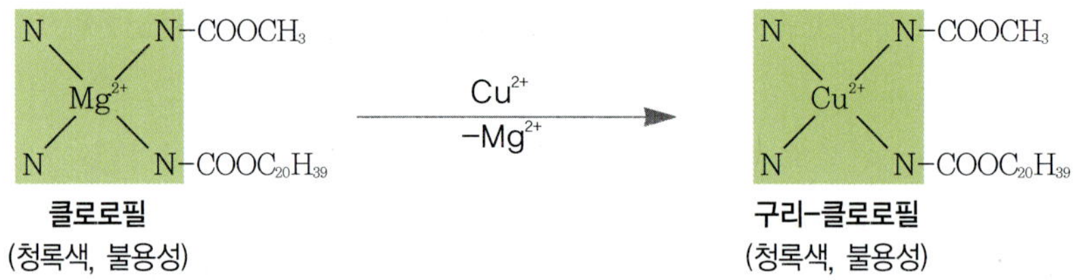

[그림 14-5] 금속 이온에 의한 엽록소의 변화

⑥ 산화에 의한 변화

클로로필은 불포화도가 높아 산화에 의해 파괴되어 퇴색, 변색되며 자동산화에 의해서도 파괴된다. 일반적으로 채소를 소금물에(1~2%) 데치면 조리수의 농도가 채소의 세포액의 농도와 같아지므로 채소의 수용성 성분이 적게 용출되고, 물로만 데치는 것 보다 소금이 클로로필의 용출을 적게 함으로 클로로필의 안정화에 도움을 준다.

(2) 카로티노이드(Carotenoid)

카로티노이드는 지용성 황색, 오렌지색, 등적색 색소로 열, 산, 알칼리에 비교적 안정하여 일반적인 조리방법에서는 영양성분의 손실과 색의 변화가 없다. 조리시간이 길어지면 당근의 색이 갈변하는 때가 있는데 카로티노이드의 변화가 아니라 채소에 함유되어 있는 당에 의한 캐러멜화(caramelization)에 의한 것이다. 태양광선 특히 자외선에 약하므로 건조나 보존하는 동안에 퇴색하기 쉽고, 불포화도가 높아 산화에 약하다. 카로티노이드는 크로모플라스트(chromoplasts)에 존재하거나 푸른 채소의 엽록체에서 클로로필과 함께 존재한다. 엽록체에서 클로로필과 함께 존재하면 진한 녹색에 가려서 황색이 나타나지 않는 경우도 있다.

카로티노이드는 이소프렌(isoprene, $CH_2=C(CH_3)-CH=CH_2$) 기본구조의 연속된 공액이중결합체에 의하여 선명한 색을 나타내며, 분자 내의 이중결합의 수가 증가할수록 색이 붉어지고 감소할수록 황색을 띈다.

카로티노이드의 종류는 탄소와 수소만으로 구성되어 있는 카로틴(carotene)과 두 원소 외에 산소를 가지고 있는 잔토필(xanthophyll)로 구분된다.

카로틴에는 α-카로틴, β-카로틴, γ-카로틴, 리코펜(lycopene) 등이 있

는데 β-카로틴은 당근, 고구마, 호박, 오렌지에 많으며 리코펜은 토마토, 수박, 자몽에 함유되어 있다. 리코펜은 β-카로틴 보다 더 붉은 색을 띄는데 이것은 리코펜은 β-카로틴 보다 공액이중결합이 2개 더 많기 때문이다.

잔토필에는 루테인(lutein), 제아크산틴(zeaxanthin), 크립토잔틴(cryptoxanthin) 등이 있다. 카로티노이드는 지용성이므로 기름에 조리하면 소화, 흡수가 잘되어 당근 등 녹황색 채소는 기름에 볶는 것이 좋다. 또한 볶을때는 색소가 용해되어 침출되는 것을 볼 수 있다. 항산화, 항암작용이 있는 것으로 알려져 있는 토마토의 리코펜도 지용성이어서 올리브유 등의 기름과 같이 먹는 것이 좋으며 가열하여 섭취하면 흡수에 더 유리하다.

[표 14-3] 카로티노이드의 색과 함유식품

색소		색깔	함유식품
카로틴	α-카로틴	주황색	당근, 오렌지
	β-카로틴	주황색	당근, 고구마, 호박, 오렌지
	γ-카로틴	주황색	살구
	리코펜	적색	토마토, 수박, 자몽
크산토필	루테인	주황색	오렌지, 호박
	제아크산틴	주황색	옥수수, 오렌지
	크립토잔틴	주황색	감, 옥수수, 오렌지

(3) 플라보노이드(flavonoids)

플라보노이드 종류는 넓은 의미로는 안토시아닌(anthocyanin), 안토잔틴(anthoxanthin), 루코안토시아닌(leucoanthocyanin), 카테킨(catechin) 등이 있으나 좁은 의미로는 안토잔틴만을 의미하기도 한다. 루코안토시아닌, 카테킨은 본래의 색이 없고 산화되어 갈색으로 변하여 탄닌으로 분류된다. 플라보노이드는 수용성으로 식물세포의 액포중에 유리상태나 배당체로 존재하며 담황색에서 황색의 색을 띤다.

플라보노이드(flavonoid)의 기본구조는 탄소 6개로 구성된 고리구조인 벤젠핵 2개를 3개의 탄소사슬이 연결하는 C_6-C_3-C_6의 플라반(flavane)을 가지고 있는 페놀 화합물로 자연계에 존재하는 대부분의 플라보노이드는 당과 결합되어 있는 배당체로 수용성이다.

① 안토시아닌(anthocyanins)

식물의 꽃, 잎 등의 적색, 청색, 자색 등의 선명한 색으로 수용성이어서 많은 양의 색소가 물속에 용해된다. 안토시아닌은 꽃의 색깔이라 하여 화청소라고도 한다. 껍질을 벗기지 않고 조리수를 적게 하여 조리를 한 후 껍질을 벗기면 색의 손실을 줄일 수 있다. 안토시아닌은 불안정하여 가공, 저장 중에 색이 쉽게 변색, 퇴색 된다.

i) 산에 의한 영향

안토시아닌은 산성에서는 더욱 선명해지고 알칼리에서는 암록색이 된다. 안토시안계 색소는 수용액의 pH에 따라 색이 변한다. 즉 산성(pH 4 이하)에서는 적색, pH 8.5에서는 자주색, 알칼리성(pH 11 이상)에서는 청색을 나타낸다.

그러나 이 반응은 가역적이어서 다시 식초나 기타 유기산이 많은 식품을 처리하면 다시 적색으로 환원된다.

[표 14-4] 안토시아닌 색소의 변화

pH	색	성 질
pH 4 이하	적색 또는 색 자체를 더욱 선명하게 유지	초에 절인 생강이 적색으로 변한다.
pH 8.5 부근	자색	가역적이어서 다시 산으로 처리하면 다시 적색으로 환원된다.
pH 11.0 이상	청색 또는 녹색	일부 우엉은 삶으면 우엉 속에 들어 있는 알칼리성 무기질이 녹아나와 우엉이 청색으로 변한다.

ii) 효소에 의한 영향

안토시아닌은 분해효소인 안토시아니나제(anthocyaninase)의 작용에 의해 퇴색 또는 암갈색으로 변한다.

iii)금속에 의한 영향

안토시아닌 색소는 알루미늄이온(Al^{3+}), 철이온(Fe^{3+})과 결합하여 안정된다.

조리할 때의 변화로 감자를 삶을 때 녹색이 나타나는 것은 알칼리 금속이 존재하여 안토시아닌이 암록색으로 되기 때문이다. 가지, 오이, 풋고추 등의 소금절이에 녹슨 못이나 철제 칼을 담가두는 것은 철이 안토시아닌과 결합하여 안정한 착염을 만들기 위함이다.

봉숭아를 손톱에 물들일 때 꽃과 잎을 찧은 후 백반, 소금을 넣는데 안토시아닌 색소와 백반의 알루미늄(Al^{3+})과 결합하여 색소가 안정되기 때문이다.

ⅳ) 가열에 의한 영향

안토시아닌 색소는 열에 불안정하여 열처리하는 동안 색소가 쉽게 분해, 중합되어 색이 변한다. 그러나 기름에 볶음, 튀김 등 비교적 고온 처리에서는 변색하지 않는다. 그러므로 가지의 아름다운 색을 유지하기 위해서는 기름에 튀기거나 볶는 고온조리가 색을 유지하는 조리방법이다.

② 안토잔틴

안토잔틴은 양파, 연근, 우엉, 양배추, 감자 등의 백색채소에 들어 있는 무색 또는 담황색의 수용성 색소로 산에는 안정하여 백색을 유지하고 알칼리에서는 불안정하여 황색이 된다. 그러므로 백색채소의 조리는 극히 소량의 산을 조리수에 첨가하면 백색을 선명하게 유지할 수 있다.

[표 14-5] 안토잔틴 색소의 변화

pH	색
산성	선명한 백색(안정적)
중성	무색 또는 담황색
알칼리성	황색(불안정)

또한 우엉이나 연근 같은 채소를 식초에 담그면 산화효소의 활동을 못하게 함으로써 폴리페놀계 물질의 산화에 의한 갈변을 방지한다. 안토크산틴의 pH에 의한 변화는 다음과 같다.

안토잔틴은 구조에 따라 플라본(flavone), 플라보놀(flavonol), 플라바논(flavanone), 플라보노놀(flavanonol), 이소플라본(isoflavone) 등이 존재한

[표 14-6] 식품 중의 주요 안토잔틴

종 류	색 소 명	색	구 조	소재 및 특징
플라본 (flavone)	아파게닌 (apigenin)	담황색	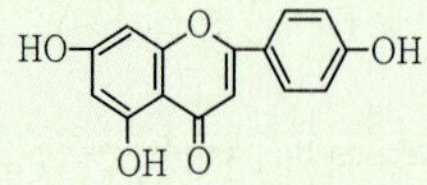	• 옥수수
	아피인(apiin)	무색	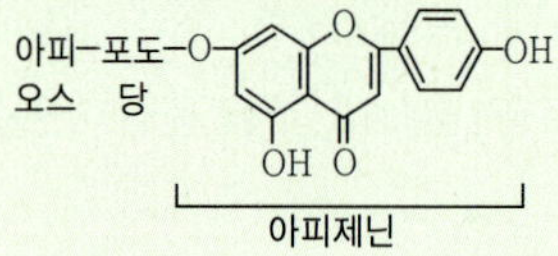	• 파슬리 • 아피제닌의 배당체
	트리틴(tritin)	담황색	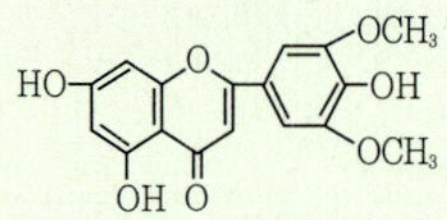	• 밀가루, 아스파라거스 • 알칼리(식소다)에 의해 황갈색으로 변색(예:비스킷)
플라보놀 (flavo- nol)	케르세틴 (quercetin)	황색	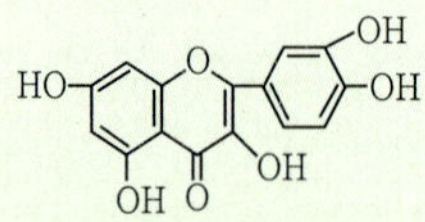	• 양파 껍질 • 쓴맛 성분 • 유지의 황산화제
	루틴(rutin)	무색	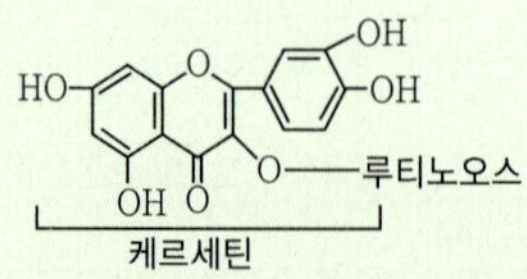	• 메밀, 토마토 • 케르세틴의 배당체 • 비타민 P
플라바논 (flava- none)	헤스페리딘 (hesperidin)	무색	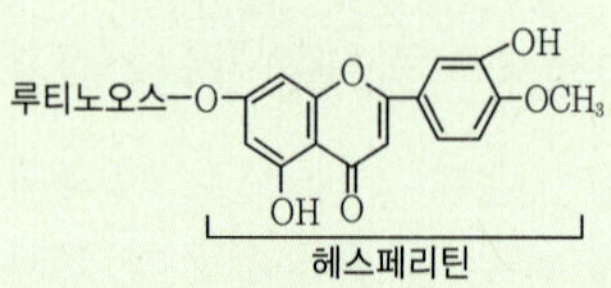	• 감귤 껍질 • 헤스페리틴의 배당체 • 밀감 통조림 제조시 백탁의 원인 물질 • 비타민 P
	나린진 (naringin)	무색	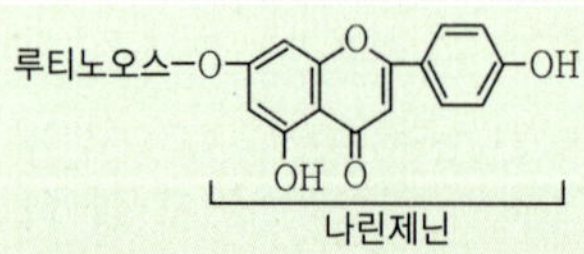	• 감귤 껍질 • 나린제닌의 배당체 • 밀감의 쓴맛 성분
	에리오딕틴 (eriodictin)	무색	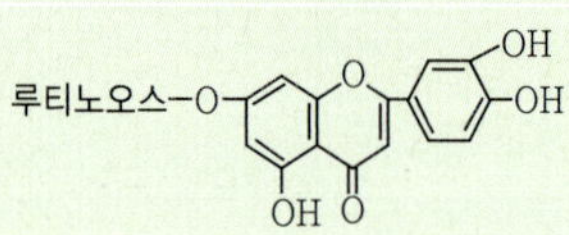	• 감귤 껍질 • 비타민 P
플라보노놀 (flavono- nol)	디히드로케르세틴 (dihydroquer- cetin)	황색	식품 중에서는 발견되지 않음	• 단풍잎 • 플라보놀계 색소의 환원형
이소플라본 (isofla- vone)	다이드제인 (daidzein)	황색	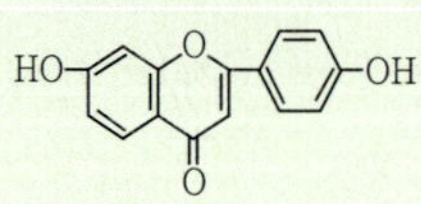	• 대두
	다이드진 (daidzin)	무색		• 대두 • 다이드제인의 배당체

자료 : 조신호외. 식품학. 교문사(2008)

[표 14-7] 식물성 색소의 변화

색소 \ 조건	색	용해성	산에 의한 영향	알칼리에 의한 영향	금속이온에 의한 영향	장기가열에 의한 영향
클로로필	녹 색	지용성	녹색→올리브색	선명한 녹색	구리, 철, 아연에 의해 색이 선명하여짐	올리브색
카로티노이드	등황색	지용성	안전함	안전함	안전함	당의 caramelization으로 갈변함
안토시아닌	적 색	수용성	안전함	녹색→청색	알루미늄, 철, 주석에 의해 녹색 부터 담청색으로 변함	안전함
안토크산틴	백 색	수용성	안전함	담황색	철이온에 의해 녹색 또는 갈색으로 변함	갈변

다 또한 안토잔틴은 식물체에서 유리상태로 존재하지 않고 당과 결합된 배당체(glycosides)로 존재한다. 안토잔틴은 분자 내 여러 개의 페놀성 수산기(OH group)를 갖고 있어 금속과 반응하면 불용성 착화합물을 만든다. 즉, 철과는 적갈색, 알루미늄과는 황색 화합물을 만든다. 양파를 철로 만든 칼로 다져서 방치하면 적갈색으로 변하고 알루미늄 팬에서 조리하게 되면 황색으로 변하는데 이것은 이 색소가 금속이온과 결합하였기 때문이다.

4) 향미 성분의 변화

채소의 향미성분은 유기산, 당분, 전분, 무기질, 함황물질 등이다.

채소의 종류에 따라 성분함량이 다르므로 조리에 의한 영향도 여러 가지이다. 어떠한 채소라도 조리시간이 지나치면 성분이 분해된다.

조리된 채소의 향미성분은 조리하는 동안 조리방법에 따라 영향을 받는다. 즉, 채소를 삶거나 찔 때 냄비의 뚜껑을 꼭 닫고 조리하면 향미성분을 더 많이 보유할 수 있으나 뚜껑을 열고 조리하면 휘발성 물질은 휘발한다.

또한 물을 많이 넣고 삶게 되면 용해성 맛 성분, 유기산, 무기질 등이 조리수에 용출된다. 그러므로 채소의 맛과 향미를 최대한으로 보유하도록 하려면 채소가 익을 수 있을 정도의 소량의 물에 뚜껑을 덮고 조리하는 조리법을 선택하도록 해야 한다.

약한 향미채소는 감자, 고구마, 시금치, 오이, 가지 등과 같이 휘발성 황화합물을 함유하고 있지 않은 것으로 이들 채소를 조리할 때 과잉 조리는 채소의 향미를 손실할 수 있다. 그러므로 이런 채소들은 적은 양의 물을 사용하고 조리시간을 가능한 한 짧게 하여야 한다.

강한 향미채소는 마늘, 양파, 파, 양배추, 배추, 부추 등과 같이 황화합물을 함유하고 있어서 썰거나 조리할 때 강한 자극성 냄새를 낸다. 함황채소는 빠른 시간내에 조리하는 것이 좋으며, 배추는 찜통, 압력냄비 안에서 조리하는 것보다 채소가 잠길 만큼 충분한 물에 조리했을 때 더 좋은 맛을 가진다고 한다.

(1) 양파

양파를 썰때 눈물이 나게 하는 최루성분은 티오프로파날 -S-옥사이드(thiopropanal-S-oxide)인데 휘발성이라 물에 잘 녹아서 양파에 물을 넣고 가열하게 되면 냄새가 많이 소멸된다.

티오프로파날-S-옥사이드는 양파에 들어있는 S-프로페닐 시스테인 설폭사이드(S-propenyl-L-cysteine sulfoxide)가 효소인 알리나제에 의해 변한 물질이다.

양파를 가열하게 되면 단맛이 나게 되는데 이것은 양파의 매운맛 성분인 프로필 알릴디설파이드(propyl allyldisulfide)가 가열에 의하여 기화되나 일부분은 분해되어 프로필 메르캅탄(propyl mercaptane)을 형성하는데 이것이 설탕의 50배의 단맛을 갖고 있다고 한다.

(2) 마늘

마늘의 강한 냄새 성분은 디알릴 디설파이드인데 이 물질은 마늘의 알린이 알리나제에 의하여 알리신으로 변하고(알리신은 불쾌한 냄새는 없고 매운맛이 있다) 알리신은 불안정한 화합물이라 곧 분해하여 강한 냄새를 갖고 있는 디알릴디설파이드(diallyl disulfide)로 변한다.

그러므로 조리시 양념으로 사용하는 마늘은 다져서 사용하고, 가열하면 향미 성분이 소멸되므로 불에서 내려 놓기 바로 전에 마늘을 첨가하는 것이 좋다.

(3) 배추

배추에 있는 황화합물인 시니그린(알릴이소티오시아네이트의 배당체,

allylisothiocyanate)은 매운맛을 내지 않으나 배추를 썰게되면, 시니그린이 미로시나제에 의하여 당과의 결합이 끊여져 배추의 매운맛과 향기를 내는 겨자유를 형성하게 되다.

이 겨자유는 가열에 의하여 분해되고 디메틸디설파이드와 황화수소가 생성되어 불쾌한 냄새를 낸다. 배추는 짧은시간 가열처리하는 것이 바람직하다.

(4) 겨자

겨자의 매운맛은 겨자의 시니그린이 물을 만나면 미로시나제에 의하여 알릴이소티오시아네이트가 생성되어 매운맛을 낸다. 미로시나제의 최적온도는 30~40℃로 겨자의 매운맛을 내기 위해서는 겨자가루를 갤 때 따뜻한 물을 사용하는 것이 좋다.

5) 기타성분

채소에는 아린맛, 쓴맛, 떫은맛, 매운맛 등의 성분도 함유하고 있다. 죽순, 토란, 우엉 등의 아린맛 성분은 티로신(tyrosine) 대사산물인 호모젠티스산(homogentisic acid)이고, 쓴맛 성분에는 오이꼭지의 쿠쿠르비타신(cucurbitacin),양파껍질의 케르세틴(quercetin),쑥의 투존(thujone)등이 있고, 매운맛 성분에는 고추의 캡사이신(capsaicin), 양파의 프로필 알릴디설파이드(propyl allyldisulfide),고추의 캡사이신(capsaicin)등이 있으며, 떫은맛은 주로 탄닌에 의한 것으로, 미숙한 과일이나 차 등에 많이 있다.

철제칼로 과일의 껍질을 벗겼을 때 검게 되는 것은 탄닌과 철분이 결합하여 탄닌철을 만들기 때문이다.매운맛은 무색의 겨자유 배당체나 파의 황화알릴 등으로 모두 휘발성이다.

이들 성분은 소량이라면 음식의 풍미를 증가시키는 것도 있지만 다량이면 매우 불쾌감을 준다. 그 때문에 물에 담그어 특수성분의 맛을 제거한다.

떫은맛의 제거방법

① 물, 식염수, 식초물에 담근다

우엉, 가지, 연근 등을 자르고 방치해 두면 산화효소의 작용으로 갈변한다. 1%의 식염수나 10% 정도의 식초물에 담근다.

② 끓는물에 데친다

시금치, 쑥갓 등의 떫은맛은 주로 수용성인 수산이나 수산화합물이므로 끓는물에 데치면 제거할 수 있다. 즉 데치면 식물의 세포조직은 죽고 원형질막의 반투성을 잃어 물과 성분이 자유롭게 통과할 수 있기 때문에 세포 내의 떫은맛 성분은 쉽게 용출된다.

③ 밀가루와 쌀겨를 넣어 데친다.

죽순, 컬리플라워, 무 등을 데칠 때 밀가루나 쌀겨의 전분질은 콜로이드의 흡착작용에 의해 떫은맛 성분이 제거된다.

또 죽순의 아린맛도 쌀겨나 쌀뜨물로 데치면 전분 콜로이드에 흡착된다. 그리고 표면이 전분입자로 둘러싸여 있으므로 산화되지 않고 당분의 용출도 적다. 컬리플라워는 밀가루와 식초를 넣어서 데친다. 밀가루는 떫은맛 성분이 유리된 수산을 전분콜로이드에서 흡착, 제거하고 식초는 하얗게 데치는 효과가 있다.

④ 중조(탄산수소나트륨)의 이용

고사리나 고비에 중조를 넣고 끓는 물을 부어서 뚜껑을 덮고 식을 때 까지 방치한다. 이것은 알칼리에 의해 조직이 연화되고 떫은맛의 용출과 색을 선명하게 하기 위함이다.

3. 과일의 성분

1) 과일의 일반성분

과일의 일반성분은 가식부의 경우에 수분이 85~90%, 단백질이 0.5~1.0%, 지방은 0.3%, 탄수화물은 당분이나 섬유 등으로 10~12% 정도이다. 그 외에 회분은 0.4% 가량으로 칼륨, 칼슘 등이 다소 많이 들어 있으며, 비타민 등도 다양하게 함유되어 있는 편이다.

성숙한 과일에는 미숙과일에 비해서 다량의 당분이 함유되어 있으므로 단맛을 지니고 있다. 당분은 주로 포도당(glucose), 과당(fructose) 및 자당(sucrose)이다. 과일은 무기질과 비타민의 좋은 급원식품으로서 인, 철분 및 비타민 C가 풍부하다. 감귤류, 딸기류, 메론(melon)류 등은 다른 과일에 비해서 특히 비타민 C를 다량 함유하고 있다. 과육의 등황색인 살구, 황도 및 바나나 같은 것은 비타민 A의 급원인 카로틴이 풍부하다.

과일에는 비타민 B군은 비교적 적게 들어 있다. 과일에 들어있는 비타민의 함량은 품종, 성장기후, 일조량, 성숙도에 따라 다양하며, 과일의 취급방법, 가공방법, 저장온도 및 저장기간에 따라 비타민 함량이 반 정도로 감소될 수도 있다.

2) 유기산

식물의 세포액에는 여러 가지 종류의 유기산이 용해되어 있다. 유기산, 유기산의 ester, 그리고 당분은 각종 과일의 향기와 맛을 내는 주요성분이 되고 있다. 과일에 분포되어 있는 보편적인 유기산은 감귤류에 구연산(citric acid), 사과나 복숭아의 사과산(malic acid), 포도에 주석산(tartaric acid), 그리고 덩굴월귤(cranberry)에 안식향산(benzoic acid) 등이다. 이렇게 과일에는 산이 많으며 따라서 pH의 범위는 대략 2.0~4.0이다. 그러나 바나나(pH 4.6)와 수박(pH 6.0)은 예외적으로 높은 pH를 지니고 있다.

3) 향기성분과 색소

과일의 향기는 어느 식품의 경우보다도 더 큰 비중을 차지하는 요소로 수많은 휘발성 방향성분이 서로 혼합되어 있다. 따라서 그 조성은 매우 복잡하고 미량이며, 과일 종류에 따라 그 조성이 매우 다르므로 과일의 향기를 분석, 결정하는 것은 쉬운 일이 아니다.

일반적으로 알코올류, 에스테르류, 휘발성 산류가 많으며, 카르보닐화합물 등도 많이 검출되고 있다.

과일의 색소는 외과피의 색소물질과 과육의 색소물질로 구분하는데, 주로 외과피 색소가 그 과일의 색깔을 결정한다. 주요 색소는 클로로필류의 녹색, 카로티노이드류의 오렌지색, 노란색, 빨간색을 비롯하여 노란색, 빨간색을 나타내는 플라보노이드류로 구성되어 있다. 과일의 색깔은 미숙상태에서는 클로로필이 많지만 성숙하면서 이 색소는 감소하고 다른 색소량이 많아져서 적색 또는 황색으로 점점 변하게 된다.

[표 14-8] 각종 과일의 성분표(100 g 중)

과일류	열량 (kcal)	수분 (%)	단백질 (g)	지질 (g)	회분 (g)	탄수화물 (g)	칼슘 (mg)	비타민				
								A (RE)	B_1 (mg)	B_2 (mg)	niacin (mg)	C (mg)
단감	51	85.5	0.5	0.1	0.4	13.5	7	31	0.07	0.04	0.3	110
귤(조생)	39	89.0	0.7	0.1	0.3	9.9	13	11	0.13	0.04	0.4	44
딸기(개량종)	30	89.7	0.8	0.2	0.4	8.9	7	-	0.03	0.02	0.5	71
레몬	30	90.4	1.4	0.8	0.4	7	15	0	0.05	0.02	0.7	70
대추(생것)	90	73.6	2.2	0.1	1.3	22.8	28	2	0.04	0.05	0.6	62
바나나	80	77.1	1	0	0.7	21.2	6	18	0.01	0.07	0.4	-
배(신고)	41	88.4	0.3	0.1	0.3	10.9	2	0	0.02	0.01	0.1	4
복숭아(황도)	45	87	0.7	0	0.5	11.8	4	42	0.34	0.02	0.4	7
사과(부사)	49	86.3	0.2	0.1	0.3	13.1	6	1	0.05	0.03	0.5	48
수박(적육질)	32	90.8	0.8	0	0.3	8.1	5	31	0.06	0.01	0.3	ø
포도(거봉)	65	81.8	0.4	0.2	0.5	17.1	6	ø	0.07	0.02	0.2	1

- : 표시는 수치가 애매하거나 측정되지 않음　　　　Ø : 식품성분함량이 미량존재

자료: 농촌진흥청 국립농업과학원 국가표준(2011), 식품성분표 제8차 개정.

4) 펙틴물질과 효소

펙틴질은 과일이나 야채류의 세포막이나 세포막 사이에 결착물질로 존재하면서 조직이나 가공품의 품질에 영향을 주는 다당류이다. 또 펙틴질은 세포벽을 구성하는 중요한 물질로 식물조직의 유연조직에 많이 존재하는 불용성 프로토펙틴(protopectin)과 가용성 펙틴인 펙틴산(pectinic acid), 펙틴(pectin), 펙트산(pectic acid) 및 그 염류가 있다.

과피에는 불용성 펙틴이 존재하는데, 끓는 물에서는 불용성이 수용성 펙틴으로 변한다. 또 미숙 과일에서는 펙틴이 불용성 상태이지만, 성숙하면서 가용성으로 변하여서 부드러워진다. 즉 익지 않은 과일이나 껍질에는 불용성인 프로토펙틴 상태이나 성숙하면서 프로토펙티나제(protopectinase)에 의해 프로토펙틴이 가수분해되어 수용성 펙틴과 펙틴산으로 되어 세포들의 조직이 연화된다.

일반적으로 산 함량이 높은 과일은 펙틴량도 많아서 젤리제조에 이용되는데 보통 펙틴 1.0~1.5%, 산 0.3%, 당분 60~65% 정도 넣는다. 그것은 펙틴이 물에서 교질용액을 형성하고 높은 점도를 가지며, 적당한 pH, 온도, 당이 존재하거나 다가이온이 존재하면 겔(gel)을 형성하기 때문이다.

펙틴 분해효소는 과일조직의 연화에 관계하며 과일음료 제조에 혼탁 제거의 목적으로 사용되기도 한다.

효소의 종류들로는 protopectinase, pectin methyl-esterase, pectin polygalacturonase 등이 있다. 또 과일의 효소로는 산화효소가 있는데, 과일의 저장 중에 영양가의 저하는 물론, 조리가공 중의 갈변을 유도한다.

4. 과일의 성분 변화

과일은 즙이 많기 때문에 수확에서 소비되기까지 신선도 유지가 힘들며 성분 변화가 빨리 일어나는 편이다. 특히 비타민 C의 감소, 천연색소, 당, 산, 펙틴질 등의 변화로 품질적 재료가치가 상실되는 경우도 많다. 이러한 변화는 다음과 같은 요인 때문에 일어난다.

1) 증산작용

수확한 과일이 저장실에 바로 저장되지 않기 때문에 이 기간 동안에 과실조직은 쉴새 없이 호흡과 대사작용을 하여 과일의 수분 일부가 증발하게 된다. 이 작용은 저장실 조건에서도 천천히 진행된다.

수확한 과일은 표피기공에서의 증산작용 때문에 수분이 감소하여 중량 감소는 물론, 신선도를 저하시켜서 상품적 가치를 나쁘게 한다. 증산작용은 저장시에 온도, 습도, 공기의 동요, 기압 및 포장 상태 등 환경요소에 따라 변하는데, 증산량은 수증기압의 부족에 비례한다.

보통 사과, 귤 등은 온도가 낮아지면 증산이 잘 일어나지 않으며, 오렌지, 복숭아. 비파 등도 온도에 따라 증산량이 적어진다. 그러나 앵두, 포도, 딸기의 경우에는 온도와 관계 없이 어떠한 온도에 저장하여도 증산은 심하게 일어난다.

2) 호흡작용

과일은 수확 후에도 호흡을 계속하여 세포생명을 유지하고 있다. 이 과정에서 성분 분해대사가 계속적으로 일어나서 점차 과실성분이 변하게 된다. 이러한 호흡작용은 과일의 종류와 저장환경에 따라 다르다.

또 호흡과 가스조성과의 관계는 탄산가스가 호흡작용에 영향을 주므로 결국 저장 능력에 변화가 일어난다. 즉, 고농도의 탄산가스 조건에 있어서는 호흡이 크게 감소한다. 산소농도를 무리하게 낮추고 탄산가스 농도를 증가시키면 혐기호흡이 일어나서 여러 가지 장애를 일으키므로 가스조성을 적당하게 조절해야 한다.

3) 후숙

수확하기 전에 미숙 과일이 점점 익어 가면 우선 단맛이 증가하고 신맛이 감소하는 등 여러 가지 성분변화가 일어난다. 만약 미숙한 채로 과일을 수확하여 일정한 온도조건에서 후숙시키면 완숙 과일에 가까운 상태로 되는데, 이 조작을 후숙 또는 추숙이라 한다. 바나나, 복숭아, 토마토가 여기에 포함된다.

그런데 수확 후 과일의 호흡량이 일정기간 경과하면 급격히 증대하는 시점이 있는데 이러한 호흡작용의 갑작스런 상승현상을 호흡률 급상승이라 하며, 그 전 기간을 미숙단계, 그 뒤 기간을 과숙 단계로 수분한다. 사과, 배, 바나나, 망고, 살구, 복숭아, 토마토, 아보카도 등은 전형적인 호흡률 급상승 이전에 수확하여 저장했다가 성숙해지면 시장에 출시하는 것이 좋다.

5. 과일의 조리에 의한 변화

1) 질감의 변화

과일이 지니고 있는 독특한 질감은 과일을 구성하고 있는 섬유소의 양과 특성에 의해서 좌우된다. 과일에 물을 첨가하고 가열하면 섬유소는 연화되고 세포막은 변성되며 투과성을 잃는다.

생세포 내외로 움직이는 수분은 주로 삼투압에 의해서 세포벽을 통하여 이행되나, 일단 가열하면 확산에 의해 수분이 이동한다. 이 과정은 생세포에서보다 서서히 일어나지만, 세포 내의 용질이 조리수에 침출되면 과육은 생기를 잃게 된다. 또 과일이 가열되고 있는 동안은 조직은 증기에 의하여 부력을 지니게 되므로 과일이 표면에 뜨지만, 일단 열원을 제거하면 가라앉게 된다. 한편 세포 공간에 차 있던 가스(gas)는 물과 대치되어 삶아진 과일은 생과 때보다 투명하게 된다.

2) 조직의 연화

삶아진 과일은 그 독특한 질감을 상실하게 되므로 조직은 더욱 연하게 된다. 이는, 세포 간에 견고히 부착되어 있는 불용성인 protopectin이 가열에 의해서 용해성 pectin으로 전환되기 때문이다. 과일을 농후한 설탕물에 삶으면 조직의 연화가 지연되는데, 이는 설탕이 펙틴의 용해를 저해하기 때문이다. 그러므로 우선 물을 첨가하고 삶아서 조직을 연화시킨 후에 설탕을 첨가하여야 한다.

3) 색의 변화

과일의 조리과정에서 색이 변화하는 것은 과육 내에 함유되어 있는 유기산과 조리수의 알칼리도, 그리고 무기질 등에 의한 반응 때문이다. 안토시안계 색소가 들어있는 적색과일이 철이온과 반응하게 되면, 제일철염(ferrous salt)을 형성하게 되므로 과육에 검은 반점을 남기며, 또한 퇴색된다.

냉장했던 딸기를 급히 가열조리하면 색이 속히 퇴색되는 경우가 있다. 이것은 냉장과 단시간의 조리로 조직 내에 충분히 이용되지 못하고 남아있는 산소가 색소와 반응하기 때문이다. 서서히 가열함으로써 세포의 호흡에 필요한 산소를 완전히 소비하게 되면 적색을 지니고 있는 딸기의 색을 선명하게 보존할 수 있다.

4) 향미의 변화

과일의 향미성분은 주로 당과 휘발성인 유기산과 그 ester이다. 이런 점으로 보아, 과일은 너무 오래 가열하면 과일자체가 지니고 있는 향미를 잃게 된다. 그러나 과일을 설탕물에 끓이는 경우에는 물의 증발이 충분히 일어나도록 가열하여야 하므로 다량의 과일을 일시에 조리하는 것보다 소량씩 사용하는 것이 좋다.

[표 14-9] 과일의 성숙되는 과정 중 변화

품질의 특성	변 화
크기	커진다.
조직	펙틴질 중 불용성 펙틴인 프로토펙틴이 수용성 펙틴으로 변하여 연해진다.
색	과일 특유의 색을 나타낸다.
유기산	신맛이 감소하고 맛이 부드러워진다.
당	전분이 당으로 분해되어 단맛이 상승한다.
탄닌	미숙한 과일(바나나, 감)에는 탄닌이 많아 떫은맛이 있으나 미숙한 과일이 성숙하면서 불용성이 되어 떫은 맛이 없어진다.

5) 영양가의 변화

과일을 조리할 때에 열과 산화에 약한 비타민 C가 영향을 많이 받는다. 그러므로 과일의 조리시간을 단축하는 것은 비타민 C의 파괴를 적게 할뿐만 아니라 향미성분의 보유에도 유리하다.

6. 과일의 숙성

과일이 완전히 익은 후에는 시간이 지날수록 수분의 증발로 인한 무게 감소와 과일의 색이 변하여 조직과 향미가 나빠지므로 과일의 품질이 나빠진다.

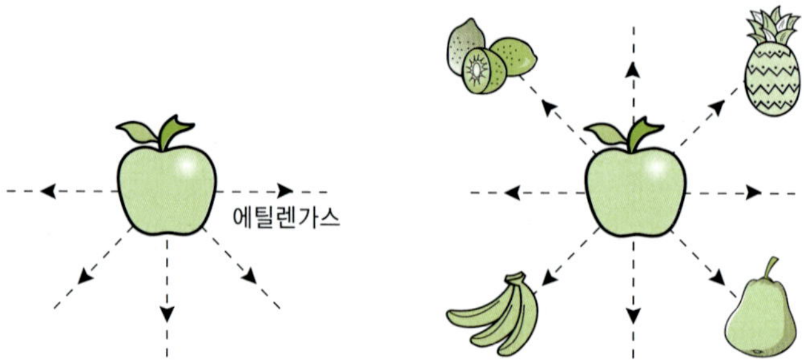

호흡을 하면서 익는 바나나, 파인애플, 키위, 망고 등의 후숙 과일은 후숙을 위해서 주로 에틸렌 가스(ethylene gas)를 이용한다. 후숙 과일을 사과와 함께 보관하면 사과에서 방출되는 에틸렌 가스 때문에 과일의 숙성이 촉진된다.

자료 : 송태희 외. 조리과학. 교문사(2011)

[그림 14-6] 에틸렌가스와 후숙과일

7. 과일의 갈변

사과, 복숭아, 바나나와 같은 과일을 자르거나 껍질을 벗겨 공기 중에 방치하면 갈색으로 색이 변하는데 이것을 갈변 현상(browning reaction)이라고 한다.

[표 14-10] 과일의 효소적 갈변 방지법

종 류	방 법	예
가열처리	효소는 단백질로 구성되어 있으므로 폴리페놀옥시다아제, 티로시나아제 등을 가열하여 불활성화시킨다.	채소나 과일 통·병조림 제조시 데치거나 끓이기를 한다.
pH 조절	식품의 pH를 산성으로 변화시켜 폴리페놀옥시다아제(최적 pH 5.8~6.8)의 활성을 억제한다.	과일을 벗긴 후 구연산 등의 산용액에 담근다.
온도 조절	식품의 온도를 효소작용이 억제되는 -10℃ 이하로 유지한다.	동결 저장한다.
효소촉진제 제거	폴리페놀옥시다아제와 티로시나아제는 구리를 가진 금속효소로 철, 구리에 의해 효소의 활성이 촉진된다.	철제 금속 용기를 사용하지 말고, 대나무나 스테인리스 그릇을 사용한다.
효소저해제 이용	아황산가스, 아황산염, 염소(Cl^-) 등은 폴리페놀옥시다아제와 티로시나아제에 대해 강한 저해작용을 가진다.	감자, 사과, 복숭아 등의 가공시 갈변 방지를 위해 아황산(SO_2), 아황산염, 소금 등을 사용한다.
산소 제거	산소가 존재하면 효소적 갈변이나 비효소적 갈변이 촉진되므로 산소를 제거하여 산소의 접촉을 억제한다.	분유 등의 밀폐 용기에 질소 가스, 이산화탄소 가스 등 불활성 가스를 충전한다. 과일을 소금물이나 맹물에 담가 산소를 차단하고 과육을 설탕액에 담가 과육 중의 공기를 당액과 진공치환한다.
환원성 물질 첨가	갈색화 반응은 산화반응이므로 환원성 물질을 가하면 갈변을 억제할 수 있다.	아스코르빈산을 첨가하거나 -SH 화합물(시스테인, 글루타티온)을 첨가한다.
효소 및 기질 제거	갈변 기질과 효소가 수용성인 경우 물에 담가 침출시키면 폴리페놀 화합물에 의한 갈변을 막을 수 있으며 산소의 접촉도 막을 수 있다.	감자, 고구마, 밤은 껍질을 벗긴 후 물에 담근다.

자료 : 남궁석외, 식품학 총론, 진로(1990)

과일 조직 내에는 갈변을 일으키는 물질 즉 polyphenol계, tannin계 등의 기질과 이것에 작용하기 쉬운 phenoloxidase, polyphenol oxidase, phenolase 및 polyphenolase 등의 산화 효소가 존재하는데, 공기 중 또는 조직 자체내에서 공급되는 산소와 결합하면 갈변이 일어난다.

갈변반응에 의하여 유색색소를 형성하는 현상은 phenol 기질이 산소와 효소에 의해 quinone 화합물을 형성하고 이 quinone 화합물이 계속 산화, 축합되어 melanine 색소를 형성하기 때문이다. 이러한 반응을 방지하는데는 기질의 제거 및 산화 방지, 효소작용 억제, 산소와의 접촉 방지 등이 있다.

1) 효소작용 억제

효소는 단백질이므로 열에 약하여 가열하면 쉽게 불활성화된다. 또는 -10℃ 이하의 온도에서는 효소작용이 억제되어 갈변현상을 방지할 수 있다. Polyphenol oxidase의 최적 pH는 5.7~6.8이며, 구리이온(Cu^{2+})과 철이온(Fe^{2+})은 이 효소를 활성화시키고 염소이온(Cl^{-})은 억제한다. 그러므로 과일의 환경을 산성으로 바꿔 주기 위해 껍질을 깎은 과일을 산성용액 즉, 레몬즙, 오렌지즙과 같은 과즙에 담가서 산성으로 바꿔주거나 희석된 소금물에 담가두면 갈변을 방지할 수 있다. 과일을 자르거나 껍질을 벗기는데 철제로 된 칼을 사용하지 않는 것이 좋다.

2) 산소 접촉 방지

통조림, 병조림으로 탈기를 하여 산소를 제거하거나 설탕액, 비타민 C 용액에 담근다.

3) 아황산가스, 아황산염의 이용

아황산가스나 아황산염은 효소 작용을 저해하는 힘이 강하므로 갈변현상방지에 효과적이다.

15

해조류 및 버섯류

제15장 해조류 및 버섯류

해조류는 일반적으로 서양에서보다 동양에서 널리 이용되고 있는 식품이다. 해조류의 탄수화물은 비소화성 복합다당류로서 산이나 알칼리에도 비교적 안정하며. 분해도 잘 되지 않고 소화율이 낮아 주식으로 이용하지는 않는다. 그러나 비타민, 무기질은 비교적 풍부하고 독특한 맛과 향기가 기호식품으로서 가치를 지니고 있다.

1. 해조류의 일반성분

우리나라 해조류는 400여 종으로 식용으로 할 수 있는 것은 50여 종이며, 녹조류, 갈조류, 홍조류로 구분한다.

녹조류는 포도당, 갈조류는 알긴산(alginic acid), 퓨신(fucin), 푸코이딘(fucoidin), 홍조류는 갈락탄을 많이 함유하고 있다. 또한 만니톨(manni-

[표 15-1] 해조류의 일반성분(가식부 100g 중)

종 류	열량 (kcal)	수분 (g)	단백질 (g)	지질 (g)	탄수화물 (g)	섬유 (g)	회분 (g)	무기질					비타민				
								Ca (g)	P (mg)	Fe (mg)	Na (mg)	K (mg)	A (R.E)	B_1 (mg)	B_2 (mg)	niacin (mg)	C (mg)
미역(마른 것)	126	16.0	20.0	2.9	36.3	90.4	24.8	959	307	9.1	6100	5500	555	0.26	1.00	4.5	18
다시마(마른 것)	110	12.3	7.4	1.1	45.2	65.5	34.0	708	186	6.3	3100	7500	96	0.22	0.45	4.5	18
파래(생것)	11	90.5	2.4	0.1	3.0	4.6	4	22	31	13.7	848	424	105	0.02	0.11	0.6	15
김(조선김, 마른 것)	163	10.4	41.8	1.5	36.4	-	9.9	265	690	15.3	859	2773	1948	0.65	1.13	9.8	16
우뭇가사리(생것)	46	70.3	4.2	0.2	18.5	0	3.8	183	47	3.9			360	0.04	0.43	1.1	15
청각(생것)	8	92.1	1.4	0.4	1.6	0	4.5	37	12	2.5			45	0.01	0.05	1.4	9

- : 표시는 수치가 애매하거나 측정되지 않음　　Ø : 식품성분함량이 미량존재

자료: 농촌진흥청 국립농업과학원 국가표준(2011), 식품성분표 제8차 개정.

tol), 솔비톨(sorbitol) 등의 당 알코올이 있어 약간의 단맛이 있다. 해조류의 성분은 생육장소, 채취계절, 채취 후의 처리에 따라 차이가 있다.

다시마 표면의 흰가루의 단맛 성분은 만니톨이다.

[표 15-2] 해조류의 분류

녹조류	파래, 클로렐라, 청각, 매생이
갈조류	미역, 다시마, 톳
홍조류	김, 우뭇가사리

1) 탄수화물

해조류의 탄수화물은 점질물, 당분, 전분, 섬유소 등을 포함한다. 점질물 탄수화물의 종류 및 성질을 보면 다음과 같다.

(1) 알긴산(alginic acid)

칼슘 또는 나트륨과 결합한 상태로 갈조류에 존재하는데, 이러한 염을 알긴(algin)이라고 한다. 점도가 높은 물질이므로 이 점성을 이용하여 식품공업계에서 안정제 및 유화제로 사용된다.

(2) 푸코이딘(fucoidin) 및 퓨신(fucin)

성질은 알긴산과 비슷하며 펙틴과 같은 점질물이다.

(3) 라미나린(laminarin)

미역 등에 들어있는 복합다당류이다.

(4) 카라기난(carrageenan)

알긴산과 같이 식품의 안정제, 겔형성제, 증점제로 사용할 수 있다.

(5) 푸코산(fucosan)

갈색해조류에 들어있는 탄수화물과 같은 물질로, 탄닌반응을 나타내며 떫은 맛이 난다.

(6) hemicellulose와 pectin질

알긴, fucoidin, 한천 등의 점질물은 모두 일종의 hemicellulose이며, 또 펙틴질이다.

2) 단백질

말린 해조 중에는 10~30%의 단백질이 함유되어 있으며, 특히 김에는 많이 들어 있다. 해조단백질에는 tryptophan, threonine, phenylalanine 등은 많으나 methionine, lysine 등의 아미노산이 적다.

3) 지방

해조류에는 지방이 1% 내외로 극히 소량이 들어 있다.

4) 무기질과 비타민

해조류는 무기질이 풍부하며, 특히 나트륨과 칼슘, 인, 철, 요오드가 많이 함유되어 있다. 홍조류와 녹조류에는 카로틴은 상당량 함유하고 있어 비타민 A의 효력이 있다. 티아민은 적으나 리보플라빈과 나이아신 함량이 높고, 신선한 해조류에는 비타민 C의 양도 비교적 많다.

5) 방향성 물질 및 지미성분

해조류에는 특유의 냄새를 가지고 있다. 갈조류의 냄새는 테르펜(terpene)계 물질이며, 녹조류와 홍조류에서는 함황계화합물이 원인물질이다.

김의 냄새는 dimethyl sulfide에 의한 것이다. 김의 구수한 맛은 glycine, alanine 등의 유리아미노산에 의한 것이고, 다시마는 glutamic acid가 나트륨과 화합하여 생긴 monosodium glutamate가 구수한 맛을 내는 원인이 된다.

2. 해조류의 종류

1) 녹조류

녹조류에는 파래, 클로렐라, 청각, 매생이 등이 있으며, 녹조류는 해수면의 가장 가까운 곳에 서식하는 조류로 클로로필을 갖고 있어 광합성을 한다.

(1) 파래

파래는 민물이 흘러 들어가는 담수가 섞인 연안에 큰 군락을 이루면서 늦은 가을부터 초여름까지 번식하며, 파래는 선명한 녹색을 띠며 강한 알칼리성 식품으로 요오드와 비타민 U가 들어 있다. 현재 김 모양으로 가공하여 사용하거나 직접 식용으로 사용하고 있다.

(2) 클로렐라

클로렐라(chlorella)는 chloros, 즉 작다는 뜻을 가진 라틴어에 근거하는 용어로 녹조류에 속하는 대표적인 해조류이다.

단백질은 52.2%(건물량 기준) 정도이며, 아미노산은 lysine이 많고, methionine 함량은 일반 식품에 비해 적은 편이다. 그밖에 탄수화물(19.7%), 지방(6.6%), 섬유소(10.4%)와 회분(10.1%) 정도이고 주로 마그네슘, 황, 칼륨, 나트륨, 망간 등이 고르게 함유되어 있으며, 특히 필수지방산은 균형있게 들어 있다.

그밖에도 비타민과 핵산 관련 물질이 들어있다. 위와같은 영양적 특징 때문에 젖산균에 대해서는 성장촉진 효과를 나타낸다.

(3) 청각

청각은 바다의 얕은 곳에서 자라는데 돌, 바위, 조개껍질 등에 부착하여 자란다. 생것으로 이용되어 샐러드, 냉국, 물김치와 함께 시원하게 먹는다.

(4) 매생이

청정지역에 서식하며 파래와 비슷하게 생긴 녹조류이다. 국을 끓이거나 국수 반죽에 첨가하여 매생이 국수로 먹는다.

2) 갈조류

갈조류에는 미역, 다시마, 톳 등이 있으며, 카로티노이드인 푸코산틴(fucoxanthin) 등의 색소가 함유되어 있다. 아미노산인 리신(lysine)의 유도체인 라미닌(laminine)이 혈압을 낮추고, 건조 갈조류 표면의 흰가루는 만니톨로 단맛을 준다. 변비 예방에는 알긴산(alginic acid)이 효과적이다.

(1) 미역

미역의 영양성분은 수분이 전체의 약 83%이며, 당질과 무기질이 비교적 많이 들어 있다. 일반적으로 12월에서 1월 초순까지는 수분이 많고 지질이 적으나, 1월 중순 이후에는 수분이 적어지면서 지질함량이 많아진다.

미역의 점성물질은 알긴산(alginic acid)인데, 이 물질은 점액선으로부터 분비되며 뿌리보다 잎이나 줄기에 많이 들어 있다.

미역의 다당류는 체내에서 소화되지 않고 그대로 배설되므로 열량원으로는 이용되지 않는다. 그런데 알긴산과 같은 당류는 금속 흡수능력이 강하여 유해금속 제거에 유용하다. 또한 섬유질은 5~15% 정도 함유하고 있으며 다당류와 함께 장벽을 자극하므로 정장 효과를 가지고 있다.

미역은 열량원으로서의 가치는 적지만 ① 무기질 및 비타민의 급원 ② 섬유질 식품으로서의 정장작용 ③ 알칼리성 식품 ④ 유해금속의 체내흡수 억제효과 ⑤ 기타 특수성분으로 항콜레스테롤 효과 등이 있다. 미역이 산모와 성인병에 좋은 이유는 칼슘, 요오드, 점성다당류, 비타민, 무기질 등의 효과 때문이다.

(2) 다시마

다시마의 감칠맛의 주성분은 glutamic acid, aspartic acid, succinic acid, mannitol 등이며, 지방은 적게 들어 있으나 비린내가 많이 나고 회분 중에는 칼슘, 요오드가 많이 들어있다. 다시마는 튀각, 부각, 다시마차 등으로 사용되며, 빛깔이 검고 조직이 두꺼울수록 좋은 제품이다. 빛깔이 붉게 변한 것이나 잔주름이 있는 것은 좋지 않으며, 흑색에 약간 녹갈색을 띤 것이 우량품으로 취급되고 있다.

다시마의 흰 가루인 만니톨이 단맛을 내며 다시마 국물은 다시마를 젖은 행주로 닦아 5분 정도 끓인 후 건져내야 맛이 좋다. 감칠맛을 내는 글루탐산은 오래 끓이면 쓴맛이 난다.

(3) 톳

톳에는 칼슘, 칼륨, 인, 철 등의 무기질이 많이 함유되어 있고 알칼리성 식품으로 날로 먹으면 비린맛이 있어 삶아서 말려 떫은 맛을 제거하는 것이 좋다.

데친후 볶음, 무침, 샐러드, 냉국 등에 이용한다.

3) 홍조류

홍조류에는 김과 우뭇가사리가 있으며 피코에리스린(phycoerythrin), 피코시아닌(phycocyanin), 클로로필, 카로티노이드 등의 색소를 갖고 있어 홍조류는 적색을 나타내는 조류이다.

(1) 김

김의 영양적 특징은 단백질 35~40%, 각종 무기질, 특히 칼슘, 철, 인이 풍부하고 비타민 A, B_1, B_2, C, D 등도 풍부하며, 지방이 0.9%로 비교적 적게 들어있는 대표적 알칼리식품이다.

김에는 한천이 많이 들어있고, 그밖에 cellulose, sorbitol, dulcitol 등이 들어 있으며 단맛과 지미를 가진 아미노산인 glycine, alanine 함량이 많아서 김 특유의 감칠맛을 나타낸다. 또한 김에는 독특한 향미가 있는데, 김을 구울 때(160℃) 순간적으로 녹색으로 되는 것은 적색인 피코에리스린(phycoerythrin)이 탈수소화되어 청색의 피코시아닌(phycocyanin)으로 변하기 때문이다.

또한 김이 오래되면 붉게 되는데, 이는 습기가 많을 때 더욱 빠르게 진행된다. 즉 오랫동안 광선 또는 공기와의 접촉을 통하여 xanthophyll 이나 chlorophyll이 분해하기 때문이다. 붉은색으로 변한 김은 구워도 녹색으로 변하지 않는다.

김은 건조김으로 직접 식용에 이용하거나 맛김, 김부각, 조미김 등으로 이용된다.

(2) 우뭇가사리

우뭇가사리는 한천의 원료로 사용된다. 한천은 2종류의 다당류, 즉 agarose(70%)와 agaropectin(30%)의 혼합물인데, 한천의 용도는 미생물 배지에 주로 사용되며, 식용으로는 양갱, 잼, 젤리 등에 펙틴 대용으로 사용한다. 또 요구르트의 유청분리 방지, 양조공업의 청정제, 식품공업의 안정제, 겔형성제, 중점제 등으로 사용되고 있다.

4) 기타

(1) 천사채

천사채는 다시마등 해조류의 다당류를 가공한 것이다. 샐러드에 많이 이용하며 조리할 때는 찬물에 담근 후 바로 건져서 쓰며 열량이 적어 저열량 식품이다.

(2) 꼬시래기

꼬시래기는 남해안 지역, 특히 완도 지역에서 미역 양식 과정에서 같이 수확되는 홍조류이다. 굵은 실과 같은 모양이며 데쳐서 고추장 무침으로 즐겨 먹는다.

(3) 함초

바다의 약초라 불리는 함초는 소금을 흡수하면서 자라는 풀로 짠맛을 지니고 있다. 무기질, 엽록소, 효소를 함유하며 데쳐서 나물로 무쳐 먹기도 한다.

3. 버섯류의 일반 성분

버섯은 수분 90%, 당질 6%, 섬유소1%, 단백질 2~3%, 지질 0.2~0.3% 정도를 함유하고 있다. 버섯에 있는 에르고스테롤(ergosterol)은 자외선에 의하여 비타민 D_2로 변한다. 버섯을 썰었을때 색이 변하는 것은 폴리페놀옥시다제

(polyphenoloxidase)에 의한 것이다. 버섯은 나무에 기생하는 균류로 번식기관인 자실체와 영양기관인 균사체로 되어 있다.

4. 버섯류의 종류

1) 표고버섯

표고버섯은 식이섬유인 베타글루칸과 비타민 D의 전구체인 에르고스테롤을 많이 함유하고 있다. 표고버섯의 향은 렌티오닌(lentionine)이며 감칠맛은 구아닐산에 의한다. 표고는 생표고버섯과 말린 표고버섯(건표고)을 조리에 사용하는데 건표고버섯은 미지근한 물에 담가두어서 불린 후 사용하며 약 6~7배의 무게가 증가할 수 있다. 너무 뜨거운 물에 담가두지 않도록 한다.

2) 느타리버섯

느타리버섯은 생느타리버섯과 말린 느타리버섯이 있으나 요즘은 생느타리버섯을 많이 사용하며 주로 잡채, 나물, 찌개에 사용한다

3) 목이버섯

사람의 귀 모양과 비슷하여 목이버섯이라 불린다. 프로비타민 D인 에르고스테롤을 갖고 있으며 말린 목이 버섯을 충분히 물에 불려서 잡채 등 요리에 사용한다.

4) 양송이버섯

양송이버섯을 칼로 자르면 갈변 하는데 이 때는 식초물이나 레몬즙을 뿌리면 갈변을 방지할 수 있다. 갈변은 폴리페놀옥시다제(polyphenol oxidase)에 의한다.

5) 송이버섯

소나무에서 자라는 버섯으로 음력 8월 중순경 채취한다. 송이버섯의 감칠맛은 구아닐산, 아스파르트산, 글루탐산에 의한 것이며 특유의 향은 메칠 시나메이트(methyl cinnamate)와 마츠다케올(matsudakeol)에 의한다.

6) 석이버섯

바위에서 자란다 하여 석이버섯이라 하며 검정색이다. 미지근한 물에 불린 후에 양손으로 비벼서 안쪽의 이끼를 제거한 다음 물에 헹구어 사용한다. 주로 고명으로 사용되며 떡, 보쌈김치, 지단, 국수 등에 이용된다.

7) 싸리버섯

싸리 빗자루 같이 생겨서 싸리버섯이라 하며 구이, 무침 등에 이용되나 독성이 있어서 주의해야 한다.

16

젤라틴과 한천

1. 젤라틴(gelatin)
2. 한천

제16장 젤라틴과 한천

1. 젤라틴(gelatin)

1) 젤라틴의 성분

젤라틴은 동물성 단백질이기는 하나, 필수아미노산의 함량이 적고 생물학적 영양가가 낮은 불완전단백질이다. 젤라틴은 동물의 결체조직에 존재하는 단백질 콜라겐을 부분적으로 가수분해하여 얻게 되는 유도단백질이다.

젤라틴은 동물의 뼈, 가죽 등의 콜라겐(collagen)을 산 또는 알칼리로 분해시킨 후 정제하여 식용 젤라틴으로 만든다. 젤라틴은 친수성 콜로이드를 형성하는 단백질 가수분해물로서 젤리제조, 기타 각종 가공식품 제조 시에 널리 사용되고 있다.

2) 젤라틴의 성질

(1) 흡수팽윤과 가열용해

젤라틴은 흡수성이 있어 물에 담그면 물을 흡수하여 팽윤한다. 젤라틴은 중량의 6~10배에 해당하는 물에 흡수하며, 장시간 물에 담가두면 무한히 팽윤한다. 조리 시에는 약 10배의 물을 담그는데, 이 때에 분말로된 젤라틴은 흡수표면적이 크기 때문에 흡수가 촉진되므로 약 5분 담그고, 판상의 젤라틴은 20~30분간 담그어 둔다. 흡수 팽윤된 젤라틴을 35~40℃로 가열하면 용해한다. 이때 높은 온도로 가열할 필요가 있다. 이것을 다시 냉각시키면 겔(gel)을 형성하고 가열하면 졸(sol)을 형성한다.

(2) 응고

젤라틴을 물에 섞어두면 물을 흡수하거나 용해된다. 이것을 냉각시키면 겔(gel)을 형성하여 응고된다. 이러한 응고는 여러 가지 조건에 따라 현상이 다르게 나타난다.

젤라틴 겔은 매우 낮은 농도에서 단단한 겔을 형성하며, 이 겔은 또한 투명한 특징을 가지고 있다. 젤라틴 겔의 견고성에 영향을 주는 요인은 다음과 같다.

① 젤라틴의 농도

대체로 젤라틴은 3~4%의 농도에서 겔을 형성하며, 젤라틴의 함량이 클수록 형성된 겔의 견고성도 강하다. 젤라틴의 농도는 음식의 종류에 따라 다르지만 기온에 따라서 농도를 조절해야 한다.

② 젤라틴의 온도

젤라틴의 겔화 온도는 20℃ 이하의 낮은 온도에서 응고한다. 일반적으로 온도가 낮을수록 형성된 겔의 견고성은 크다. 그러므로 빨리 응고시키고자 할 때는 냉장고나 얼음물 등을 사용한다.

기온이 높은 여름철에는 낮은 때에 비하여 2배 정도의 농도를 높여주어야 한다. 그 이유는 온도가 높으면 일단 응고되었던 것이 다시 융해되기 쉽기 때문이다. 젤라틴의 응고온도와 융해온도는 다음 표 16-1과 같다.

[표 16-1] 젤라틴의 응고온도와 융해온도

젤라틴의 농도	응고온도(℃)	융해온도(℃)
2%	3.2	20.0
3%	8.0	23.5
4%	10.5	25.0
5%	13.5	26.5
6%	14.5	27.0
10%	18.5	28.5

③ 시간

젤라틴의 농도 및 온도에 따라 응고시간이 다르고 최대 경도에 이르는 시간이 다르다. 일반적으로 온도가 낮을수록 빨리 최대 경도에 도달하게 된다.

④ 젤라틴 분자의 분자량

일반적으로 겔 형성에 사용되는 젤라틴의 분자량이 클수록 겔의 견고성도 커진다.

⑤ 염의 영향

젤라틴 겔의 견고성에 대해서는 첨가된 또는 원래 존재하는 염류의 종류나 양은 실제적인 영향을 주지는 않는다. 식염은 물의 흡수를 막아서 겔의 견고도를 높인다. 증류수나 연수에 비하여 경수에 의하여 빨리 응고되며, 단단한 응고물을 형성한다. 또한 우유를 첨가하면 우유 중의 염류가 응고를 돕는다.

⑥ 산의 영향

pH가 4.6과 8.2 사이이면 pH의 변화는 형성된 젤라틴 겔의 견고성에 아무 영향도 주지 않는다. 다만 pH가 강산성인 경우는 젤라틴 분자에 서서히 가수분해가 일어나며 견고성도 감소한다. 그러므로 과일즙, 토마토주스, 레몬주스, 식초 등을 첨가하면 젤라틴의 응고를 방해하고 심하면 응고하지 않는다.

⑦ 당의 영향

다량의 설탕은 겔의 강도를 감소시키며 설탕의 농도를 0.05M~1M로 했을 경우에 겔의 강도가 크게 감소하는 것을 볼 수 있으며, 설탕의 농도가 증가할수록 겔의 강도는 감소한다.

⑧ 효소의 영향

단백질 분해효소인 파인애플의 bromelin은 젤라틴의 겔 형성 능력을 감소시킨다. 그러므로 통조림 파인애플은 파인애플을 2분정도 가열한다.

3) 젤라틴 겔(gel)의 용도 또는 이용

① 젤리 과자류로서 저칼로리 식품, 즉 다이어트식품에 널리 사용된다.
② 젤라틴은 식품용 유화제 또는 안정제 등으로 널리 사용된다.
③ 건조의 억제가 바람직한 일부 식품의 피막, 글레이즈(glaze)로 사용한다.

④ 특수한 용법으로는 젤라틴이 탄닌과 불용성 복합체를 형성하므로 과즙 등에서 탄닌을 제거하는 데 사용한다.

4) 젤라틴을 이용한 음식

(1) gelatin dessert

썰어놓은 과일과 과일즙, 설탕, 젤라틴을 섞은 plain fruit jelly와 젤라틴과 난백을 이용한 마시멜로, chiffon cake 등이 있다.

(2) 족편

재래식의 족편은 소의 족에 함유된 콜라겐을 가열하여 젤라틴을 만든 후에 굳힌 것이다. 최근에는 가격이 비싸므로 양지머리나 사태 등을 이용하여 고깃국물을 만든 후 젤라틴을 10~12% 첨가하여 굳히는 방법을 이용하고 있다. 족편은 화력의 강약과 가열시간에 따라 제품의 견고도가 일정하지는 않다.

2. 한천

1) 한천의 구조

한천은 해조류에서 홍조류인 우뭇가사리에서 추출한 복합다당류를 동결 건조한 것이다. 한천의 중요성분은 galactan이다. 한천의 구조는 겔형성 능력이 뛰어난 agarose와 겔 형성 능력은 약하나 점탄성이 높은 agaropectin의 두 성분으로 구성되어 있다.

한천의 겔 형성 능력은 0.2~0.3%에서 시작되며, 1~2%의 농도에서는 매우 단단한 겔을 형성한다.

2) 한천의 성질

한천의 융해온도는 80~100℃이며 가열된 한천의 수용액은 30℃ 부근에서 굳어져 탄력성이 있는 겔이 되며 한천의 융해온도 및 응고온도는 농도에 따라 달라진다. 즉, 농도가 높을수록 용해온도가 높고, 높은 온도에서 빨리 응고할 수 있으며 겔의 강도도 크다. 또한 한천은 저열량 식품으로 많이 이용되며, 여러 가지 응고제, 젤리, 과자의 제조, 미생물의 배양배지에 이용된다.

(1) 흡수팽윤

한천은 물에 담그면 흡수팽윤한다. 팽윤도는 한천의 종류, 수질, 물의 온도, 침지시간 등에 따라 다르다. 중성에서 팽윤도가 가장 높고 다음이 알칼리성이며, 산성에서 가장 적다. 한천의 종류에 따라 각한천(角寒天)이나 사한천(실모양의 한천)의 경우에 한천의 20배를 흡수한다. 입상이나 분말의 경우는 침지시간에 관계없이 비슷한 정도의 수분을 흡수한다.

(2) 가열용해

흡수팽윤한 한천에 물을 가하여 가열용해하는 것으로, 물에 침지 시킨 후 약 80%를 흡수하면 가열한다. 한천의 용해 온도는 80~100℃로 젤라틴에 비해 높아, 가열용해 시켜야 한다. 한천의 농도가 낮을수록 빨리 용해하고 농도가 2% 이상이면 용해되기 힘들다. 그러나 과일즙이나 설탕을 첨가할 경우는 한천의 농도를 2% 이상으로 해야 한다.

이런 경우는 물을 충분히 가하여 농도를 2% 이하로 하고 가열에 의해서 수분을 증발시켜 농도를 조절한다.

(3) 응 고

가열 용해하여 어느 농도에 이른 한천용액을 냉각하면 점도가 빠르게 증가하고, 이 때 망목(網目)구조를 형성하며 유동성을 잃고 겔(gel)화한다.

한천의 응고에 영향을 주는 요인은 다음과 같다.

① pH

한천은 알칼리성에서는 겔화가 잘되지만 산성에서는 겔 형성이 약하다. 한천용액에 과일즙을 첨가하여 가열하면 과일즙의 유기산에 의해서 가수분해를 일으켜 겔 형성이 약하게 된다. 그러므로 과일즙을 첨가할 때는 한천용액은 충분히 졸인 후 60℃ 정도로 식힌 후에 과일즙을 첨가한다.

② 온도

한천의 응고 온도는 35~40℃이며 온도가 낮을수록 잘 응고된다. 그러므로 한천은 실온이상에서 응고하므로 냉각, 냉장이 필요없다.

③ 농도

한천은 일반적으로 0.5~1.0% 이상의 농도에서 겔을 형성하므로, 3%까지가 용해의 한계이다. 한천의 농도가 높을수록 응고온도가 높아진다.

④ 첨가물

첨 가 물	미치는 영향
설 탕	점성, 탄력의 증가 : 설탕의 농도가 높을수록 겔의 강도가 증가한다.
과 일 즙	과일즙의 유기산에 의해 가수분해를 일으켜 겔이 약화된다. 한천용액을 약 60℃로 가열하여 과일즙을 첨가한다.
우 유	적은 양의 우유 첨가는 겔 형성에 영향을 미치지 않으나 많은 양의 첨가는 우유 중의 단백질과 지방이 한천 겔의 망상 구조를 방해한다. 우유의 첨가시에는 한천의 농도를 높여야 한다.
난 백	난백 거품의 비중이 가벼워 위에 떠서 분리될 수 있다. 난백에 설탕을 첨가하여 안정된 거품으로 분리를 방지한다.
팥 앙 금	팥앙금은 비중이 무거워서 밑에 가라앉을 수 있어 응고시킬 때 온도를 높여서 약 40℃에서 응고시킨다.

(4) 이장(syneresis)

겔은 시간이 증가하면 겔의 조직을 구성하고 있는 망목구조가 서서히 수축하게 된다. 그러면 망목구조 사이에 있던 액체가 서서히 나오기 시작하는데, 이러한 현상을 이장(syneresis)이라 한다.

3) 한천의 용도

한천은 냉수에 녹지 않으나 팽윤하여 20배의 물을 흡수한다. 그러나 열탕에는 잘 녹아서 0.5%의 농도에서 안정된 겔을 형성한다. 0.1% 이하의 농도에서는 겔화되지 않고 점조액(粘稠液)으로 된다. 한천의 겔 형성은 한천분자와 물분자 간의 수소결합에 의한 망상구조에 의하며 그 겔은 온도와 농도에 따라 달라진다.

이러한 성질을 이용하여 젤라틴의 대용품, 유화제, 분산제, 안정제 등으로 식품가공에 널리 이용된다. 식품가공에는 제과류에 응고제, 유제품류에 안정제, 양조류에 청등제, 통조림류에 중량제 및 보습제 등으로 첨가한다. 공업용으로서 견직물과 제지 등에 호료(湖料), 방수 및 방음, 농약류 등에 안정제로 첨가된다, 의약용으로서 정장제, 치료제 등으로 이용되고, 그밖에 세균배양기 등으로 널리 사용한다.

4) 한천을 이용한 음식

한천은 다량의 설탕을 첨가하여 후식으로 이용한다. fruit jelly는 한천에 물을 첨가하여 흡수시킨 후에 설탕을 가하고 가열 용해한 다음 60℃ 정도에서 일정량의 과일즙을 넣고, mold에 넣어 냉각, 응고시킨다. 그리고 양갱은 한천에 물을 가하여 30분 정도 침지시킨 다음 가열하여 용해시킨 후에 설탕을 가하여 끓인다. 끓으면 팥앙금을 가하고 다시 끓여 mold에 넣고 응고시킨 후 팥앙금과 한천이 분리되지 않도록 40℃를 유지하면서 응고시킨다.

17

음 료

1. 차
2. 커피
3. 술(주류)
4. 기타 음료

제17장 음 료

사람들이 음료를 마시는 것은 일반적으로 독특한 맛과 향기를 가지면서 신경을 자극시켜 기분을 좋게 하기 때문이다. 음료는 뜨겁게 또는 차게 마신다.

1. 차

차는 차나무의 어린 잎을 따서 음료로 가공한 제품이며, 차나무는 키가 2~3m인 관목과 30~32m에 달하는 교목이 있고, 그 품종에는 중국종과 인도종이 있다.

우리나라에서 생성되는 차는 야생차와 재배차가 있다.

1) 차의 종류

녹차는 가공 첫 과정에서 찻잎을 화열(중국식) 또는 증기(일본식)로 가열하여 찻잎 속의 효소를 불활성화시켜 산화를 방지하고 고유의 녹색을 보존시킨 차이다. 우룽차는 찻잎을 햇볕에 쪼여서 다소 시들게 하여 잎성분의 일부를 산화시켜 방향이 생긴 후에 볶은 반발효차로 향미는 녹차와 홍차의 중간이다. 홍차는 차잎을 시들게 하여 잘 문질러서 잎 속에 들어있는 산화효소의 작용으로 잎성분의 산화를 일으켜 말린 차이다. 빠우종차는 반발효차에 속하며, 향미가 녹차에 가깝다.

단차는 차잎을 증기로 연화시켜 틀에 넣어서 압축하여 판자형이나 누룩형으로 차를 정형한 후 말린 것으로, 녹차를 원료로 한 것이 녹단차, 홍차를 원료로 한 것이 홍단차이다.

(1) 녹차

녹차는 생잎을 찌는 일본식의 증건차와 화열을 이용하는 중국의 배건차로 나누는데, 일본에서도 초기에는 배건차가 생산되었으나 대량생산이 쉬운 증건차로 전향되어 지금은 대부분이 기계화된 증건차가 생산되고 있다. 증건차는 고소한 향보다 풋내가 강하고 배건차는 고소한 향이 강하다. 증건차에는 고소한 향을 돋우기 위해 현미를 볶아서 섞은 현미차가 있고, 대만에서는 녹차의 향을 돋우기 위해 정향을 섞은 화차가 유명하다.

(2) 홍차

세계적으로 음용되는 차의 80% 이상이 발효차인 홍차이며, 주산지는 인도, 스리랑카, 동남 아프리카 등지이다. 우리나라도 70년대 전후하여 일본의 홍차 품종 '베니호마레'를 도입, 파종하여 다원을 조성, 지금은 남부에서 양질의 홍차가 생산되고 있다. 베니호마레는 내한성이 약하고 제품에 특유한 향이 옅기 때문에 현재는 수입 홍차를 30~50% 혼합하여 향을 보완시킨 후에 시판되는 것으로 알려져 있다.

홍차제조의 주요 조작은 찻잎 속의 polyphenolase 등의 산화효소를 이용하여 찻잎 탄닌인 카데킨을 산화 및 중합시키는 것이다.

카테킨을 중합하여 2합체인 thealubitin, theaflavin이 생성된다. 카데킨의 2합체는 물에 녹아 특유의 적등색을 띠지만 중합체가 되면 물에 불용성이 된다.

(3) 우롱차

중국의 반발효차 가운데 대표적인 차로, 홍자의 중간에 해당한다. 제법은 차엽을 광주리에 담은 후에 햇빛에 쪼여 시들게 한 다음 실내에 옮겨 때때로 교반하면서 발효시킨다. 발효도는 60~70%이다. 발효시킨 것은 볶아서 효소를 불활성화시킨 후 손질하여 건조시켜서 제품화한다. 우롱차는 향미가 풍부한 차이다.

(4) 생강차

생강차는 독특한 매운맛과 방향성분뿐만 아니라 한방약재로도 이용된다. 방향성분은 cineol, ziniberol, zingiberen 등이고, 매운맛은 zingerone, shogaol 등이다. 얇게 저며서 계피와 함께 우리거나 곱게 채를 썰어 설탕에 재워 두었다가 끓는물에 타기도 한다.

(5) 인삼차

인삼은 여러 생리작용을 하고, 음료로도 많이 이용한다. 인삼액을 추출하여 분말로 만든 것과 농축액이 있으며, 인삼을 가루로 하여 꿀에 재워 두었다가 물에 타서 마시기도 하고, 대추나 생강 등을 인삼과 함께 끓여서 음료로 사용한다.

(6) 구기자

주성분은 betane, zeaxantbine, physalien 등을 함유하며, 약술과 음료로 이용된다.

(7) 결명자

예로부터 즐겨 마셔 오던 것으로, 이뇨 강화작용 등이 있다. 주성분은 emodine, obtussifolin, obtussion 등이다.

(8) 오미자

독특한 방향과 상쾌한 신맛을 주며, 연한 붉은색으로 색체가 아름답다. 주로 찬음료로 사용한다.

(9) 과일차

유자나 모과 등을 얇게 저며 설탕을 넣고 재워 두었다가 여기에서 생긴 시럽과 과실을 넣고 뜨거운 물을 부어 마신다.

2) 차의 성분

차의 성분은 차나무의 품종, 재배 시기 등에 의해 좌우된다. 차의 생엽은 수분이 75~80%이고, 나머지는 고형물로서 탄닌, 퓨린염기, 단백질, 아미노산, 아미드 등이 있다. 탄수화물로는 포도당, 과당, 설탕, 등의 당, 호정, 전분, 펙틴, 섬유소, 식물색소로는 카로티노이드, 플라보놀 유도체, 안토시아닌 등이 있고, 그밖에 납질, 수지류, 유기산, 효소, 비타민, 무기성분으로 되어 있다. 이들 성분 가운데 차의 품질과 맛과 관계가 깊은 것은 카페인, 탄닌산, 아미노산, 정유 등이다. 일반 식물 성분과 비교하여 특이한 점은, 차는 테아닌과 카페인을 함유하여 탄닌 함량이 많고 또 무기성분으로 망간과 불소가 많은 것이다.

차의 일반성분은 차의 종류에 따라 상당한 차이가 있으며, 대체로 녹차는 단백질 양이 많은 것일수록 우량품질이지만 홍차는 단백질이 적은 것일수록 제조에 적합하고 품질이 우량한 것이 많다. 녹차는 다량의 비타민 C를 안전한 상태로 함유하며, 비타민 C의 중요한 급원이다.

(1) 차의 퓨린염기(카페인)

차에 함유되는 퓨린 염기에는 카페인, theophyrine, theoblomine 그 밖에 5종이 알려져 있으나 이 중 카페인이 중요하다. 이를 함유하는 식물은 차, 커피, 코코아, 콜라 등 수종에 불과하며, 차는 이들 중 카페인 함량이 비교적 많다. 카페인은 신경을 흥분시키고, 혈액 순환을 도우며 강심작용, 뇌의 각성작용, 이뇨작용 등의 생리작용이 있고 피로회복에 효능이 있다고 알려져 있다. 온수에 잘 녹고 약간 쓴맛이 있어서 차를 마셨을 때 상쾌감을 준다고 한다.

카페인은 어린 잎(싹)에 많으나 잎이 성숙함에 따라 감소하며, 차에 평균 1~3% 함유되어 있다.

(2) 차의 탄닌성분

찻잎의 탄닌은 catechin, epigallocathechin을 비롯하여 6종이 알려져 있고, 이 중 catechin이 주성분이다. 또 가공과정중 이성화 현상에 의해 더 많은 종류로 되며, 차의 침출액에 색과 떫은맛을 띠게 한다.

카테킨류는 홍차 제조 중에 산화효소의 작용을 받아 각종 산화물을 생성하는데, 주요한 것은 thealubitin이란 적색 혹은 갈색의 색소와 theaflavin이란 등적색의 아름다운 색소의 2종이다.

Thealubitin은 10~15%, theaflavin은 0.5~1.5% 함유되어 홍차 특유의 색깔과 맛의 본체를 이루는 것으로 알려지고 있다. 탄닌은 차의 떫은맛과 쓴맛의 원인이 되는 성분으로, 수렴작용과 지혈작용을 한다.

(3) 차의 침출액 성분

차는 생엽을 그대로 먹는 것이 아니고 온탕이나 열탕에 의하여 추출된 성분을 음용하는 것이므로 찻잎의 성분과 우리들이 마시는 차의 성분은 상당히 다르다. 즉 마시는 차는 찻잎 성분 중 온탕이나 열탕에 가용성의 성분만이 침출된다. 침출액의 성분은 단백질, 당질, 회분, 비타민 C 및 카페인, 탄닌류 등이다. 또 이들 성분함량은 찻잎의 종류, 침출방법과 관련이 많다.

(4) 차 우려내는 방법

차를 맛있게 달이는 중요한 요소는 수질, 물의 온도, 잎차, 우려내는 시간, 찻그릇 등이다. 물은 연수가 좋으며, 수돗물은 염소 냄새가 나지 않도록 물을 받아서 쓴다. 경수를 쓰거나 내면이 부식된 철제의 용기를 쓰게 되면, 차의 탄닌산과 화합하여 검은 침전물이 생긴다.

끓인물의 양과 차의 품질에 따르는 적정온도, 잎차의 투입량, 침출 시간 등은 기호에 따라 가감하는데, 세 번까지 우려 마실 수 있다.

2. 커피

커피는 대개 묘상을 만들어 파종하고 7~12개월쯤에 이식하여 3년이 지나면 꽃을 피우고 열매를 맺게 된다. 그러나 상품화될 수 있는 커피열매는 5~6년이 지나야 하며, 그때부터 14~18년간 수확이 가능하다. 개화부터 결실, 수확하기까지는 12개월이 걸린다.

커피열매는 처음에는 흑녹색이었다가 성숙해 감에 따라 황금색으로 변하고, 6~7개월이 지나면 마침내 짙은 붉은색으로 변하는데, 이것이 바로 커피열매이다. 이 커피열매의 껍질을 벗기면 과육이 들어있고, 이것을 벗기면 콩같은 커피씨가 들어 있는데 이것을 커피생두라고 부른다.

커피의 원료인 원두(green bean)는 크게 아라비카, 로브스타, 리베리카의 3대 원종으로 분류된다. 리베리카는 생산량이 극히 적어서 일반적으로 아라비카에서 분류된 마일드, 브라질과 원종의 하나인 로브스타가 현재에는 세계 커피의 3대 주종이 되어 있다.

1) 커피의 종류

(1) 헤이즐넛(hazelnut)

헤이즐넛향은 풍미 좋은 상쾌한 향을 지닌 개암나무의 열매에서 추출, 제과용으로 널리 사용하는 향이다.

(2) 프렌치바닐라(french vanilla)

바닐라향은 감미로운 향을 지닌 멕시코원산의 난초과의 식물에서 추출된 향으로, 제과용으로도 사용된다.

(3) 아이리쉬크림(irish cream)

아이리쉬 크림은 아이리쉬향과 위스키향, 그리고 크림향이 조화된 아일랜드풍의 커피이다. 위스키향 때문에 처음 마시는 사람은 이상하다고 느낄지 모르지만, 나름대로 개성이 있는 커피다.

(4) 비엔나 커피(vienna coffee)

음악의 도시 오스트리아의 비엔나에서 유래되었다는 커피로, 그 역사만도 300년이 넘은 것으로 알려졌는데, 정작 비엔나에서는 비엔나커피라는 이름을 가지 커피는 없으며, 이곳을 방문하는 관광객들에 의해 단지 입에 오르내르는 이름일 뿐이다.

(5) 아이스 커피(ice coffee)

미국에서는 골드커피, 일본에서는 쿨커피라고도 불리는 이 커피는 여름철에 제일 많이 찾는 메뉴로서, 이 아이스 커피의 생명은 커피의 쓴맛에 있다(아이스커피보다 더 짙게 추출한 커피로는 cafe mazagran이 있다). 한 커피에 비해 향은 적지만 적당히 쓴맛과 고유의 색깔은 여름철의 갈증과 더위를 식혀 주기에 충분하다.

(6) 버터 커피(butter coffee)

동양보다는 서구 사람들이 즐기는 메뉴로서 특히 추운 겨울에 마시면 속이 따뜻해져서 한결 편안한 커피이다. 버터조각이 완전히 녹게 되면 컵 주위에 버터가 붙어서 모양이 좋지 않으므로 식기 전에 마시는 것이 좋다.

(7) 잼 커피(jam coffee)

제정러시아 시대의 귀부인들이 잼을 핥아먹으면서 마셨다는 커피로, 잼의 특성과 커피의 향이 입 속에서 만나는 매력을 느낄 수 있다.

(8) 커피 젤리(coffee jelly)

일본에서는 커피 메뉴 베스트 5위권에 들어갈 정도로 인기있는 메뉴로서, 여성 취향의 커피라기보다는 아이들의 간식이나 디저트용으로 알려져 있다.

(9) 진저 커피(ginger coffee)

산뜻한 생강의 냄새가 커피의 향과 만나서 강한 맛을 느끼게 해주는 커피로, 겨울철 강장제용으로도 많이 이용되며, 프랑스에서 많이 즐기고 있다.

(10) 커피 펀치(coffee punch)

오후의 피로한 시간에 한 잔 마시면 피로가 풀리고 활력이 되살아나 일명 스테미너 커피라고도 하며, 주로 남성 취향의 메뉴이다.

(11) 커피 밀크쉐이크(coffee milk shake)

아메리칸 스타일의 여름철 음료로 모카 쉐이크라고도 불리며, 아이스커피와 아이스크림이 조화된 메뉴이다. 계란의 노른자를 넣기도 하나 약간 텁텁한 맛을 주므로 주의해야 하며, 볼륨있는 글라스를 이용하는 것이 좋다.

(12) 카페 카프치노(cafe cappuchino)

이탈리안 타입의 짙은 커피로, 아침 한때 우유와 커피에 시나몬(계피)향을 더하여 마시게 되면 더욱 풍미를 느낄 수 있다. 카프치노라는 말은 회교종파의 하나인 카프치노 교도들이 머리에 두르는 터번으로, 모양이 같아서 이름지어졌다. 기호에 따라 레몬이나 오렌지 등의 껍질을 갈아서 섞으면 한층 더 여러 향이 어우러진 맛을 살려낼 수 있는 신사의 커피이다.

(13) 하니 커피(honey coffee)

설탕 대신에 벌꿀을 이용한 커피로서, 은은한 꽃향기가 배어 나와서 색

다른 조화를 느낄 수 있는 메뉴이다. 피곤할 때나 취침 전에는 브랜디나 위스키를 첨가해 보는 것도 좋다.

3. 술(주류)

술이란 알코올 성분이 있는 기호성 음료로서 주류 또는 알코올 음료(alcoholic beverage)를 말한다. 즉, 탄수화물이 미생물의 분해 작용을 받아 알코올을 비롯한 여러 가지 성분이 생긴 일종의 발효음료로 알코올이 1° 이상 들어있는 마실 수 있는 것을 말한다. 이때 발효원료로서는 전분질을 주성분으로 하는 곡류, 감자류와 당분을 주성분으로 하는 과일, 당밀이 이용될 수 있다. 전분질은 미생물(주로 곰팡이)이나 맥아에 의하여 생성되는 당화효소에 의하여 당분으로 전환되어야 한다.

또 당분은 효모에 의하여 혐기적 상태에서 알코올과 탄산가스로 분해된다. 따라서 알코올 생성에는 당화작용과 알코올 발효과정이 필요하다. 알코올 음료는 편의상 양조주(발효주), 증류주, 혼성주로 나눈다.

1) 약주 및 탁주

약주와 탁주는 우리나라의 재래주로서 천년 이상을 양조되어 왔으며, 특히 탁주는 농주 또는 회주라고도 하여 예부터 널리 음용되어 왔던 우리나라 술 중에 가장 오랜 역사를 갖고 있는 술이다. 이 탁주에 용수를 넣어서 거른 청주가 만들어졌고 이것은 다시 약주로 변화하였다.

탁주는 주로 서울 이남에서 농주로, 또는 서민층의 음료로 애용되어 왔고, 약주는 주로 중류 이상에서 소비되었다. 약주와 탁주는 찹쌀이나 멥쌀을 원료로, 누룩을 발효제로 하여 양조하여 왔다. 그러나 일본의 입국(粒麴)법이 도입됨에 따라 약주와 탁주 원래의 풍미는 많이 감소되었다.

또한 주조원료는 1963년에 정부의 식량정책으로 원료인 쌀이 밀가루로 대체되고 옥수수, 보리, 고구마전분 등이 혼용되기도 하여 고유의 풍미는 더욱 상실되었다. 1977년에 주조원료로 다시 쌀을 사용할 수 있게 되었으나, 쌀을 원료로 한 양조기술의 미흡으로 밀가루로 양조한, 약주와 탁주에서 얻어진 기호를 찾을 수 없으며. 또 양조장에서 누룩의 사용을 기피하고 그 사용량을 줄임으로써 약주와 탁주의 품질은 크게 변하였다. 종래 우리나라 주세법에서는 탁주양조의 경우는 국(麴) 사용 중 원료 곡류 총 중량의 2.5% 이상, 약주에서는 5% 이상의 누룩을 사용할 것을 규정하고 있다.

(1) 재래약주의 제조

약주는 황해도 이남, 특히 서울지방의 가정에서 비방으로 양조하였다. 감, 산미가 강한 주정분 12~18%이고, 방향이 있는 담갈황색의 비교적 맑은 술이다. 약주의 제법은 지방에 따라 약간의 차이가 있으나 일반적인 과정은 다음과 같다.

① 멥쌀가루, 분곡 및 물로 밑술을 담그고 대개 15일 후 숙성이 되면 찹쌀, 분곡을 끓여서 식힌 것을 위에 덮은 다음 20일 정도 두면 술덧이 숙성된다.
② 술밑에 있어서 분곡 대신에 조골을 쓰는 것, 또는 누룩을 술밑에 전분 넣고 위에 덮을 때는 쓰지 않거나 또는 술덧을 담글때 찹쌀 대신에 멥쌀을 쓰는 것도 있다.
③ 술밑을 만들지 않고, 그 대신 술지게미를 쓰거나 또는 술밑 없이 찹쌀 조곡물로 담금할 수 있다. 이와는 반대로 술 덮는 것을 2회로 나누어서 행하는 수도 있다.

(2) 재래탁주의 제조

① 이화주

고려시대 이후로 양조되었다. 배꽃이 필 때 담근다는 데서 유래되었으며, 밀곡자를 사용하지 않고 쌀가루를 뭉쳐 제조한 설향곡으로 담근다. 백미 5말로 가루를 만들어 물송편을 만들고 증강한다. 잘 냉각한 후에 곡자 5되를 넣어 충분히 혼합하고. 다시 송편형으로 만들어 용기에 나란히 눌러 넣고 3~4일 동안 발효시킨다. 색이 희고 죽과 같이 걸쭉하게 되므로 물로 희석하여 음용하거나 그대로 떠서 먹는 순탁주이다.

② 탁주

구한말의 탁주는 막걸르면서 쌀알을 으깨어 색이 희뿌옇게 탁한 주류로, 산취가 강하고 알코올이 6~7%이다. 백미 1말로 밥을 만들어 5%의 조곡과 1말의 물로 담금한 후 20℃의 발효실에서 5~10일간을 발효시킨다. 담금 후 3~4일에 품온이 최고에 달한다. 숙성술덧은 수기에 체를 얹고 술덧을 넣어서 주물러 여과하고, 다시 깨끗한 물로 후수하면서 여과하여 제성한다. 후수량은 좋은 질의 것은 20~30%, 저질은 70~80%이나 보통은 40% 내외이다. 또 찹쌀을 원료로 한 것은 멥쌀로 양조한 것보다 후수량을 많이 한다.

③ 합주(合酒)

서울식 백주와 같은 것으로, 제법은 탁주와 비슷하나 분곡을 사용하며, 사용량이 탁주보다 많고 숙성기간이 길다. 약주와 탁주의 중간물에 해당한다. 찹쌀 3말을 증강하여 지에밥을 만들어 냉각하고 곡자 5되와 멥쌀 7.5되로 만든 쌀가루를 섞어 용기에 넣은 후에 물 4말을 부어 교반하여 7일간을 발효시킨다. 숙성하면 체로 여과하여 제성한다. 알코올 함량은 10% 내외이다.

④ 합성탁주

94%의 주정 10ℓ에 물을 가하여 47% 알코올 20ℓ를 만들고, 활성탄으로 주정취를 제거한다. 다시 물을 가하여 알코올 분이 6%가 되게 한 것에 모액(소액분 16㎏, 입국 4㎏, 곡자 0.5㎏, 주모 1ℓ, 급수 8ℓ로 만든 것)을 가하고, 여기에 다시 향미액(acetic acid 2.5㎖, citric acid 50g, NaCl 25g/ℓ), 설탕 및 CMC를 가하여 합성탁주를 만든다.

⑤ 기타

찹쌀을 원료로 하여 누룩을 많이 넣고 전체를 떡처럼 쪄서 담그거나 찹쌀과 누룩을 떡처럼 쪄서 소주에 침지하는 방법 및 찹쌀과 누룩을 소주에 혼합하여 침지해서 만든 탁주도 있다.

(3) 약주·탁주의 품질

① 약주

약주는 주정(ethyl alcohol)도가 10~13%로, 각종 아미노산과 비타민 등의 미량성분을 함유하고 있으며, 약주 특유의 향미를 갖는다. 약주는 담황

갈색으로 누런빛이 더 있는 순주라 하여, 다소 혼탁되어 있다.

약주는 감미와 산미가 강하고 20℃ 이하에서 저장한 것은 혼탁이 적으며 풍미가 좋으나 20℃ 이상에서 오래 저장하면 군내가 난다. 약주는 저장 중 변질이 잘 일어나고 색이 나빠지므로 신선한 상태에서 빨리 소비하는 것이 좋다. 약주는 저장기간의 연장으로 병입 후에 저온살균을 하나, 저온살균 중 색이 진해지고 이취가 생성되기 쉽다.

[표 17-1] 약주의 일반성분(단위 : %)

약 주	주 정	조단백	총 산	총 당	Extract	pH
쌀약주	10~13	1.6	0.12	1.9	3.78	4.5
밀가루약주	10~13	2.4	0.34	3.5	5.92	4.3

[표 17-2] 재래약주의 성분

	주정 (%)	산도 N/10 NaOH	알데히드 (mg%)	퓨젤유 (%)	에스테르 (mg%)	케토산 (ppm)
백하주	18.6	3.4	8.04	0.092	23.57	56.45
록피주	18.0	4.8	10.12	0.106	41.82	12.01
부의주	16.8	2.8	14.31	0.104	32.13	32.17
청명주	18.0	4.2	14.48	0.162	32.16	27.47

시판 약주의 유기산으로는 lactic acid가 제일 많고, 다음이 tartaric acid, citric acid의 순으로 보고되어 있다. 약주 중의 iso-amylalcohol, iso-butanol, n-propanol, ethyl acetate, acetaldehyde, formaldehyde, dimethyl sulfide는 약주의 향기형성에 관여하는 것으로 보고된 바 있다.

② 탁주

탁주는 주정도가 6~8%이고 각종 아미노산과 유기산, 비타민 등이 있으며. 발효과정중 ester, aldehyde, fuesl유 등도 생성되어 특이한 향미를 형성한다. 탁주는 제성 후에도 어느 기간 발효가 진행되어 청량미를 가지며, 혼탁도의 균형도 유지되나 시간이 오래되면 청량미가 상실되고 고형물의 앙금이 많아져서 품질이 떨어진다.

2) 칵테일

칵테일은 어떤 술에 두 가지 이상의 재료(다른 술, 과즙 또는 탄산음료)를 섞어서 새로운 맛과 향기, 그리고 색채의 멋진 조화를 만들어낸 혼합주이다. 이것은 알코올 도수를 낮춘 저알코올 음료로서 주재료로 쓰이는 술을 밑술(base liquor)이라고 하며, 주로 브랜디, 위스키, 진, 보드카, 럼, 테킬라 같은 증류기를 이용해서 농축시킨 술인 증류주가 밑술로 사용되고, 부재료로 탄산음료, 주스, 계란, 크림, 혼성주 같은 것이 쓰인다. 칵테일은 여러 재료를 사용하여 만드는 것인 만큼 맛, 향기, 색채가 조화를 잃지 않아야 한다. 칵테일의 종류는 셀 수 없을 만큼 많으며, 종류마다 만드는 방법이 따로 있다.

(1) 핑크 레이디(pink lady)

쉐이크에 계란 한 개 분의 흰자, 얼음, 드라이진 1온스, 그레나딘 시럽 1/3온스, 스위트 크림 1/3온스를 넣고 스무 번 이상을 잘 흔든 다음, 냉각시킨 칵테일 글라스에 따른다. 1912년 런던에서 '핑크 레이디' 라는 연극이 널리 흥행했었는데, 그 때 연극 관계자들이 주최한 파티에서 극의 주인공으로 출연한 여배우에게 바쳤던 칵테일이다.

(2) 블러디 메리(bloody mary)

6온스의 하이볼 글라스에 얼음 서너 조각을 담고 보드카 1온스를 부은 다음, 토마토 주스로 잔을 채운다. 바 스푼으로 세 번에서 다섯 번쯤 젓고 기호에 따라 우스터셔 소스, 핫 소스, 후추, 소금을 뿌린다.

1920년부터 1933년까지 미국에서 금주법이 행해지던 때에 생긴 음료이다. 이 때 토마토 주스에 진(gin)을 섞음 음료가 비밀 주점에서 퍼져 유행하게 되었는데, 진은 무색이어서 토마토 주스에 넣어도 주스의 빛깔이 바꾸지 않으므로 관원의 검문을 피할 수 있었기 때문이다.

당시 이 칵테일은 블로디섬이란 은어로 불렸다. 블러디란 토마토주스의 붉은 색 때문에 붙여진 것이다. 금주법이 해제된 다음인 1940년쯤 부터는 진 대신에 보다카와 토마토 주스를 섞음 음료를 좋아하는 사람이 늘어났다. 보드카로 만든 것은 진을 넣은 것보다 부드러운 냄새가 난다고 하여 여성의 이름을 붙여서 '블러디 메리' 라고 하게 되었다.

(3) 하비 월 뱅거(harvey wall banger)

6온스짜리 하이볼 글라스에 얼음을 넣고 보드카 1온스와 오렌지 주스를 붓는다. 바 스푼으로 젓고 갈리아노 1/2온스를 살며시 따라준다. 이탈리아의 유명한 리큐르인 갈리아노를 취급하는 세일즈맨 하비가 만들어 낸 것이다.

(4) 키스 오브 화이어(kiss of fire)

칵테일 글라스 가장자리에 레몬즙을 문지르고 설탕을 찍어 둔다. 쉐이커에 얼음, 보드카 1/3온스, 슬로우진 1/3온스, 드라이 버무스 1/3온스, 레몬주스 2대쉬를 넣고 잘 흔든다. 칵테일 글라스에 쉐이커의 재로를 따른다. 이 칵테일의 이름은 1953년의 제5회 올 제팬 드링크 콩쿠르에서 1위에 입상하였다.

(5) 마티니(martini)

믹싱 글라스를 써서 만든 칵테일이다. 드라이 진, 드라이 버무스. 믹싱 글라스를 준비한다. 믹싱 글라스에 드라이 진을 준비한다. 믹싱 글라스에 드라이 진 1과 1/2온스, 드라이버무스 1/3온스를 넣고 바 스푼으로 5~7회쯤을 젓는다.

믹싱 글라스에 스트레이너를 끼우고 냉각시킨 글라스에 따른 다음 올리브로 장식한다.

(6) 오렌지 블러섬(orange blossom)

쉐이커에 얼음, 드라이 진 2/3온스, 오렌지 주스 2/3온스, 설탕 1티스푼을 넣고 잘 흔든 다음, 냉각시킨 칵테일 글라스에 따른다. 오렌지로 장식한다. 이 칵테일은 '순결'의 꽃말을 가진 오렌지 꽃을 그 이름으로 붙였으며, 주로 결혼 피로연의 음료로 많이 마신다.

(7) 슬로우 드라이버(slow driver)

고블렛 글라스에 얼음을 담고 슬로우 진 1온스를 붓는다. 오렌지 주스를 글라스에 채운 다음, 잘 저어서 오렌지로 장식한다.

3) 와인(wine)

(1) 샤르도네(chardonnay)

청색 껍질을 가진 유럽종 화이트 와인의 대표적인 품종이다. 수세기 동안을 친숙한 와인의 이름으로도 널리 사용되어 왔다. 이 포도로 만든 와인은 알코올 함량이 높고 산도가 낮으며 풍부한 향을 가지고 있다. 달지 않은 드라이 와인이나 스파클링 와인을 만드는데 이용되며, 다른 품종으로 만든 와인보다 숙성기간이 길다. 부드럽고 신선한 꽃 향기에, 병입한 후 숙성을 거치면서 불에 구운듯한 고소한 향기가 생긴다. 샤르도네 포도로 만든 와인은 굴, 새우, 연어 등의 생선류와 잘 어울린다.

(2) 쉐닌블랑(chenin blanc)

프랑스 르와르 유역에서 많이 재배되며, 캘리포니아, 남아프리카 등지에서 인기가 높은 포도 품종이다. 신맛이 뛰어난 포도로, 드라이나 세미 드라이 타입의 와인에 이용된다. 촉촉한 이슬을 머금은 짚의 내음이나 은은한 벌꿀향이 느껴지며, 때로는 톡 쏘는 유황의 냄새가 자극적이다. 식전주로 많이 이용되며, 이 포도로 만들어진 와인은 부브레이나 몽루이, 코트 뒤 레이용 등이 있다.

(3) 리즐링(riesling)

독일의 최상급 포도. 프랑스의 알사스 지방에서도 많이 재배되는 대표적인 화이트 와인용 포도이다. 알코올 함량이 낮고 과일의 신맛이 조화롭게 느껴진다. 병입한 후 시간이 지나면서 오히려 독특한 아로마(원재료의 향)가 형성되는데, 포도 자체의 상큼한 향이 뛰어나다. 드라이에서 스위트까지 여러 타입의 와인을 만들 수 있으며, 각각 독특한 맛을 지닌다. 닭고기, 야채, 생선류 등과 함께 마시기에 좋은 와인을 만든다.

(4) 쇼비뇽 블랑(sauvignon blanc)

르와르, 보르도, 캘리포니아 등지에서 재배되는 향기가 탁원할 포두품종이다. 샤르도네 와인이 이상적인 맛이라면, 쇼비뇽 블랑와인은 독특한 향으로 와인애호가들에게 강한 인상을 남긴다. 레몬향과, 구운 생성이나 칠면조, 조개류, 간단한 해산물 요리들과 곁들이기 좋은 와인이다.

(5) 카베르네 쇼비뇽(cabernet sauvignon)

프랑스 보르도 지방의 대표적인 포도 품종이다. 대부분 드라이타입의 와인을 만들지만, 만드는 사람에 따라 산뜻한 타입에서 드라이 타입까지 다양하다. 흔히 '초콜릿' 향으로 특징지어지는 카베르네 포도는 삼나무의 향이나 시가, 또는 담배의의 향기를 느낄 수 있다. 탄닌의 맛이 강하고 병 속에서 10년 이상 보관하면서 잘 숙성된 맛을 즐길 수 있다. 양고기, 멧돼지고기 등의 야생동물 요리와 특히 스테이크 등과는 아주 잘 어울리는 와인이다.

(6) 멜롯(merlot)

보르도 지방에서 많이 재배하는 포도로, 산출량이 많다. 성숙이 빨라 카베르네 쇼비뇽보다 일찍 수확되며, 알코올 함량이 높다. 카베르네 쇼비뇽과 블랜딩하는 품종으로 이용되었는데, 요즘은 단일 품종으로 많이 사용된다. 맛이 부드럽고 순하여 숙성이 별로 필요하지 않다. 꿩, 닭, 오리, 사슴고기 등과 함께 마시기에 좋은 와인이다.

4. 기타 음료

1) 탄산음료

탄산음료란 음료수에 탄산가스, 설탕, 과당, 향료, 그리고 나트륨(Na) 등을 첨가한 음료를 말한다. 대표적인 것은 콜라이며, 콜라 한 캔(355㎖)에는 당분이 약 35g 정도가 함유되어 있다.

그래서 칼로리를 줄이기 위해 만든 것이 다이어트 콜라, 라이트(light) 콜라이다. 다이어트 콜라는 설탕을 넣지 않고 과당과 아스파탐 같은 합성 감미료, 그리고 나트륨 등을 첨가한 것이다. 다이어트 콜라 100㎖에는 12㎉ 이하가 함유되어 있어서 레귤러 콜라보다 칼로리의 양이 1/3 정도로 줄어든 것이다.

2) 스포츠 이온음료

땀으로 손실된 수분 전해질을 공급해 주는 이온음료는, 체액에 가까운 성분으로 체내에 신속하게 흡수된다. 따라서 갈증해소에 빠른 효과를 나타내는데, 한 가지 주의할 점은 독한 술을 스포츠 음료와 섞어 마시게 되면 알코올 섭취가 대단히 빨리 이루어지므로 훨씬 빨리 취하게 된다는 것이다. 따라서 스포츠 이온음료는 술을 마실 때 함께 마시지 말고, 반드시 음주 전후에 마시는 것이 좋다.

스포츠 이온음료에도 설탕, 과당, 항료 등이 들어 있으며, 열량은 250㎖ 한 캔에 약 44㎉ 정도이다.

3) 과즙음료

음료수에 천연과즙 또는 과당을 첨가해서 만든 제품이다. 무가당 포도주스, 무가당 사과주스, 무가당 오렌지주스 등이 과즙음료에 속한다. 여기서 '무가당'이란 말은 설탕 같은 단당류를 첨가하지 않았다는 의미이다. 즉, 당분이 없다는 말이 아니라 과당은 들어 있다는 것이다. 따라서 '저당주스'로 받아들이는 것이 올바르다.

4) 무가당 건강음료

무가당 건강음료란 레드티, 그린티 등으로 당분이 전혀 들어있지 않는 음료를 말하며, 여기에도 전해질이 많이 함유되어 있기 때문에, 운동 후 또는 사우나 중에 땀을 많이 흘려서 갈증을 느낄 때 마시면 갈증해소에 많은 도움이 된다.

무가당 건강음료에는 당분이 전혀 들어 있지 않기 때문에, 무가당 건강음료 한 캔에 함유되어 있는 칼로리는 1㎉ 정도이다.

5) 식이섬유 음료

식이섬유(Dietary fiber)란 식품 중에서 채소, 과일 등에 많이 들어 있는 섬유질 혹은 셀룰로오스로 알려진 성분을 말하는데, 인체 내에서 불해 및 소화되지 않고 몸 밖으로 배출되는 고분자 탄수화물을 총칭하는 것이다. 우리 몸에 필요한 식이섬유의 1일 필요량은 25~30㎎이다.

식이섬유를 많이 먹게 되면 대장에서 식이섬유가 음식물들과 섞여서 배변이 원활하게 되므로 변비가 없어지게 되고, 따라서 다이어트에 도움이 된다. 섬유음료 한 병의 양은 대부분 100㎖ 정도이고, 식이섬유는 5㎖ 정도 들어 있으며 34~60㎉ 정도이다.

18

조미료와 향신료

1. 조미료

2. 향신료

제18장 조미료와 향신료

조미료는 모든 음식에 맛을 내는 요소이며, 조미료의 양과 여러 가지 조미료들을 어떻게 잘 배합시키느냐에 따라 그 음식의 맛이 좌우된다. 서양에서는 조미료의 종류가 소금, 후추, 버터 등에 한정되었으나 우리나라의 음식은 적어도 다섯 가지 이상의 조미료를 사용함므로써 외국음식에서 맛볼 수 없는 독특한 맛을 지닌다.

1. 조미료

1) 소금

소금의 주성분은 염화나트륨(NaCl)이고, 그밖에 염화칼륨, 염화마그네슘, 황산칼슘 등이 불순물로 들어있다. 이 불순물을 제거하는 정도에 따라 호렴, 재렴, 재제렴, 식탁염 등으로 나누어진다.

호렴은 천일염, 굵은소금 이라고도 하며 불순물이 가장 많아서 색이 검고 모래알같이 거칠다. 재렴은 호렴에서 불순물을 제거한 것으로 재제렴에 비하여 거칠고 크다. 재제렴은 식염으로 사용하는 것으로 결정이 곱다.

재제렴은 고운소금, 꽃소금이라고도 한다. 죽염은 대나무 안에 호렴을 넣고 구운 소금이다.

호렴은 아이스크림을 만들 때 0℃ 이하로 온도를 낮출 때 얼음을 섞어 사용하며, 가정에서는 배추를 절이거나 젓갈 담글 때, 간장 만들 때 등에 사용하는데, 불순물이 많고 지저분하며 불순물에 있는 마그네슘은 배추의 맛을 나쁘게 하므로 호렴보다는 재렴을 사용하는 것이 좋다.

이와같이 소금은 음식의 간을 맞추는 데와 식품을 절이는데, 온도를 낮추는 데 이용된다. 염도별로 음식을 조리 시에 적당한 농도는 국은 1%, 생선의 비린내를 없애기 위해서는 1~2%, 조림하는 경우는 2~5% 정도가 적당하다.

[표 18-1] 소금의 종류 및 특징

구 분	원료 및 처리과정	염도(NaCl 함량)	주요성분 및 특징
천일염	염전에서 태양열을 이용하여 농축	93%	천연미네랄 함유, 일부 불순물
재제렴	정제염+천일염+MSG 용해 증발 추출	90%	천연미네랄 미량, 화학조미료 성분
정제염(식탁염)	화학적 반응을 통해 NaCl만을 추출	99%	천연미네랄 없음
가공염	천일염을 용해, 분쇄, 가열처리	85%	천연미네랄 함유

2) 식초

식초는 신맛을 내는 것으로, 여름에는 시원한 맛을 낸다. 식초는 입맛을 돋우고 생선의 살을 단단하게 하기도 한다. 식초는 쉽게 휘발하며 엽록소를 누렇게 만들므로 식초를 넣어 무치는 나물은 먹기 직전에 초를 넣어야 한다. 식초의 종류는 밥과 누룩으로 만든 자연식초와 화학제품인 빙초산의 두 종류가 있다. 맛은 자연식초가 좋으나 값이 비싸고, 종류가 많지 않다. 보통 사과주스를 오래 놓아두면 식초가 된다.

빙초산은 사용할 때 3~5% 물을 타서 사용한다. 또한 식초는 온도에 영향을 받으므로 너무 덥거나 차면 식초의 맛에 효과가 없어지며, 20~50℃가 식초 맛을 내는 적당한 온도라고 한다.

연근을 얇게 썰어 데치거나 말리는 경우, 데치는 물에 식초를 약간 넣거나 썰은 것을 식초물에 담그었다가 꺼내어서 말리면 검어지지 않고 뽀얗게 된다. 이것은 흰색소인 플라본(flavone)이 산과의 반응으로 일어나는 현상이다. 또한 식초는 방부작용을 하는데, 미생물은 산성이면 번식을 잘 하지 못하고 소금과 같이 있으면 더 번식을 하지 못한다. 이것을 이용하여 만든 식품이 마늘장아찌 또는 피클 등이다.

3) 설탕

설탕은 물에 용해되고 섭취 후 흡수되어 에너지 대사에 이용되며, 장내 소화효소 자당에 의해 포도당과 과당으로 분해되어 흡수된다. 흰설탕 100g이 가지는 열량은 300㎉이고 칼로리 공급에서도 설탕은 주요 위치에 있으며, 감미로서 조리가공에 이용되는 이외에 농후한 설탕용액은 방부성을 가지므로 식품의 저장에도 이용된다.

조미료의 침투를 보면 분자량이 적은 것이 침투속도가 빨라 분자량이 소금은 58.5, 설탕은 342.2이므로 맛의 조화를 위해 조리시 설탕을 먼저 넣은 후 소금을 넣는 것이 좋다.

4) 간장

음식의 맛을 좌우하는 것이 간을 맞추는 것이다. 특히 우리가 사용하는 간장은 간을 맞추는 것 이외에 특별한 향미가 있다. 간장의 성분은 단백질 물질인 아미노산과 당을 함유하고 있으며, 유기산이 들어 있어서 향미를 준다. 간장의 맛은 메주가 잘 띄워졌는가 하는 것과 소금의 농도에 따라 달라지게 된다.

간장의 종류에는 재래식 간장과 진간장이 있는데, 진간장은 재래식 간장보다 색이 진하고 싱거우며 단맛이 더 나서 조림용으로 많이 사용한다. 재래식 간장은 국, 구이, 볶음 등에 일반적으로 사용한다.

간장에 여러 가지 조미료를 넣으면 양념간장이 되며, 식품재료에 따라, 목적에 따라 여러 가지 형태로 만들 수 있다. 이 양념간장에 넣을 조미료는 우선 간장, 파, 마늘, 참기름, 깨소금, 설탕, 후춧가루, 고춧가루를 넣고, 구이에는 설탕을 더 넣고 고춧가루 대신 후춧가루를 사용할 때가 있다.

생선조림에는 고춧가루와 생강을 넣어서 비린내를 없애고, 생선국은 간장으로 간을 하는데 비해, 닭국은 소금으로 간을 한다. 고기양념이나 마늘양념, 생선양념 등의 대부분 간장에 여러 가지 양념을 넣어서 양념간장을 만든 후에 음식재료와 섞는다. 예외로 불고기 양념은 설탕에 먼저 재어놓았다가 20~30분 후에 양념간장을 넣어서 고기와 같이 잘 양념해야 맛이 난다. 고기양념은 고춧가루를 넣지 않고 후춧가루를 넣는다. 간장에 초를 넣으면 초간장이 되는데, 전유어와 산적, 전류를 찍어 먹게 된다.

5) 화학조미료

글루타민산소오다(Monosodium glutamate, MSG)는 맛을 현저하게 증가시키고 뛰어난 감칠맛이 있기 때문에 조미료로서 널리 사용한다. MSG는 밀의 gluten, 콩 및 탈지대두 등의 단백질을 산으로 가수분해하여 제조하였으나 요즈음은 포도당 용액에 황산암모늄, 요소, 무기염류, biotin 등을 첨가하여 균의 배양액을 만들고 여기에 glutamic acid 발효균을 접종한 다음 30~35℃로 온도를 유지하면서 약 36시간 발효시킨다.

발효가 끝나면 균체를 여과하고 염산산성으로 한 후 감압농축하여 glutamic acid의 염산염을 분리하든가 또는 그밖에 여러가지 방법으로 glutamic acid를 분리 정제한 다음에 이것을 중화하고, 다시 농축하여 백색결정의 나트륨(Na)염을 제품으로 얻는다.

6) 술·미림

이들 발효조미료는 ethanol을 함유하고 있으며, 그 양은 미림 13%, 정종 15%, brandy나 wisky는 45% 정도이다. 미림은 일본특유의 조미료이며 당분이 47% 함유되어 있고 아미노산도 존재하기 때문에 갈색화반응에 의해 갈변을 일으키므로 장어구이에 빼놓을 수 없는 것이다. 술이나 미림은 풍미를 돋울 뿐 아니라, 생선이나 고기를 부드럽게 한다. 특히 불고기의 경우에 술과 미림을 넣은 간장에 담그어 두면 연하게 된다.

2. 향신료

1) 후추

후추는 오래도록 쓰여져 온 대표적인 향신료로서 중세기 후추의 가격은 금값과 비교될 만큼 비싸서 일반인들에게는 신비의 약초로 알려져 있었다. 검은 후추는 동남아시아, 주로 말라바르해협, 보르네오, 자바, 수마트라가 원산지이다. 피페 니그름(piper nigrum)이라는 넝쿨에서 완전히 익기 전의 열매를 수확하여 햇볕에 말린 것이다. 완전히 익었을 때는 붉은색으로 변하는데, 이것으로 핑쿠 페퍼콘을 만든다.

일반적으로 검은 후추가 더 맵고 톡 쏘는 맛이 강한데, 흰 후추는 말라바 해협에서 생산되는 것을 최상의 품질로 인정한다.

후추는 매운맛을 내는 자극성 조미료로서 주로 육어류식품에 사용된다. 후추는 가루로 만들어 생선이나 고기의 누린내와 비린내를 없애는 데 사용하는 자극제로서 음식의 맛을 도우며 식욕을 증진시킨다.

가정에서는 흔히 검정 후춧가루를 주로 사용하며, 이것은 열매를 통째로 갈아서 만든 것이며, 껍질을 벗기고 속만을 갈아서 만든 것이 흰후춧가루이다. 흰후춧가루는 검정후춧가루보다 냄새가 강하지는 못하지만 검은색을 내면 안 되는 음식에 사용한다. 가루로 만든 후추보다는 사용할 때 통후추를 갈아서 사용하면 냄새가 강할 뿐만 아니라 매운맛도 더하다.

2) 생강

생강은 매운맛과 강한 냄새를 갖고 있으며, 향신료로 음식에 넣기도 하지만 그 향기와 맛을 이용해 차(茶)와 약제로 사용하기도 한다. 흔히 생선 비린내, 닭고기의 누린내 등을 제거하기 위하여 다져서 사용한다.

생강이 씹히지 않게 사용하기 위해서는 생강을 갈아서 생강즙을 사용하기도 하고, 생강을 고기나 생선을 조리할 때 넣는 경우에는 생선이나 고기 중의 단백질이 생강의 탈취력을 약하게 하므로 일단 가열하여 단백질의 성질을 변화시킨 후에 생강을 넣도록 하는 것이 좋다. 생강이 갖고 있는 매운맛의 성분은 진저론으로 많이 먹으면 해로우나 적당한 양을 취하면 식욕을 돕는다.

3) 겨자

겨자는 겨자씨를 말려서 갈아 가루로 사용하며, 식초, 소금, 설탕, 물 등을 넣고 개어서 매운맛을 낸 다음 음식에 넣어 사용한다.

겨자는 개면 갤수록 매운맛을 주는 특수성분이 분해되어서 자극이 강하여지므로 갤수록 매운맛이 나는 것이다. 소금 : 겨자 : 식초를 1 : 4 : 4 의 분량으로 잘 개어서 밀봉한 후 따뜻한 곳에 놓았다가 쓰도록 한다.

겨자는 냉면이나 겨자채 등을 만들 때 넣으며, 겨자가루에 식초, 소금, 설탕 등을 넣고 잘 개어 따뜻한 곳에 덮어두면 콕 찌르는 듯한 매운맛이 강하게 난다.

4) 고추

고추는 매운맛을 주는 조미료이다. 보통 음식물의 조미에는 붉은 고추를 쓰고, 나물을 무치거나 음식물의 고명으로 쓸 때에는 채로 썰어 실고추로 쓰며, 김치나 깍두기를 담글 때에는 가루로 만들어 쓰고 있다.

고추 중에서 매운맛이 나는 것은 일반적으로 빛깔이 빨갛고 가늘고 길며, 맵지 않은 것은 모양이 둥글고, 짧고, 크다. 고추의 매운 부분은 껍질에 많이 들어 있으며 씨는 매운맛이 적다.

과피의 빨간색소는 카로틴(carotene), 캡산틴(capxanthin) 등인데, 주로 캡산틴이 붉은색을 나타낸다. 따라서 고추의 붉은 빛깔이 모두 비타민 A의 효과가 있는 것이 아니고 비타민 A의 효과는 카로틴만이 갖고 있는데, 고추에는 카로틴의 양도 상당히 많으므로 비타민 A의 효과도 많다. 또한 비타민 C도 많아 풋고추에는 100g당 30~130㎎이 들어있다. 고추의 매운맛이 나는 성분은 방부성도 있기 때문에 김치를 담글 때에 넣으면 방부작용도 아울러 얻을 수 있다.

5) 깨소금

깨소금은 고소한 맛과 냄새를 주며 육어류, 채소류, 그밖에 대부분의 음식을 조리할 때 항상 사용하는 조미료이다.

깨를 깨끗이 씻은 후에 일어 건져서 물기를 뺀 다음, 냄비나 번철에 넣고 볶는다. 볶을 때에는 빛깔이 깨끗하도록 조심해야 한다. 볶은 후에 소금을 조금 넣고 적당히 빻는다. 너무 곱게 빻으면 음식이 지저분하게 될 염려가 있다. 가루는 밀봉을 해서 고소한 풍미가 없어지지 않게 잘 보관해야 한다.

6) 샤프란(saffron)

사프란은 붓꽃의 일종으로 아시아가 원산지인데 스페인, 프랑스, 이탈리아, 남아프리카에서도 자라고 있다. 크로커스라는 식물의 암술을 말린 것을 사용하는데, 색깔을 내기 위해 많이 사용한다. 선홍색이지만 국물에 녹이면 밝고 투명한 노란색으로 활짝 터지며, 소량을 사용해도 진한 빛깔과 얼얼한 향을 낼 수 있어서 소스, 수프, 생선, 소시지나 이탈리아요리, 스페인요리에서 많이 사용된다.

7) 로즈마리(rosemary)

로즈마리는 보라색 꽃을 피우며 지중해 연안에서 자생하는 잡목의 일종이다. 잎을 그대로 쓰거나 말려서, 또는 말린 것을 갈아서 사용하고, 말린 것은 대부분 육류요리에서 향을 내기 위해 사용하며, 특히 양고기와 돼지고기를 굽거나 졸이는 데 많이 쓰인다.

8) 월계수잎(bay leaf)

월계수잎은 일반적으로 말려서 사용하는데, 원래는 진녹색이었다가 말리면 연한 올리브의 녹색으로 변한다. 원산지는 지중해 연안이고, 특히 이탈리아에서 많이 생산되며, 구 유고슬라비아와 그리스, 터키를 중심으로 자생한다.

월계수잎은 스튜나 쇠꼬리수프, 소스 등에 다양하게 쓰인다. 특히 양고기의 냄새를 없앨 때, 또는 갈비절임을 할 때 좋다.

9) 파슬리(parsley)

파슬리는 우리나라 사람들이 특히 좋아하는데, 말리면 색이 변하기 때문에 신선한 채로 많이 쓴다, 잎을 뜯어서 샐러드로 쓰고 다져서 즙을 내어 소스나 드레싱에 쓰기도 한다. 특히 잎과 꽃술에 독특한 휘발성 방향성분을 지니고 있으며, 비타민 A와 소화를 돕는 효소도 다량으로 함유되어 있다.

10) 민트(mint)

민트는 허브의 한 종류인데, 우리나라에서도 많이 나지만 전통요리에는 사용하지 않는다, 민트의 종류도 다양해서 매운 맛을 내는 페퍼민트, 향을 내는 애플민트, 캣민트, 스페어민트 등이 있고, 모양도 조금씩 다르다. 껌이나 알코올 음료, 캔디, 페스트리, 그리고 육류, 야채, 수프, 소스 등에 널리 쓰인다.

11) 다임(thyme)

다임은 전통적인 지중해 허브의 하나지만 현재는 유럽 각국과 영국, 미국 등에 널리 분포하고 있으며, 땅에 낮게 깔려 자라는 다임은 잎이 말려 올라가듯 작은 손바닥같이 조밀하게 붙어 있다. 주로 로스트, 소스, 수프 등에 두루 사용한다.

12) 머스터드(mustard)

머스터드는 온화한 기후와 열대기후 어디서든 자생하는 생명력덕분에 세계적으로 광범위하게 퍼져 있다. 주로 사용되는 것은 머스터드씨인데, 후추처럼 갈아서 양념으로 사용하며, 터메릭, 식초, 포도당, 소금 등을 넣어서 순한 맛을 만들어 낸다.

디존(Dijon) 머스터드는 허브와 백포도주를 섞어서 톡 쏘는 맛이 나지만, 끝맛은 부드러운 것이 특징이다. 그밖에도 호스래디쉬를 섞거나 지방 특색을 살린 독일식, 오스트리안식, 자마이칸식 등이 있다. 머스터드는 소스, 샐러드, 피클 등에 사용하고 육류와 곁들여 먹기도 한다.

13) 주니퍼(juniper)

주니퍼라는 술의 향을 내는 향료로서 작은 삼나무과의 일종인데 그 열매를 사용한다. 주니퍼는 육류요리의 절임, 피클, 알코올 음료의향, 사슴, 양, 가금류의 로스트와 스튜에서 많이 사용한다.

14) 커리(curry)

커리의 맛은 생강과 고추의 함량에 따라 순한맛, 중간맛, 매운맛으로 나눌 수 있는데, 남인도 지방에서 생산되는 커리가 맵기로 유명하다.

커리가 노란색을 띠는 것은 터메릭(turmeric, 심황) 때문이고, 그 함량에 따라서 차이가 난다. 즉 터메릭의 양이 적을수록 노란색이 약해진다. curry powder는 20여종의 스파이스를 혼합한 것이다.

15) 계피(cinammon)

계피의 품질은 두께가 얇고 향기가 좋은 것을 상품으로 치는데 대부분 미국의 카시아 계피가 많이 이용되고 요즘엔 베트남에서 생산되는 것이 품질 면에서 각광을 받고 있다. 계핏가루는 페스트리, 빵, 푸딩, 캔디 등에 사용하고, 통계피는 과일조림, 피클, 수프 등에, 계피오일은 의학적인 목적으로 사용한다.

16) 와사비(고추냉이, wasaby)

고추냉이는 뿌리를 갈아서 생선요리에 많이 사용되고 있는데, 톡쏘는 맛과 눈물이 날 정도로 매운 맛을 가지고 있다. 고추가 은근한 매운맛이라면 고추냉이는 순간적인 매운맛이라고 할 수 있으며, 말려서 가루가 된 것은 물에 섞어 사용하고, 신선한 뿌리는 강판에 갈아서 사용한다. 고추냉이는 겨자과에 속하며, 일본말로 와사비로 많이 통용되고 있다.

17) 올스파이스(allspice)

인도, 멕시코에서 나는 일종의 고추 종류로, 완두콩 정도로 작고 진한 갈색이다. 정향(丁香), 넛멕, 계피가루의 맛을 합친 것 같으며, 피클, 육류조리, 생선조리, 그레이비, 푸딩, 쿠키, 칵테일 등에 열매를 그대로 또는 가루로 만들어 사용한다.

18) 케이퍼(caper)

꽃봉오리를 이용하는 것으로, 샐러드 드레싱이나 생선에 사용하는 소스에 이용된다.

19) 클로브(정향, clove)

인도, 인도네시아 등에서 생산되는 식물로, 모든 양념 중에서 가장 얼얼한 맛을 갖는다. 그 꽃봉오리를 훈연가공품, 과자류, 푸딩, 수프, 스튜, 과일 피클 등에 이용한다.

20) 육두구, 넛멕(nutmeg)

넛멧 열매의 핵(核)을 이용하는 것으로, 쓴맛과 독특한 방향을 가진다. 인도, 인도네시아, 그라나다 등에서 생산되며, 피클류에는 통째로 사용하고 과자류, 푸딩, 커스터드 등 후식, 에그노그(eggnog)와 과일요리 등에는 가루로 한 것을 이용한다.

또한 육류와 생선요리의 냄새를 없애는 효과가 있다.

21) 바질(basil)

박하과의 1년생 식물로 어린 잎과 줄기를 생것 또는 말려서 사용한다. 원산지는 인도이고, 이란과 지중해 연안에서 많이 재배된다.

이탤리나 프랑스에서 많이 사용하고, 힌두교인은 집 정원이나 사원에 심으면 행운이 온다고 믿고 있다. 이것은 토마토가 들어가는 음식에 중요한 조미료이며, 또 스튜, 수프, 달걀요리, 각종 소스 등에도 이용된다.

22) 오레가노(oregano)

박하과의 다년생 식물로, 잎사귀를 그대로 사용하거나 가루를 만들어 사용한다. 지중해 연안이나, 칠레, 멕시코, 이탤리, 그리스, 프랑스 등에서 생산된다.

marjoram과 맛이 유사하지만 좀더 강하며 이탤리 음식이나 멕시코 음식에만 사용하였으나, 지금은 미국인들이 여러 음식에 많이 사용한다.

피자, 토마토 요리, 멕시코와 이탤리 요리, 스튜, 채소나 달걀요리에 첨가한다. chili powder의 원료이기도 하다.

23) 산초(kinomei)

우리나라, 일본, 중국의 야산에 분포하고 있으며 산초잎과 어린 열매는 그대로 이용하고 익은 열매는 말려서 가루로 쓴다. 산초의 매운맛 성분은 산쇼올(sanshool)이고 어린 잎은 미꾸라지탕, 장어요리, 조림 등에 많이 사용된다. 산초는 강한 비린내 제거에 효과적이다.

참고문헌

새로운조리원리	이진순 외	지구문화사
서양요리	염춘애, 장명숙	아카데미서적
서양음식	장명숙 외	신광출판사
식생활 관리	장명숙 외	신광출판사
식품 및 조리원리	유영상 외	광문각
식품가공학	정강현 외	문운당
식품과 조리과학	배영희 외	교문사
식품과 조리과학	신말식 외	라이프사이언스
식품과 조리원리	안명수	신광출판사
식품과 조리원리	장명숙	효일문화사
식품과학	김영남	효일문화사
식품과학	이경애 외	라이프사이언스
식품재료학	장산문 외	광문각
식품재료학	홍진숙 외	교문사
식품조리과학	김혜영 외	효일
식품조리원리	신민자 외	광문각
식품학과 조리원리	문수재 외	수학사
식품학	조신호 외	교문사
식품화학	김동훈	탐구당
실험조리	우인애 외	교문사
조리과학	김기숙 외	수학사
조리과학 및 원리	김완수 외	라이프사이언스
조리과학	박영선 외	효일문화사

조리과학	송태희 외	교문사
조리과학	이혜수	교문사
조리원리	정현숙 외	교문사
조리원리	한국대학식품영양 관련학과 교수협의회	교문사
조리원리	이혜수 외	교문사
조리의 과학	김희섭 외	대가
조리학	모수미 외	교문사
조리학	허필숙	지구문화사
조리원리	안미령 외	지구문화사
최신 조리원리	윤옥현 외	효일문화사
식품학 및 조리원리	윤계순 외	수학사
식품과 조리원리	이주희 외	교문사
실험조리	정은자 외	효일문화사
조리과학	신말식 외	파워북
조리과학	손정우 외	교문사
新.調理學	松元文子	光生館
Basic Foods	June C. Gates, HBJ Harcourt Brace Jovanvich College Publishers	
Foods(Experimental perspectives)	Margaret Mcwilliams Macmillan Publishing Company	

INDEX

찾아보기

나

다

사

아

자

차

카

타

파

하

저자약력

정 은 자

명지대학교(이학사)
명지대학교 대학원(이학석사)
서울여자대학교 대학원(이학박사)
現. 을지대학교 식품과학부 교수

조 경 련

경상대학교(가정학사)
동국대학교 대학원(공학석사)
동국대학교 대학원(공학박사)
現. 한양여자대학 식품영양과 교수

김 동 희

숙명여자대학교 식품영양학과(학사)
숙명여자대학교 식품영양학과 대학원(가정학 석사)
숙명여자대학교 식품영양학과 대학원(이학박사)
現. 유한대학 식품영양과 교수

조리원리

발　행 | 2013년 8월 5일 초판 발행
| 2017년 1월 18일 수정판 발행
저　자 | 정은자 · 조경련 · 김동희
발행인 | 임종철
발행처 | 도서출판 진로
주　소 | 서울시 동대문구 고미술로 49 의증빌딩 3층
전　화 | 02) 2215-0203
팩　스 | 02) 2216-0208
등　록 | 제305-2003-28호
편　집 | 애드아이(전화 02-511-3850)
ISBN 978-89-86877-72-4 (93590)

정가 20,000원